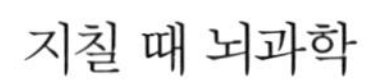

지칠 때 뇌과학

**초판 1쇄 인쇄** 2022년 12월 10일
**초판 1쇄 발행** 2022년 12월 17일

**글** 에이미 브랜 **옮김** 김동규

**펴낸이** 이상순 **주간** 서인찬 **영업지원** 권은희 **제작이사** 이상광

**펴낸곳** 생각의 길
**주소** (10881) 경기도 파주시 회동길 103
**대표전화** (031) 8074-0082 **팩스** (031) 955-1083
**이메일** books777@naver.com **홈페이지** www.book114.kr

**생각의길은 (주)도서출판 아름다운사람들의 인문 교양 브랜드입니다.**

ISBN 978-89-6513- 773-3 (03400)

---



이 도서의 국립중앙도서관 출판예정도서목록(CIP)은
서지정보유통지원시스템(http://seoji.nl.go.kr)과 국가자료종합목록구축시스템(http://kolis-net.nl.go.kr)에서 이용하실 수 있습니다. (CIP제어번호 : CIP2020015868)

파본은 구입하신 서점에서 교환해 드립니다.

지친 뇌는 나를 위해 일하지 않는다

# 지칠 때 뇌과학

**에이미 브랜Amy Brann** 지음
**김동규** 옮김

## 차례

들어가며

# 나를 위해 작동해야 할 뇌

아주 뛰어난 재능을 가지고 있으면서도 자신의 기대에 부합하지 않은 직업적, 개인적 삶을 살아가는 사람이 많다. 그들이 느끼는 것은 왠지 속았다는 기분이다. 아니면 앞으로의 인생에서 더 성장할 여지가 있다고 여기는지도 모른다. 또 다른 사람 중에는 자신이 여전히 이 목표를 이룰 수 있고 앞으로 발전할 것이며, 이미 그럴 준비가 되어있다고 생각하는 사람도 있다. 이런 사람들은 이미 여러 교육과정을 거치고 다양한 도구와 기법을 시험해봤으며, 이것이 '해결책'이라고 외치는 책도 여러 권 읽었다. 그중에 일부는 도움이 된 것도 사실이지만 그들은 여전히 더 많은 것이 필요하다고 생각한다.

이 책에 마치 인생의 비밀이 담겨있는 듯이 떠들고 싶은 마음은 없다. 그보다는 우리 존재를 들여다볼 또 하나의 렌즈를 마련하는 것이 이 책의 목표다. 그 렌즈로 들여다본 진실을 통해 사람들은 자신감을 되찾고 힘을 얻을 수 있을 것이다. 사람들이 자신의 감정과 행동에 그럴만한 과학적 근거가 있다는 사실을 이해하는 순간 가장 흔하게 보이는 반응은 바로 마음이 놓인다는 것이다.

지난 20년 동안 우리의 행동과 성과를 주도하는 실체가 무엇인지에 대한 이해는 비약적으로 성장했고, 그런 지식을 더욱 심화해주는 연구 결과는 거의 매주 새롭게 발표되어왔다. 이렇게 놀랍도록 유용한 정보를 거의 모든 사람이 전혀 모르고 있다. 필자는 각종 강연회나 워크샵에 참석할 때마다 두뇌에 관한 아주 기초적인 개념조차 사람들에게는 새로운 정보라는 사실에 놀란 적이 한두 번이 아니었다.

안타깝게도 세상에 나온 지 50년이나 지난 낡아빠진 연구 결과가 여전히 교육 현장에서 가르쳐지고 있고, 전혀 쓸모없는 것으로 판명 난 도구들을 여전히 사람들은 선호하고 있다. 이것은 필자가 거의 매달 각종 조직이 인사전략을 마련하는 현장에서 직접 목격하는 현실이다.

이 책을 통해 여러분은 우리가 가진 가장 큰 자원, 즉 두뇌를 활용하는 방법에 관한 지식을 얻을 수 있다. 이 지식은 여러분의 일에 효과와 효율, 그리고 생산성을 증진하는 데 도움이 될 것이고, 여러분의 성과를 최적의 수준으로 끌어올리기에 충분하고도 남을 내용이 될 것이다. 여러분은 여러분의 삶과 인간관계, 그리고 조직에 관한 한 이미 전문가다. 이 책은 여러분이 좀 더 능숙하게 살아가고, 여러분이 원하는 방식으로 세상에 공헌할 수 있도록 돕는 안내서다.

두뇌를 이해하면 모든 일에서 더 높은 차원의 성과를 발휘할 수 있다.

서론

# 두뇌를 활용할 줄 안다는 것

두뇌는 놀라운 기관이다. 곤란에 빠진 사람을 도와주거나 어린 아이가 난생처음 성공을 경험하는 장면을 지켜볼 때, 또는 새 계약을 따낼 때 느끼는 놀라운 성취감도 바로 두뇌의 작용에서 오는 것이다. 늦게까지 일할 것인지 아니면 퇴근해서 가족과 시간을 보낼지를 결정하는 것도, 초콜릿 바를 점심으로 먹을지 아니면 체육관에 가져갈지 결정하는 것도 모두 두뇌의 작용이다. 두뇌는 인생의 중요한 일, 즉 성취를 거두거나 목적이 있는 삶을 사는 것, 잠재력을 발휘하거나 자신의 참모습을 실현하는 것에 모두 핵심적으로 관여한다.

이 책은 두뇌를 활용하는 법을 다룬다. 그리고 자신과의 관계,

나아가 다른 사람과 관계 맺는 법에 관한 책이다. 우리 두뇌에는 놀랍도록 소중한 자원이 숨겨져 있으며, 사람들 대부분은 그것을 적절히 활용하는 법을 잘 모른다. 두뇌 사용법을 개선하는 길고 긴 여행에 나서는 일은 그저 시작에 불과하다. 활성화된 두뇌를 어떻게 사용할 것인가를 고민하는 순간 훨씬 더 큰 질문이 생겨나며 이에 대답하는 것은 오로지 나에게 달린 문제다. 어떤 일을 효율적이고 효과적으로, 또 생산적으로 수행하느냐 하는 것은 일생일대의 중요한 문제로, 평생을 바쳐 주의깊게 살펴볼 가치가 있다.

그런데 '두뇌를 활용하는' 것이 과연 가능한 일일까? 두뇌는 저절로 작동하는 것이 아닐까? 우리는 유전자에 따라 프로그램되어 사람마다 성격이 정해진 존재인가?

이것은 기조 강연이나 조직의 심층 연구를 할 때마다 늘 다시 마주치는 질문이다. 실제로 가능한 일은 무엇일까? 어떤 것이 현실일까? 내가 믿는 바는 삶이란 소중하며, 따라서 가치 있는 일에 시간을 써야 한다는 것이다. 강력한 증거로 뒷받침되지 않는 일을 사람들에게 하라고 부추길 수는 없는 노릇이다.

한 의과대학 교수 면접을 보면서, 자금의 제약이 없다면 어떤 시설을 짓고 싶으냐는 질문을 받았던 적이 있다. 당시 나는 프랜시스 크릭의 책 〈놀라운 가설The Astonishing Hypothesis〉을 읽고, DNA 감식 기술을 통해 드러날 비밀과 그것이 인류에 끼칠 유익에 푹 빠져 있었다. 물론 지금이라면 DNA 감식 시설을 설치하고 싶다고 대답하지는 않을 것이다. 그 이유는 오늘날 후성유전학 분야에서 새로이 발견된 놀라운 증거 때문이다.

이 책에는 적극적으로 '두뇌를 활용하는 일'이 가능하다는 강력한 증거를 제시한다. 그렇다면 이제 유전학은 소용이 없어졌다는 말일까? 물론 그렇지는 않다. 유전학은 지금도 여전히 매우 중요하다. 단지 후성유전학에서 최근에 발견된 사실을 통해 환경 요소도 그만큼 중요하다는 사실을 알게 되었을 뿐이다. 실제로 믿을 만한 동료 학자에 따르면 인간의 정체성에 미치는 환경의 비중은 무려 90퍼센트에 이른다고 한다. 정확한 수치가 어떻든 그것이 바로 우리가 살펴볼 내용이며, 뭔가 시도해볼 수 있는 대목이다.

필자는 항상 이 연구작업이 독자 여러분과, 이 문제에 관심을 기울이는 모든 사람에게 도움이 되기를 바라왔다. 여러분이 어떻게 생각하든, 여러분은 소중한 존재이며, 여러분의 생각과 노력은 존중받아야 한다.

이 책에 등장하는 가상 인물들(케이트, 제시, 그리고 벤)은 모두 자신의 숨겨진 잠재력을 인지하고 있다. 그들은 그 잠재력을 발현하겠다는 책임감을 가지고 있으며, 그 과정을 더 잘 이해하면 그들이 원하는 것보다 훨씬 인생을 잘 계획하고 가꾸어갈 수 있다는 사실도 안다.

물론 대다수 사례가 비즈니스에 집중되어있지만, 두뇌 활용법의 응용 분야는 실로 광범위하다. 예컨대 케이트Kate가 업무 분야에서 배운 내용은 그녀의 자녀들과의 관계를 돈독하게 하는 데에도 마찬가지로 적용된다. 제시Jessie는 자신이 얻은 교훈을 그녀의 외모에 자신감을 키우는 데에도 적용할 수 있다. 벤Ben은 자신이 습득한 지식을 새롭게 맞이한 아내와의 관계를 개선하는 데에 적용할 수도 있을 것이다.

이 책의 바탕이 되는 학문 분야는 신경과학, 즉 두뇌를 연구하는 과학이다. 이것은 지난 이십 년간 인간 활동에 대한 이해를 극적으로 발전시켜온 학문이다. 그리고 앞으로도 오랫동안 이 분야에서 수많은 통찰이 새롭게 발견될 것이다. 이것만으로도 놀라운 사실이기는 하지만, 이것은 단지 진실을 드러내는 수많은 분야 중 하나일 뿐이다. 신경과학으로부터 배울 수 있는 내용 외에도 양자물리학이나 철학, 또는 신학 분야의 주제를 아울러 참고함으로써 우리는 진실의 전체적인 그림을 더욱 풍부하게 완성할 수 있을 것이다.

## 이 책의 사용법

이 책이 겨냥하는 독자는 자신의 잠재력을 최대한 끌어내고자 하는 바쁜 전문직업인이다. 그런 가정 아래, 각 장에는 아래와 같은 몇 가지 요소들이 포함되어 있다.

**스토리**

이야기는 두뇌가 기억과 개념 이해를 더욱 쉽게 해주는 역할을 한다. 따라서 과학적 배경지식과 등장인물들의 경험을 더욱 생생하게 이해할 수 있다.

**실험**

실험은 신경과학의 근간이다. 실험이야말로 과학이 다른 학문과 차별화되는 핵심 요소로서, 주어진 이론을 검증하여 우리의 이해를 더욱 깊게 해준다. 핵심적인 실험 내용을 파악하고 나면 그 결과를 실생활에 응용할 수 있는 지식의 힘을 얻을 수 있다.

### 독자를 위한 정보

이 항목을 통해 독자 여러분은 다양한 보충 지식과 중요한 정보를 얻을 수 있다. 그저 흥미 차원에서 읽을 수도 있지만, 의외로 신경과학 분야의 필수적인 정보를 얻을 수도 있다.

### 조직을 위한 통찰

이 항목을 통해 조직의 이면을 엿볼 수 있다. 그리고 그것은 우리의 상황에 가장 잘 들어맞는 해결책을 찾아내는 데 해결책이 될 수 있다.

### 두뇌활용(Make Your Brain Work, MYBW) 팁

각 장의 마지막에는 그 장의 핵심 내용을 기억할 수 있게 요약하여 정리하였다. 이것은 나중에 다시 참조하거나 실제로 적용할 때 도움이 될 것이다.

책 전체를 한꺼번에 읽어도 좋지만, 실생활에 적용하거나 변화를 꾀하기 위해 영감이 될 수 있는 내용만 골라서 읽는 방법도 있다.

## 코치 소개

스튜어트Stuart는 숙련된 코치로서, 사람들의 잠재력을 최대한 끌어내어 최선의 성과를 거두도록 도울 수 있는 사람이다. 그는 '신경과학 코치' 과정까지 이수하여 인간 활동의 바탕이 되는 신경과학 분야의 지식도 갖추고 있다. 그는 전문직업인들을 대할 때 다양한 역할을 담당한다. 로버트 딜츠Robert Dilts는 코칭 분야의 뛰어난 연구자이자 사상가 중 한 사람이다. 그는 자신의 역작 〈비전과 변화를 위한 긍정 코칭From Coach to Awakener〉에서 "코치의 역할을 고객이 학습과 변화의 모든 단계에서 자기 계발과 성장, 그리고 발전에 성공을 거두도록 '필요한 지원을 제공하고 후견자'가 되어주는 것"이라고 정의했다.(딜츠, 2003) 딜츠가 제시한 단계는 다음과 같다. 즉, 환경, 행동, 역량, 신념 및 가치, 정체성, 그리고 영성이다. 이런 목적을 달성하기 위해 코치가 맡아야 할 역할은 다음과 같다. 즉, 안내자, 코치, 스승, 멘토, 후원자, 그리고 각성 촉진자이다. 스튜어트는 이 책에 등장하는 세 사람과 교류하는 과정에서 안내자, 코치, 스승, 그리고 멘토의 역할을 충실히 수행한다.

우리는 최적의 성과를 낼 수 있도록 두뇌를 활용하는 법을 이해해야 한다. 이를 터득하면 궁극적으로 삶의 질이 높아지고, 우리가 하는 모든 일을 통해 더욱 행복해질 수 있다. 우리 인간은 원래부터 호기심이 충만하며, 자신과 타인이 어떻게 행동하는지 알고자 하는 존재이다. 따라서 이런 코칭 방법과 과정을 전문직업인에게 적용하면 큰 효과를 거둘 수 있다.

### 전문직업인 소개

- 케이트는 기업에서 차장급 직책을 맡은 54세의 직장인이다. 그녀는 이혼 여성으로, 이제는 성인이 된 2명의 자녀를 두고 있으며, 3년 전부터 만나 사랑하는 남성이 있다. 일과 가정, 그리고 친구가 그녀의 전부이다.

- 제시는 32세의 사회적 기업가로, 지역의료기관에 서비스를 제공하는 일을 하고 있다. 전도가 촉망되는 의사를 그만두고 시작한 이 사업이 이제는 20명 규모의 팀으로 성장하였다. 이 사업은 급격한 성장세를 보이고 있으며, 그런 만큼 그녀도 열정적이다. 현재 독신이며, 수년간 룸메이트와 함께 지내다가 처음으로 홀로 지내는 지금의 생활이 매우 만족스럽다.
- 벤은 26세의 회계사로, 회계업계 4대 기업에 속하는 회사에서 근무하고 있다. 최근에 결혼하여 새신랑으로서의 책임감과 훌륭한 직원으로서 조직의 사다리를 오르려는 노력 사이에서 균형을 잡으려 애쓰는 중이다.

# 1부

# 나

## 뇌는 어떻게 최적화 되는가?

내가 발휘하는 생산성, 일의 효율, 그리고 성과는 모두 나의 소관이다. 이것은 흥분되기도 하지만 동시에 엄청난 책임감을 느낄 수밖에 없는 현실이다. 이 책의 1부는 케이트, 벤, 그리고 제시와 같은 전문직업인들이 경험하는 도전과 함께, 이때 그들의 두뇌에서 일어나는 일을 다룬다. 1부는 그들이 배운 내용을 바탕으로 자신의 행동에 변화를 일으킬 수 있도록 촉구한다.
1부의 목적은 결국 그들에게 가장 좌절감을 안겨주고 그들을 방해하는 일들을 정리하도록 돕는 것이다. 우리는 각자의 삶에서 새로운 기회를 발견하고 내면 깊숙이 숨어있는 세상을 겉으로 드러내 통제하는 방법을 모색한다. 내면세계를 통제하여 자신의 인생, 그리고 타인과의 관계를 즐기는 법을 배워보자. 우리는 삶의 진정성을 드높임으로써 모든 사람에게 모든 수단을 동원하여 더욱 유익을 끼칠 수 있는 체계적인 접근방법을 모색한다. 평생토록 새로운 지식을 습득하고 더욱 새로운 성과를 창출하는 삶에 몰두해보자. 습관에 관한 신경과학을 터득하면 두뇌의 또 다른 영역과 에너지를 활용하여 인생의 힘겨운 도전을 오히려 즐기는 법도 배울 수 있다. 이상이 1부에서 다룰 내용이다.

# 1장

# 당신의 뇌가 제대로 작동하지 않는 이유

## 뇌가 지칠 때 생기는 일들

### 계획과 통제에 한계가 오고 압박이 엄습할 때

케이트는 월요일 아침에 있었던 일을 그녀의 코치에게 이야기하고 있다. 케이트는 공인 부동산전문가 자격을 갖추고 현재 글로벌 부동산기업에서 차장급 직책을 맡아 일하고 있다. 그녀의 직업이 지루하다고 생각하는 사람도 있지만, 그녀는 이 직업의 사람 측면 때문에라도 항상 긴장할 수밖에 없다는 것을 알고 있다. 그날 아침도 시작은 아주 좋았다. 승진을 눈앞에 둔 그녀로서는 이번 주를 맞이하는 심정이 남다를 수밖에 없었다. 상사에게 자신의 능력을 제대로 보여줄 더할 나위 없는 기회가 다가오고 있었다. 그녀는 매일 자신이 할 일을 완벽하게 마무리하고 퇴근 무렵에는 늘 여유 있는 시간을 보내는 편이었다.

모두들 그녀가 열심히 일한다는 것을 알고 있었다. 이 업계에서 다른 사람의 평판이 얼마나 중요한 것인지 그녀도 잘 알고 있었다. 모든 일이 경쟁이었다. 그녀는 매사에 긍정적인 관점을 유지하려 노력했고, 스스로 안달하는 모습을 남에게 보이지 않으려고 애썼다. 그녀는 감정을 꽁꽁 숨기는 것이 마치 자신에 대한 사람들의 인식을 통제하는 방법이라고 생각하는 것 같았다.

출근해보니 먼저 와 있는 동료들이 있었다. 아침에 좀 더 일찍 와야겠다는 생각이 들었다. 그녀는 서둘러 책상에 앉아 컴퓨터를 켰다. 곧이어 이메일이 쏟아져 들어와 원래 깔끔하게 정리되어 있던 메일함에 온갖 질문과 과제, 약속 요청 등이 가득 들어찼다. 금요일에 작성해두었던 오늘 할 일 목록을 들여다보면서 지금까지 차분했던 마음이 갑자기 조급해지기 시작했다. 호흡이 가빠졌으며 아랫배가 당기는 것 같았다.

이메일을 몇 개 열어보니 하나하나가 다 해결하는 데 만만치 않은 시간이 들 내용이었다. 때마침 자신과 몇몇 동료의 일을 같이 봐주는 비서가 문을 열고 들어오더니 오전 11시에 마지막 팀 미팅이 있다고 알려준다. 그것 역시 시간을 뺏을 것이 뻔히 보였으므로, 케이트는 우선 눈앞의 일을 빨리 해치워야겠다고 생각했다. 마침 그때 상사에게 보낼 서신을 한 통 써야 한다는 사실이 기억났다. 자신이 왜 이번에 꼭 승진해야 하는지 설명할 필요가 있었다. 그녀는 결국 무슨 일이든 일단 쳐내야겠다고 생각하고 금요일에 작성해둔 목록 중 비교적 쉬운 고객 업무를 하나 골랐다.

전화벨이 울리더니 비서가 중요한 의뢰가 새로 들어왔다고 전했다. 케이트는 새로운 일이라면 언제나 마다하지 않는 편이었으므로 또 그 전화를 받았다. 집중해야 할 중요한 이메일 때문에 시계를 들여다보며 마음이 초조해지면서도, 11시 회의도 제대로 준비해야겠고, 거기다 금요일부터 미뤄둔 고객 업무도 고스란히 남아있었다. 남성 고객이 전화로 자신의 상황을 설명하는 내용을 들으면서 간단히 받아적는 중에도 이메일을 몇 통 더 열어봤다.

전화를 끊고 금요일 목록에 몇 가지 더 추가하고 나자, 그녀는 이제 머리가 약간 지끈거리기 시작했다. 드디어 금요일에 적어두었던 고객 업무를 끝내고 오늘 일로 넘어갔다. 익숙한 파일을 들여다본 그녀는 전혀 생각지도 못했던 엄청난 문제가 있다는 것을 깨달았다. 그리고 그것은 자신이 뭔가 놓친 일이 있다는 뜻이었다. 다시 한번 숨이 가빠오면서 머릿속이 복잡해지기 시작했다.

### 현재 상황

월요일 아침에 케이트는 도대체 어떤 상황에 놓인 것인가? 그녀의 코치인 스튜어트는 다음과 같이 내용을 정리해주었다.

- 그녀는 처리해야 할 이메일이 너무 많다고 생각했다.
- '할 일' 목록은 다른 일과 섞이면서 더욱더 길게 늘어났다.
- 이 사태에 접근하는 그녀의 방법은 마구잡이식이었다.
- 일을 시작해서 하나씩 해결하는 데 대해 압박감을 느꼈다.
- 상사에게 보낼 서신을 잘 쓸 수 있을지 걱정되었다.
- 그녀는 많은 일을 한꺼번에 처리하려고 했다.
- 낯선 업무를 처리할 때를 포함, 몇 번이나 압박을 느끼는 중

상이 있었다.

이 장을 통해 우리의 두뇌가 압박을 받는 과정을 이해할 수 있다. 또 창의적인 생각과 해결책을 찾아내고 방해 요소를 제거하여 업무의 질을 높이며, 이를 통해 통제력을 되찾을 수 있는지를 살펴본다. 이는 결국 업무 효율과 성공 가능성을 증진하는 결과를 불러온다.

### 기회

스튜어트는 먼저 케이트가 느끼는 압박감에 주목했다. 사람마다 압박감을 느끼는 대상과 상황은 모두 다르다. 마라톤 경기에 출전하기 위해 훈련을 받거나 여러 개의 계좌를 관리할 때, 또는 아이를 낳아 부모가 되거나 자동차가 고장 났을 때 등 압박과 좌절을 느끼는 상황은 실로 다양하다. 심지어 BLT 샌드위치(베이컨, 양상추, 토마토가 들어간 샌드위치 – 옮긴이)와 참치 샌드위치 중 어느 쪽을 좋아하느냐는 질문만으로 이미 다른 생각으로 꽉 찬 두뇌에 부담을 느끼는 사람도 있다.

우리 두뇌는 원래 압박감에 빠져들기로 되어 있다고 해도 좋을 정도다. 케이트에게 냉정을 유지하고 한 번에 하나씩 일을 처리하라고 조언해봤자 아무 소용없을 것이다. 그런 방식보다는, 누군가가 압박감을 느낄 때 실제로 어떤 일이 일어나는지 알아보고, 그로부터 다른 접근방법을 찾아낼 수 있는지 살펴볼 것이다. 물론 일반적인 방식으로도 높은 수준의 조언을 얻을 수 있고, 또 그것이 효과적일 수도 있다. 그러나 신경과학의 관점에서 모든 사람에게 실제로 어떤 일이 일어나는지 이해한다는 것은, 나에게 분명히 효과가 있는, 나만의 계획을 세울 수 있다는 말이 된다.

그렇다면 바로 본론으로 들어가, 우리가 압박감에 빠질 때 작용하는 주요 인자가 무엇인지 알아보자. 우리가 알아야 할 가장 중요한 것은 두뇌의 특정 영역, 바로 전전두엽피질(PFC, prefrontal cortex)에 관한 내용이다.

### 전전두엽피질PFC이란

전전두엽피질은 이마 바로 뒤편, 즉 두뇌의 맨 앞쪽 부위를 말한다. 이곳이 하는 역할은 마치 경영에 비유하면 CEO, 음악에서라면 지휘자가 하는 일과 같다. 쉽게 말해 대장이 하는 일, 즉 생각하고 선택하며 계획하는 등 인간의 총체적인 운영 기능을 맡은 기관이다. 이 기관에 관한 다년간의 연구 결과, 전전두엽피질은 명상을 통해 그 크기가 더욱 커진다는 사실이 밝혀졌다. 엄청난 양의 에너지를 소모하며, 반대로 쉽게 에너지가 고갈되기도 한다. 스트레스를 받으면 에너지 사용 능력에 손상을 입는다. 두뇌의 맨 앞부분인 전두엽을 구성하는 기관이다.

### 우선순위

스튜어트는 케이트가 자신의 우선순위를 좀 더 주의 깊게 검토해봐야 한다는 생각이 들었다. 그녀에게 이 점에 대해 어떻게 생각하는지, 지금껏 그렇게 해본 적이 있는지, 그리고 그것이 효과가 있을 것 같은지 물었다. 우선순위를 정하는 것은 모든 사람이 그 필요성을 인정하는 일이다. 그것이 좋은 일이라는 것은 누구나 안다. 그러나 그 일을 제대로 하는 사람은 극소수다.

케이트는 우선순위를 정하면 실제로 어떤 효과가 있는지 잘 몰랐기 때문에, 그 작업을 자신에게 도움이 되는 방식으로 이용하지 못했다. 그녀는 당장 급한 일부터 해치워야 한다는 압박감 때문에 곧바로 일에 뛰어들곤 했다. 그러나 이렇게 하면 자신의 소중한 전전두엽피질 에너지를 소모하게 된다는 부작용이 발생한다. 그녀는 지금 자신의 CEO(즉, 두뇌의 전전두엽피질PFC)를 혹사하고 있다. 사실 그녀의 CEO가 가장 잘할 수 있는 일이 바로 우선순위 설정이다. 따라서 그 기관을 지치게 하면, 막상 우선순위 설정에 나설 때는 너무 지쳐서 형편없는 성과를 낼 수밖에 없다.

우선순위를 정하는 일은 에너지가 많이 소모되며 대단한 집중력이 필요하다. 그렇다면 어떻게 해야 집중력을 발휘할 수 있는가?(그저 '집중하면 된다'는 등의 말은 해답이 될 수 없다.) 우리가 무언가에 집중하거나 대단한 열의를 가지고 학습할 때, 또는 누군가의 말이나 어떤 일에 정성을 쏟을 때는 언제나 PFC가 내장된 전두엽이 두뇌를 관장하여 다른 일에 주의를 빼앗기지 않도록 한다. 전두엽은 마치 문지기와 같은 역할을 한다. 신체의 다른 부분에서 오는 원치 않는 신호나 온갖 감정, 또는 외부의 자극을 차단하는 것이다. 문지기는 어떤 감각이나 활동 정보도 차단하기 때문에 우리는 내적으로 고요한 상태를 유지할 수 있다. 문지기가 외부의 불청객을 막아주는 동안 우리는 내면의 무아지경에 머무르는 것이다.

### 목표의 시각화

지금까지는 비유로 설명했지만, 이제 본격적으로 우선순위 설정의 실제적인 유익을 살펴보자. 우리는 최적의 효율과 성과를 발휘할 때 일종의 '몰입' 상태와 유사한 경험을 하게 된다.

그것은 어떤 경험인가?

마음이 평안하고 고요하며, 어떤 감정도 두드러지게 느껴지지 않는 상태다. 오직 내가 집중하고 있는 대상만이 중요하며, 그 외의 다른 모든 것은 비현실적으로 느껴진다. 그리고 내가 지각하지도 못하는 사이에 시간이 흘러간다. 과학자들은 이것을 신호에 대한 잡음 비율을 낮추는 과정이라고 표현한다. 대단히 중요한 일을 할 때 이런 상태를 경험할 수 있다면 얼마나 도움이 될지 짐작할 수 있을 것이다. 예컨대 케이트가 전전두엽피질을 총동원해서 저 중요한 편지를 쓸 때를 생각해보면 말이다. 즉 그녀는 다른 일을 할 생각이 계속해서 머리에 떠오르는 일 없이, 편안하게 집중된 상태에서 눈앞의 과업에만 주도적으로 임할 수 있다. 그렇게 해서 완성한 편지에는 그녀의 최선의 성과가 담겨있을 것이다.

신경과학자들은 머릿속에 원하는 바를 생생하게 떠올려 각인할 수 있다면 그것을 실현할 수 있다고 생각한다. 이것은 또 이런 의지를 감정과 동기부여의 과정으로 바꾸는 것과도 직접적인 관련이 있다. 우선순위를 확실히 정했다는 말은 언제 어떤 환경에서 해당 과업을 수행할지를 머릿속에 각인해두었다는 뜻이다. 우선순위의 또 다른 요소는 나중에 올 만족감을 위해 눈앞의 만족감을 포기할 줄 안다는 것이다. 어떤 일을 먼저 할지 선택하기 위해서는 성과에 대한 가치 판단과 애초에 그 일을 할 만한 가치가 있는지를 판단해야 한다. 여러분은 혹시 정기적으로 운동하거나, 명상을 수행하고 채소를 더 많이 먹거나, 사람들의 생일을 기억하고 싶다고 생각한 적이 있는가? 그러면서도 매주, 매달, 심지어 수년이 흐르도록 아무것도 못 하고 있지는 않은가? 이것도 결국은 전두엽이 해결해야 할 문제다. 이렇게 된 원인은 운동을 꾸준히 하고 난 후의 결과를 여러분이 원하지 않아서가 아니다. 여러분은 분명히 건강하고 탄력 있는 몸을 가꾸고 싶다. 문제는 생각보다 훨씬 복잡하다. 어쩌면 여러분의 뇌는 헬스클럽에 가서 운동하는 것을 빈약한 인간관계와 동일시하고 있는지도 모른다.(당신이 아는 사람 중에 정기적으로 운동하는 사람들은 모두 독신이거나 사람들과의 관계가 원만하지 못할 수도 있다.) 어쩌면 헬스클럽에 갈 때마다 너무 심하게 운동하는 바람에 이후 며칠 동안 웃거나 걷기조차 힘들었을 수도 있다. 혹은 그저 운동보다는 다른 것을 하고 싶을지도 모른다.(건강하고 탄탄한 몸도 좋지만, 그보다는 매일 저녁 와인 한잔과 함께 TV 앞에서 쉬고 싶은 것이다.)

### 마시멜로 하나로 성공을 예측할 수 있는가

'스탠포드 마시멜로 실험Stanford Marshmallow Experiment'으로 만족감을 미루는 일이 가능하다는 것이 밝혀졌다. 1972년 심리학자 월터 미셸Walter Mischel은 약 600명의 취학 전 아동을 대상으로 한 가지 실험을 수행했다. 아이들은 각자 평범한 방에 들어가 의자 옆 테이블 위에 올려진 간식거리(쿠키, 마시멜로, 프레첼 등) 중에 마음에 드는 것을 골랐다. 아이들을 방해하는 요소는 아무것도 없었다. 아이들에게는 언제든지 자신이 고른 간식을 먹고 옆에 놓인 벨을 누르거나(과자를 먹었다는 표시), 또는 먹지 않고 기다렸다가 연구자가 돌아와서 간식을 또 하나 선물로 줄 때까지 기다리거나 둘 중 하나를 선택할 수 있다고 말해주었다. 아이들이 기다리는 장면은 과연 지켜볼 만한 광경이었다. 손으로 눈을 가리는 아이, 자신의 꽁지머리를 끌어당기는 아이, 그리고 간식을 소중히 쓰다듬는 아이, 심지어 책상을 발로 차거나 아예 먹고 싶은 유혹을 물리치려 고개를 돌려버리는 아이도 있었다.

아이들의 3분의 1 정도는 눈앞의 만족감을 미뤄 간식을 또 하나 얻는 데 성공했다. 이것만으로도 흥미로운 일이었지만, 후속 연구는 더욱 놀라운 결과를 보여주었다. 이 실험에서 15분을 기다렸던 아이들은 30초밖에 기다리지 못했던 아이들보다 이후 성장해서 본 SAT 시험 성적에서 평균 210점이 더 높았다. 이 연구에 대해 더 상세한 내용을 알고 싶다면 월터 미셸의 〈마시멜로 테스트 The Mrshmallow Test〉를 참조하기 바란다.

### 만족감을 뒤로 미루는 것

만족감을 뒤로 미루는 능력, 즉 자기통제 훈련은 성취와 연관이 있다. 전방 전전두엽피질(자주 등장하는 그 CEO의 일부분이다.)은 추상적인 문제를 해결하고 목표를 계속 추적하는 일과 관련이 있다. 최근 예일대학교 연구자들이 103명을 대상으로 조사한 결과, 만족감을 뒤로 미루는 것은 미래에 일어날 일을 뚜렷이 상상하는 능력과 관련이 있다는 것이 밝혀졌다. 연구자 중 1명인 제레미 그레이Jeremy Gray의 표현을 빌자면, '미래를 내다보는 능력'이 필요하다. 즉 처음부터 목표를 염두에 두라는 말이다.

케이트가 '무엇이든 빨리 해치우기 위해 붙잡고 있는' 데에서 즉각적인 만족감을 맛보고 있는 한, 더 큰 과업을 완수할 가능성은 결코 없다. 사실 후자를 더 큰 과업이라고 부르는 것도 정확한 표현은 아니다. 시작할 때는 더 큰 과업이더라도 실제로 수행하기 위해서는 반드시 처리할 수 있는 규모로 잘게 나누어야 하기 때문이다.

전통적인 생산성 이론에 따르면 어떤 일을 시작할 때는 그 일의 마지막 목표가 무엇인지를 뚜렷이 인식해야 한다. 그런 점에서 마시멜로 실험은 대단히 중요한 사실을 시사한다. 기술의 발달로 우리는 전방 전전두엽피질이 바로 이런 역할을 한다는 사실을 알 수 있다.

전통적인 두뇌 스캔 기술인 기능적 자기공명영상(fMRI, functional magnetic resonance imaging)을 포함한 수천 건의 실험에서, 인간이 인지 기능을 수행할 때 두뇌의 이 부분이 밝게 빛난다는 사실이 관찰되었다. 뇌 손상을 입은 환자를 대상으로 한 실험에서 얻는 지식도 있다. 예컨대 피니어스 게이지Phineas Gage라는 사람은 두뇌의 이 부분에 손상을 입은 후 올바른 결정을 내릴 수 없었다. 이 장의 뒷부분에서는 케이트가 자신의 전전두엽피질을 최고로 활용하기 위해 무엇을 할 수 있는지 살펴볼 것이다.

### 우리는 왜 전전두엽피질PFC에 최적의 활성 상태를 조성해주어야 하는가?

우리의 전전두엽피질PFC이 최적의 활성 조건을 갖추지 못할 때 다음과 같은 현상이 발생한다.

- 만사가 귀찮아진다.
- 무기력해진다.
- 활기를 잃는다.
- 주의가 산만해진다.
- 주어진 일을 완수하지 못한다.
- 계속되는 부정적인 생각을 떨칠 수 없다.
- 일 처리가 체계적이지 못하다.
- 건망증이 심해진다.
- 지나치게 감정적이다.

반대로, 케이트의 전전두엽피질PFC이 최적의 상태에서 작동한다면 그녀는 다음과 같은 일을 경험할 수 있다.

- 의도적인 자각 상태
- 집중력이 오래 지속되는 상태
- 가능성을 구체적으로 검토할 수 있는 능력
- 계획 수립 능력
- 계획 수행 능력

● 어려움 없이 집중할 수 있는 능력

전전두엽피질PFC은 과로 상태에서 결코 제대로 작동하지 않는다. 앞에서 언급한 모든 증상이 한꺼번에 일어나 효율도 떨어지고 성과도 전혀 기대할 수 없다. 그런 날은 하루를 버티기조차 매우 힘겨운 경우가 많다. 이럴 때는 뭔가 잘못되었다는 느낌이 들면서 기존의 나쁜 습관이 다시 튀어나올 수도 있다. 이것은 일종의 생존 작용이다. 사람들이 시시콜콜한 일에 시달리거나 뭔가를 억제할 때, 또는 자책할 때는 두뇌에 모종의 결손이 발생한다. 이것이 꼭 무언가 과도한 상태에서만 일어나는 일은 아니다. 전전두엽피질PFC의 활동이 불충분할 때도 문제가 생긴다. 도파민Dopamine은 두뇌의 여러 기능을 수행하는 신경전달물질로, 여기에는 보상, 동기부여, 작동 기억, 그리고 주의집중 등이 포함된다. 두뇌의 도파민 사용 혹은 수용 능력이 저하되면 뇌의 다른 영역이 고요한 상태를 유지할 수 없어 한 번에 한 가지 일에 집중할 수 없게 된다. 이렇게 되면 우리는 제대로 집중할 수 없어 일의 효율이 떨어지고, 결국 일상생활 자체가 힘들어진다.

**케이크냐 과일샐러드냐**

스탠포드대학교의 바바 시브Baba Shiv 교수는 한 가지 놀라운 실험을 수행했다. 그는 '인지 부하'(머리에 많은 생각을 담아두는 것, 교수라면 대개 누구나 경험하는 일이다.)가 자기통제에 영향을 미칠 수 있다고 생각했다. 그는 실험에 참여한 자원자 중 절반에게 두 자리 숫자를 주고 기억하게 했고(즉 낮은 인지 부하를 부과했다.) 나머지 절반에게는 일곱 자리 숫자를 제시했다.(높은 인지 부하를 부과했다.) 그런 다음 자원자들에게 같은 건물의 다른 방으로 옮기되, 그 전에 초콜릿케이크와 과일샐러드가 놓인 테이블을 지나면서 둘 중 하나를 고르라고 했다. 실험 결과, 인지 부하가 높은 사람 중 케이크를 고른 비율은 59퍼센트에 달했지만, 낮은 인지 부하를 안은 사람 중에서는 37퍼센트에 불과했다.

시브는 이 실험 결과로부터, 일곱 자리 숫자를 기억하기 위해서는 인지 능력을 다른 곳에서 동원해야 하는데, 이 경우에는 그것이 충동을 억제하는 우리의 능력이라는 가설을 세웠다! 이 가설은 해부학적으로도 타당하다. 작동 기억(일곱 자리 숫자나 두 자리 숫자를 '저장'하는 것)과 자기통제는 모두 전전두엽피질에서 수행하는 기능이기 때문이다. 평소였다면 건강한 음식을 선택하도록 작용했을 뉴런(두뇌 세포)이 이번에는 일곱 자리 숫자를 기억하는 데 동원되었다. 따라서 이런 경우 우리는 좀 더 충동적인 감정에 의존해서 행동하게 된다. '음 맛있겠다. 초콜릿케이크 먹어야지.'

## 우선순위 설정의 실제

이번 일을 통해 케이트가 깨달아야 할 가장 중요한 사실은 할 일을 하나씩 마무리한 후에 다른 일로 넘어가야 한다는 것이다. 즉 우선순위 정하는 일을 우선순위 맨 앞에 두어야 한다! 그녀는 일과를 시작하기 전에 우선 할 일의 순서를 찬찬히 생각하고 각 업무의 최종 목표를 눈에 그려보는 시간을 10분 정도 따로 내기로 했다. 스튜어트는 우선순위를 정하는 일이 이렇게 에너지 집약적인 과정이므로 가능하면 아침에 하는 것이 가장 좋다는 사실을 알았다. 그런데 머지않아 케이트 스스로 그렇게 할지도 모른다. 그녀가 먼저 하지 않는다면 그가 권해야겠다고 생각했다.

케이트는 절실한 심정이었으므로, 일과 전에 10분의 준비 시간을 할애하겠다고 약속했다. 우선순위를 정하는 데는 여러 가지 방법이 있다. 케이트는 할 일을 생각나는 대로 모두 적는 것이 유용하다는 사실을 자연스럽게 터득했다. 그런 다음 다시 목록을 훑어보며 오늘 반드시 해야 할 일에 점을 찍어 표시했다. 그녀는 잠시 눈을 감고 점으로 표시한 일들을 다 마쳤을 때 자신이 무엇을 보고, 들으며, 느낄 수 있는지를 상상했다. 신경과학적으로 볼 때 이것은 자신이 달성하고자 하는 과업과 강력한 유대감을 형성하는 행동이다. 또한 각 업무를 완수하는 데 소요될 시간을 짐작할 수 있다. 이런 과정을 모두 거치고 나면 최고의 효율을 발휘할 수 있는 일의 순서를 저절로 가늠할 수 있다. 꼭 오늘 하지 않아도 되거나 어쩔 수 없이 밀린 일은 내일이나 그다음 날로 넘어가 새로운 목록에 포함된다.

우선순위를 정하는 일이 처음부터 완벽할 수는 없을지도 모른다. 남들도 다 그러니까 너무 실망할 필요는 없다. 그래서 스튜어트는 2주간의 시범 기간을 두는 것이 좋다고 권한다. 자신만의 전략을 세운 다음, 과학 실험을 하는 셈 치고 과연 나한테 얼마나 효과가 있는지를 지켜보면 된다. 그리고 2주 후에는 잘된 점과 개선이 필요한 점을 평가한다. 그리고 개선점을 반영하여 다시 한 번 2주 동안 실험해본다.

### 새로운 정보

케이트는 또 다른 고객이 걸어온 전화를 받으면서 다시 한 번 마음이 불안해지기 시작했다. 그녀는 새로운 정보를 들었다. 그들은 지금까지 한 번도 이야기하지 않던 내용을 언급했다. 이런 경우는 아주 흔하다. 전혀 모르고 있던 내용을 상사나 동료로부터 전해 듣는 상황을 상상해보면 된다. 흥미가 급상승하고 집중도가 높아진다. 이럴 때는 신체 내에서 매우 중요한 화학 작용이 일어난다. 이에 관해서는 나중에 다시 다룰 것이다. 우선 여기서는 두뇌에서 흥분을 일으키는 영역이 어디인지 살펴보자.

**신규성 요인**

새로운 정보는 전전두엽피질을 일깨운다. 마커스 라이클Marcus Raichle이라는 신경과학자는 이런 현상을 규명하기 위해 몇 가지 실험을 수행했다. 그는 피실험자들에게 명사로 된 단어를 보여주고 거기에 어울리는 동사를 하나 말해보라고 했다. 사람들이 과제를 처음으로 마주한 순간, 전두엽으로 쏠리는 혈류가 최고치에 달했다. 두뇌 활동이 활발해진다는 뜻이다. 그런데 과제를 수행해갈수록 전두엽은 냉정을 되찾으면서 개입을(혈류 수치를 기준으로) 거의 멈추게 된다. 이때 처음과 비슷하지만 조금 다른 과제를 새로 내어준다. 그러면 혈류가 다시 증가하는데, 처음과 같은 수치에는 미치지 못한다.

요약: 새로운 과제와 마주쳤을 때는 전두엽이 개입한다. 새로운 사물이나 일은 더 기억하기가 쉽다. 사람은 새로운 사물이나 일에 대해 더 높은 관심을 가진다.

새로운 정보를 대하면 전두엽이 늘어나서 다른 모든 일을 가능한 단순명료하게 인식함으로써 그런 일들로 압박을 받지 않으려는 상태가 된다.(이렇게 하지 않으면 좌절감을 느껴 무슨 일이든 제대로 처리할 수 없다.) 케이트는 머릿속으로 모든 일을 한데 합치고 있다. 이런 태도는 두뇌가 새로운 정보를 처리하는 데 도움이 되지 않는다. 새로운 데이터(그것이 어떤 형태이든)를 대할 때는 그것을 새로운 것으로 구분해서 인식하는 것이 가장 좋다. 일단 따로 구분한 다음에는 이 새로운 정보를 다시 잘게 나누어 이미 알고 있는 사실과 연결할 수 있다. 새로운 일에 사고력을 모두 소모하고 싶지 않다면 그것을 이미 잘 아는 일과 관련짓는 것이 좋다. 그렇게 하면 전두엽이 처음처럼 높은 수준의 활동량을 발휘하지 않아도 되기 때문이다.

예를 들어 누군가로부터 이제 '트위터'를 해야 한다는 말을 들었는데 그것을 한 번도 해본 적이 없다면, 전두엽이 과도한 활동량을 보일 것이다. 그것만으로는 문제가 되지 않겠지만, 작성할 보고서와 만나기로 약속한 사람들, 거기에다 다음 달로 잡아놓은 휴가 계획에까지 생각이 미치면, 슬슬 압박감이 몰려들기 시작할 것이다. 이럴 때 가장 좋은 방법은 내가 비록 '트위터'는 잘 모르지만, 그와 유사한 링크드인은 이미 익숙하게 사용하고 있다는 사실을 떠올리는 것이다. 사람들이 '그게 어떤 거야?'라는 질문을 할 때 그 의미는 바로 그것과 연관되는 익숙한 다른 대상이 무엇인지를 찾는 것이다. 케이트는 지금 무의식적으로 자신이 링크드인에 익숙하다는 사실을 떠올림으로써 자신이 트위터도 능숙하게 할 수 있다는 것을 깨달으려는 것이다.

### 멀티냐 모노냐

무시무시한 멀티태스킹(multitasking, 여러 가지 일을 한꺼번에 처리하는 방식 – 옮긴이) 풍조가 전염병처럼 번지고 있다. 케이트는 직장이나 가정, 심지어 침대 속에서도 습관처럼 이렇게 하고 있다. 저 유명한 블랙베리(이제는 아이폰)가 등장하면서 사람들은 무슨 일이든 이 멀티태스킹이라는 무대에 끌고 왔다. 케이트가 사무실에서 전화 통화를 하면서 동시에 이메일 답장을 보내는 것은 일상이 되다시피 했다. 그뿐만이 아니다. 케이트는 이제 어머니와 통화하면서 저녁 요리를 만들고, 동시에 노트북으로 페이스북을 들여다보면서 아이폰으로는 업무 메일을 확인한다. 이 와중에 또 '모든 것을 잊어버리는' 데 도움이 될까 하여 '편안한' TV 방송을 켜두고 있다. 그 결과가 그토록 심각하지만 않았더라도 나름 재미있는 일이었을지도 모른다!

전두엽은 훌륭한 지휘자들이 그러듯이 한 번에 한 가지 일에 집중하기를 좋아한다. 지휘자들은 한 곡의 한 마디를 연주한 다음 다른 곡의 여덟 마디로 넘어가는 일이 결코 없다. 지휘자가 다른 곡을 연주하겠다고 결정하면 단원들 모두 악기를 내려놓고 악보를 펴서 다른 곡을 찾은 다음, 다시 악기를 집어 들고 연주를 시작한다. 따라서 한 곡에서 다른 곡으로 넘어가는 데에는 상당한 시간이 소모되므로 곡을 바꾸는 것 자체가 만만한 일이 아니다. 마찬가지로 만약 지휘자가 시간을 아끼기 위해 두 곡을 한꺼번에 연습해야겠다고 생각한다면, 일이 마구 뒤섞이게 될 것이다. 두 곡 모두 여러 마디를 빠뜨리게 될 것이 거의 틀림없다. 대혼란이 벌어지는 것이다. 어느 곡 하나 제대로 연주하지 못한 채 단원들은 기진맥진하게 된다. 이것이 바로 케이트가 여러 가지 일을 한꺼번에 처리하려다가 닥친 상황이다. 그녀는 고객이 하는 말을 다 알아듣지 못한 채 군데군데 놓친다. 또 이메일도 대충 훑어보기만 할 뿐, 그마저도 전화기 너머로 고객이 하는 말에 신경 쓰다가 몇 군데 빠뜨린다. 결국 그녀는 귀중한 에너지를 엄청나게 소모했지만 남은 것은 지친 몸과 마음뿐이다.

### 멀티태스킹은 생산성의 또 다른 저해 요소일 수도 있다

데이비드 마이어라는 수리심리학 교수는 성인들이 여러 가지 일을 재빨리 오가며 처리할 때 어떤 현상이 일어나는지를 실험했다. 피실험자들은 수학 문제 풀이와 사물의 모양을 파악하는 일을 수행했다. 이들은 이 두 가지 일을 자주 바꿔가며 처리했을 때, 한 가지 일을 마치고 다른 일을 했을 때보다 정확도와 속도 면에서 모두 저조한 결과를 보였다. 어떤 경우에는 멀티태스킹을 시도했을 때 추가된 시간이 주어진 시간의 50퍼센트에 달하기도 했다. 하루에 12시간 일한 사람이 8시간 일한 사람과 똑같은 성과를 내면서도 오히려 더 많이 실수하고 일솜씨도 형편없다고 생각해보라. 누군가는 이렇게 논평했다. "성과의 속도나 정확도뿐만 아니라 이른바 성과의 숙련도, 즉 일솜씨마저 멀티태스킹에 따른 업무 부하로 인해 부정적인 영향을 받게 된다."

한 번에 한 가지씩 일하는 방식, 즉 모노태스킹이 해답이라고 결론 내릴 수밖에 없다. 어쩌면 그것이 새로운 멀티태스킹일지도 모른다. 그것이 더 효율적이고 효과적이며 더 생산적이다.

### 모노태스킹 회의

직장인들이 회의 중에도 늘 이메일에 신경 써야 하는 압박감에 시달린다는 말을 자주 듣는다. 실제로 너무나 많은 회의와 이메일이 난무하는 세상이다. 종일 회의만 하다가 책상에 돌아오면 이메일이 수백 통 쌓여있는 일이 허다하다. 그야말로 미칠 지경이다. 계획을 세우지 않으면 정말 하루에 18시간을 일할 때도 있다. 역시 미칠 노릇이다.

그러므로 이 문제는 단지 관리 전략을 좀 더 면밀하게 짠다고 해결될 수 있는 일이 아니다. 조직 전반의 문화와 행동이 달라져야만 하는 문제다. 이메일 사용을 줄여야 한다. 회의도 줄여야 한다. 필요하다면 업무량 자체를 줄여야 할지도 모른다. 물론 이런 소리를 듣고 싶지 않은 기업이 있을 수도 있다. 그러나 여러분이 아끼는 직원이 일을 너무 열심히 하는 바람에 자신에게 중요한 사람을 신경 쓸 틈도 없고, 그 결과 심신이 지치고 신경질만 느는 꼴을 과연 보고 싶은가? 직원들이 심장병을 일으킬 확률이 높아져도 상관없단 말인가? 우리는 정말 중요한 것이 무엇인가를 잊지 말아야 한다.
사람들에게 더 열심히, 더 많이 일하기만 강요하는 조직은 인간의 두뇌와 신체를 존중하지 않고 있다. 이런 기업이 과연 존재해도 되는가?

## 두뇌의 신경가소성, 두뇌도 변화할 수 있고, 실제로 바뀐다

마이클 머제니치MIchael Merzenich는 나중에 다시 등장할 이름으로, 두뇌 단층촬영 기법이 출현한 이후 최고의 연구 분야라고 할 수 있는 신경가소성neuroplasticity 분야의 1인자다. 신경가소성에 관해서는 3장에서 더 상세하게 다룰 것이다. 그러나 지금 케이트가 알아야 할 내용은 두뇌도 변화할 수 있고, 실제로 바뀐다는 사실이다.

케이트는 피아니스트로서 매우 우아하고 품격 있는 연주 실력을 가진 음악가다. 그러나 그녀가 처음부터 그랬던 것은 아니다. 어려서 피아노를 배우던 시절에 그녀는 상체 전부를 사용했고, 얼굴을 늘 찡그렸으며, 팔꿈치와 어깨의 움직임은 연주하는 모든 곡과 차이가 났다. 그 시절에는 한 곡을 연주할 때마다 엄청난 수의 뉴런(뇌세포)이 동원되어야 했다. 그런데 지금은 피아노 연주에 특화된 뉴런만 사용하면 된다. 지금이 훨씬 더 효율적이라는 것은 명백한 사실이다.

**원숭이 실험**

머제니치는 원숭이를 대상으로 많은 실험을 한 것으로 유명하다. 한 실험에서 그는 회전하는 원판에 일정한 압력으로 정해진 시간 동안 손을 대도록 원숭이를 훈련했다. 그런 다음 원숭이에게 상으로 바나나 조각을 주었다. 그리고 실험하기 전과 후에 원숭이의 두뇌를 분석, 비교했다. 실험 결과 대단히 의미심장한 현상이 관찰되었다. 원숭이의 두뇌 중 특정 영역의 전체 면적이 커진 것이다. 자주 수행하는 과제에 두뇌의 자원이 더 투입된다는 뜻이므로 이 실험 결과는 타당한 것으로 보인다. 뉴런 하나하나의 수용영역은 더 작아졌고(더 정확해졌다) 손가락 끝에 있는 해당 영역의 작은 일부분이 원판에 닿을 때만 작동했다. 따라서 이 과업을 수행할 때는 더 정교한 뉴런이 동원되는 것을 알 수 있었다.
그런데 정말 놀라운 점은 지금부터다. 머제니치는 이 뉴런의 효율이 향상될수록 처리 속도도 빨라진다는 사실을 발견했다. 즉 우리가 생각하는 속도는 얼마든지 달라질 수 있다는 뜻이다. 용의주도한 훈련을 집중적으로 반복하면 우리 뉴런의 반응 속도는 높아진다. 더구나 단위별 행동 사이에 긴 정지 시간도 필요 없다. 사고의 속도가 빨라지면 얼마나 강력하고 효과적인 일상을 보낼 수 있을지 상상해보라. 그뿐만이 아니다. 신경 전달 속도가 빨라진다는 것은 의미 전달이 분명해진다는 뜻이다. 아울러 또 다른 신속한 신경전달과의 협력을 촉발하여 결국 강력한 신경망을 형성할 가능성을 높인다. 신경망, 즉 메시지가 더욱 강력해진다는 것은 곧 기억력이 향상된다는 뜻이다.

이 화려한 연구 쇼의 마지막 대목은, 이렇게 놀라운 변화가 분명히 나에게도 일어날 수 있지만, 그 지속시간을 늘리기 위해서는 주어진 과제를 수행하는 동안 의식적으로 주의를 집중해야만 한다는 사실이다. 그러므로 케이트가 빠른 사고력을 발휘하고, 또 나중에 기억을 쉽게 떠올릴 수 있으려면 매번 한 가지 일에 의식적으로 주의를 기울여야만 한다. 이것은 훈련을 통해 비교적 쉽게 실천할 수 있는 일이다. 충실히 연습하다 보면 언젠가 정신을 온전히 쏟는 순간을 경험하게 될 것이다. 예컨대 중요한 회의에 참여하거나 친구의 말을 경청할 때, 또는 중요한 경기를 관전할 때 말이다. 지금 하는 일에 주의를 집중한다. 그리고 그 일에 적극적으로 온 정신을 쏟는다. 이와 달리, 뭔가를 읽고 있다고 생각하지만, 사실은 점심으로 먹을 음식이나 주말에 할 일, 또는 읽어야 할 또 다른 중요한 서류에 온통 정신이 팔려있어 지금 눈앞에 있는 내용은 전혀 머리에 들어오지 않았던 경험이 있을 것이다. 이것이 바로 의식적으로 주의를 집중하는 것과 무의식중에 그저 흘러가는 대로 일을 처리하는 것 사이의 차이다.

### 안심하라, 두뇌는 유연하다

케이트는 한 가지 의문을 품었다. 우리는 어떻게 한 가지 일에서 다른 일로 주의를 전환할 수 있단 말인가. 스튜어트는 이번 기회에 케이트가 자신의 두뇌에 대한 믿음을 가질 수 있도록 해야겠다고 생각했다. 우리 두뇌가 만들어진 바대로 사용하기만 하면 두뇌를 최대한 활용할 수 있다는 믿음 말이다.

두뇌에는 이메일 읽기와 같은 정신 활동을 안정적으로 유지하는 능력이 있다. 두뇌는 일정한 시간 동안 그런 일을 훌륭하게 수행할 수 있다. 그러다가 또 동료의 말에 귀 기울이거나 전화 통화를 하는 등의 일로 재빨리 전환할 수 있다. 이런 일은 모두 똑같이 안정적으로 유지된다. 이를 역동적 쌍안정성dynamic bystability이라고 한다. 그러나 멀티태스킹처럼 여러 가지 일을 수시로 바꿔가면서 할 때는 여전히 에너지가 많이 소모된다. 역동적 쌍안정의 구현 원리에 관해서는 아직도 연구가 진행 중이지만, 두 종류의 도파민(신경전달물질) 수용체가 이와 관련된다는 것이 정설이다. 그중 하나는 안정상태를 유지하고 또 다른 하나는 불안정화, 즉 최신 정보를 갱신하는 역할을 한다.

**두뇌 고갈의 주범, 이메일**

조직사회가 이제 이 막대한 시간 낭비 요소의 위험성에 서서히 눈을 뜨고 있다. 수요일을 현장 업무의 날로 정하는 곳이 있다. 이날은 정말로 필요한 경우가 아니면 이메일을 사용하지 않도록 권장한다.
주말을 이메일 사용 금지 기간으로 정하기도 한다. 말 그대로 주말에는 이메일을 한 통도 보낼 수 없다.(물론 월요일 아침에 이메일 폭탄을 맞는 부작용이 따르기도 한다.)

### 잠재력 강화하기

스튜어트는 케이트가 두뇌의 잠재력을 강화하여 앞으로 닥쳐올 일에 좌절하지 않고 이겨낼 수 있도록 특별한 실험을 한 가지 소개했다. 그는 케이트가 이번 승진을 얼마나 갈망하고 있는지 알았기에 그녀에게 도움이 될 만한 가장 적합한 사례와 연구 결과를 소개해줄 수 있었다. 케이트는 할 일이 너무 많아서 친구를 만나거나 평소 좋아하는 영화 감상이나 마사지 받으러 가는 일 등은 할 형편이 못 된다고 생각할 때가 있었다. 스튜어트는 그녀가 오해하고 있음을 일깨워주고자 했다. 그리고 이 실험이야말로 그 사실을 알게 해줄 가장 필요한 요소였다.

### 호사를 누리는 쥐

1970년대에 빌 그리너Bill Greenough라는 신경과학자가 쥐의 생활환경을 대상으로 실험을 수행했다. 실험 대상이 된 쥐 중에서 한 그룹은 아무 것도 없는 환경에 한 마리씩 따로 두었다. 재수 없게도 불쌍한 신세가 된 것이다. 다른 그룹에는 비교적 풍요로운 환경을 제공했다. 쳇바퀴에서 달릴 수도 있고, 사다리를 오르내릴 수도 있었으며, 같이 지낼 다른 쥐도 있었다. 그리너의 표현대로 그곳은 '쥐들의 디즈니랜드'였다. 운 좋은 이쪽 쥐들은 신체적으로나 사회적으로 금세 눈에 띄게 활발해졌다. 실험 쥐 신세치고는 확실히 그랬다.

이후 쥐의 두뇌를 조사해본 결과는 더욱 흥미로웠다. '풍요로운' 환경에서 생활한 쥐의 두뇌는 가난한 환경에 놓인 쥐보다 시냅스(뉴런과 다른 세포 사이의 연결 부위)의 양이 25퍼센트나 더 많았다. 즉, 이 쥐들은 시냅스가 더 많아서 미로를 더 빨리, 그리고 더 똑똑하게 찾아내고 지형지물도 더 빨리 파악할 수 있었다.

업무에 짓눌려 좌절하는 일을 방지하기 위해서는 눈앞에 닥친 문제를 없애는 단기 전략과, 이런 문제가 반복되는 빈도를 줄이는 장기 전략을 함께 모색해야 한다. 나만의 디즈니랜드(그것이 무엇인지는 사람마다 다를 것이다.)를 조성해놓을 수 있다면 두뇌의 기능을 한 차원 높일 수 있고, 앞으로 감당할 일들을 훨씬 쉽고 빠르게 처리할 수 있을 것이다.

### 행동

케이트는 코칭 과정에서 배운 내용과 스스로 숙고해본 결론을 종합하여 변화를 모색하기로 마음먹었다. 그녀는 자신이 바꾸고자 하는 일들을 목록으로 작성하고 그중에서 한 주에 하나씩 선정하여 실천하기 시작했다. 그 주에 결심한 항목을 실천하는 데 문제가 생기면, 다음 주에 새로운 항목으로 넘어가는 대신 그 일에 계속해서 집중한다. 그녀는 '할 일'보다는 '행동'이라는 말이 더 영감과 동기를 부여한다는 생각이 들어 그렇게 바꿔 불렀다.

**케이트의 실천 사항**

- 아침에는 무슨 일이 있어도 승진 요청 서신부터 작성한다. 이메일과 전화는 모두 꺼둔다.
- 일과 중 이메일을 검토하는 시간을 별도로 할애한다.(오전 10시부터 11시까지, 오후 2시부터 2시 30분, 그리고 5시부터 5시 30분까지)
- 시간이 부족해서 수신함에 들어온 메일을 다 살펴보지 못할 때는 따로 시간을 내어 나머지 양을 처리한다.
- 그 주의 최우선순위 업무를 선정, 계획하는 작업은 일요일 밤이나 월요일 아침에 한다.
- 매일 저녁 10분간 시간을 내어 다음 날 할 일의 우선순위를 정한다.
- 세워둔 계획을 매일 아침 확인하여 우선순위를 확실히 인식하고 그것부터 처리한다.
- 한 번에 한 가지씩 일하는 습관을 들이고 의식적으로 주의를 집중한다.
- 이번 주에는 마사지 받으러 간다.
- 위의 모든 사항을 2주간 실천하고 이를 재평가한다.

### 업무 최적화를 위한 두뇌 활용 팁

- 저녁에는 핸드폰의 이메일 수신 기능을 꺼둔다. 이렇게 하면 아침에 일을 시작하기 전까지 두뇌가 쉴 수 있다.
- 주간별 우선순위를 먼저 정하고 그보다 덜 중요한 일은 일일 단위로 순위를 매긴다.(이 작업을 전날 밤과 당일 아침에 각각 해보고 어느 편이 나에게 잘 맞는지 알아낸다.)
- 이메일은 일과 중 정해둔 시간에만 열어본다.
- 모노태스킹 습관은 단기적이든 장기적이든 모두 도움이 된다.
- 내가 쓰는 시간은 내가 책임진다고 결심한다. 시간을 어떻게 사용하든 그것은 나의 선택이라는 사실을 명심한다.
- 자신을 감시하는 수사관이 된 심정으로 어떤 상황에서 좌절감에 빠지고, 또 어떻게 하면 그것을 피할 수 있는지 파악한다.

### 두뇌를 활용하여 시간을 통제할 때 얻는 최고의 유익

- 이메일과 전화의 방해를 받지 않고 고요한 시간을 보낼 때 훌륭한 아이디어가 떠오른다.
- 지금까지는 일과 중에 새로운 일을 시작할 때마다 무슨 일부터 해야 하나 고민하느라 시간을 썼지만, 이제는 그럴 필요가 없다. 더구나 나의 무의식은 이미 지난밤부터 일에 착수

한 터라 새로운 일을 시작할 때부터 집중력이 높아진다.

- 방해 요소를 없앴으므로 효율과 성과가 높아진다.
- 시간을 통제하는 능력이 향상되므로 내가 자율적인 사람이라는 인식이 증대되고, 더 생산적인 행동으로 더 나은 수준의 업무를 수행할 수 있다.

2장

# 내 속의 해마가 공격받고 있는가

## 오직 안전하고 확실한 곳으로 피하고 싶은 마음만 드는 이유

### 모든 일이 엉망이라는 생각으로 스트레스를 받을 때

제시는 자신의 코치 스튜어트와 상담하기를 좋아해서 창업 이후에도 틈날 때마다 그렇게 해왔다. 그녀가 세운 회사는 지역의료인들이 환자를 진료하는 데 도움이 되는 서비스를 제공하고 있으며, 지금부터 18개월 전에 설립 6개월째에 접어들던 참이었다. 그녀는 자신의 사업 내용과 사고방식, 그리고 개선책을 누군가 검토해주는 것이 큰 도움이 된다는 사실을 절감했다. 그녀는 거의 매주 뭔가 다른 일과 맞닥뜨리는 편이었으며 이번 주에도 그에게 무슨 말을 하고 싶은지 정확하게 알고 있었다.

지난 금요일에 제시는 고객 중 1명인 지역의료인으로부터 걸려온 전화를 받고 큰 혼란에 빠졌다. 한 마디로 일이 뒤죽박죽되고 말았다. 피트니스 코치들이 사교댄스장에 나타났고, 댄싱 코치들은 피트니스 그룹으로 갔다. 무도회용 최고급 정장을 차려입은 어르신들은 화사한 라이크라 운동복 차림에 덤벨을 든 채 승합차에서 내리는 생기발랄한 코치들을 보고 그야말로 기가 막힌 표정을 지었다고 한다. 마찬가지로 헐렁한 티셔츠에 조깅팬츠를 입은 다른 그룹 사람들이 말끔하게 차려입은 댄싱 코치 커플을 대했을 때, 눈살을 저절로 찌푸렸을 것이 틀림없었다.

물론 그들이야 헛웃음을 지으며 넘어갈 수도 있겠지만, 문제는 이번 일이 사업에 심각한 문제가 있음을 보여주는 하나의 사례일 뿐이라는 사실이었다. 제시는 회의를 빼먹는가 하면, 자신이 무슨 일을 했고 어떤 일을 놓쳤는지 모를 때도 있었다. 그래서 뭔가 큰 사고가 곧 터지지 않을까 조마조마한 마음이 들었다. 그래서 그녀의 비서가 이번 일에 대해 농담 섞인 말을 하자 그만 과민반응을 보이고 말았다. 역시나 사업도 적성에 맞지 않는 게 아닐까 하는 오래된 나쁜 생각이 자꾸만 자신을 괴롭혔다. 이후 또 다른 고객을 만나 그들의 필요에 관해 대화하면서 피트니스 코치 이야기가 또 나왔을 때, 그녀는 다시 한번 이 일이 적성에 맞지 않는다는 생각이 들었다.

모든 것이 힘들다는 생각이 들만도 했다. 감기 든 지 벌써 2주가 지나도록 잘 낫지 않는 바람에 이상하게 졸리거나 온종일 목과 어깨가 쑤실 때가 많았다. 무슨 일에나 집중하기가 힘겨웠고 사람들이 하는 말도 제대로 알아듣지 못했다. 마치 생각의 속도가 절반으로 뚝 떨어진 것만 같았다. 그저 집에 가서 파자마 입고 넷플릭스나 보고 싶다는 생각이 굴뚝같았다. 아니면 어디 좋은 곳으로 휴가라도 떠날 수 있다면 더할 나위 없겠지만, 그건 그저 꿈같은 이야기에 불과했다.

### 현재 상황

스튜어트는 제시가 말한 내용의 핵심을 다음과 같이 요약했다.

- 뭐라고 딱 꼬집어 말할 수 없는 불편한 느낌이 든다.
- 긴장감을 느낀다.
- 다리가 무겁고 목과 어깨가 쑤신다.
- 평소보다 감기가 영 안 떨어진다.
- 아주 기초적인 일조차 실수를 저지른다.
- 개인 비서에게 방어적인 태도를 보인다.
- 옛날 습관이 튀어나온다.
- '마음을 추스르고 있다.'
- 생각의 속도가 절반으로 떨어졌다.
- 피트니스 코치 이야기만 나오면 온갖 부정적인 생각이 머리를 사로잡는다.
- 집에 가서 넷플릭스나 보고 싶다.

### 스트레스, 문제의 고질적 주범

스튜어트는 제시가 생각해봐야 할 가장 근본 원인으로, 그녀의 스트레스 지수가 평소에도 너무 높다는 점을 지적했다. 스트레스는 여러 가지 원인에 따라 몇 가지 유형으로 나뉜다. 그중에서도 우리가 살펴볼 종류는 감정적 및 심리학적 스트레스다. 흥미롭게도 어떤 사람에게 감정적인 스트레스를 안겨주는 상황은 또 다른 스트레스를 유발한다. 나한테는 재미있는 일이 옆에 사람에게는 스트레스를 안겨줄 수도 있다. 왜냐하면 사람들마다 상황을 받아들이는 방식이 모두 다르기 때문이다. 사람들은 같은 상황에 대해서도 과거의 경험에 따라 저마다 다른 의미를 부여한다.

제시는 의료인들에게 엉뚱한 팀을 파견했다는 사실을 깨닫는 순간, 이것을 잘못된 일이라고 판단했다. 똑같은 상황을 그저 재미있는 일 정도로 넘기는 사람도 있을 것이다. 그러나 제시는 일을 제대로 처리하지 못해 사람들을 화나게 만든 대실패로 받아들였다. 이런 의미를 부여함에 따라 그녀의 체내에서는 자연스럽게 그에 해당하는 화학물질이 혈액으로 분비되었다. 그녀가 느끼는 감정의 맨 밑바닥에는 위기감이 있다. 그녀의 체내에 급증한 화학물질은 혈당 수치를 높이고(그녀에게 에너지를 부여한다.), 면역체계를 억제하며(위기의 순간에는 전혀 불필요한 일이다.), 지방과 단백질, 탄수화물의 대사를 촉진한다. 화학물질이 분비됨으로써 신체가 스트레스에 대처하는 데 도움이 된다. 그 점에서는 좋은 일이다. 화학물질이 신체의 균형을 바로잡는 일을 하는 셈이다. 그러나 그 상태가 오래 계속되어 만성 스트레스로 발전하면 신체에 해를 끼치기 시작한다.

### 좋은 의도

제시가 스트레스를 느낀 것은 이른바 '알로스타틱 부하

allostatic load', 즉 누적된 스트레스로 인해 신체 손상이 발생했기 때문이었다. 이것은 만성 스트레스 상태에서 발생하는 전형적인 증세다. 앞에서 언급했듯이 우리 신체는 어떤 이유로든 균형을 잃게 되면 그것을 회복하려는 움직임을 보인다. 알로스타시스allostasis, 즉 생체 적응이란 스트레스에 대한 신체의 반응 작용을 말한다. 가벼운 스트레스를 받을 때는 기억력이 향상되지만, 심각한 스트레스나 만성 스트레스는 기억력을 감퇴시킨다. 알로스타틱 부하가 높은 수준에 이르면 기분과 감정, 행동에까지 영향을 미친다. 사고의 시야도 멀리 내다보기보다는 눈앞의 일만 생각하는 쪽으로 좁아진다. 이런 요소들이 모두 제시의 일상생활에 영향을 미치게 된 것이다.

만성 스트레스에 시달리는 사람들이 보여주는 반응은 주변 사람들에게 결코 도움이 되지 않는다. 여기서 핵심은 스트레스로 인해 뭔가를 배우고, 사람들과 관계 맺으며, 성과를 창출하는 일 등이 방해를 받는다는 것이다. 일반적으로 우리는 만성 스트레스에 시달리는 경우가 많다고 알려져 있다. 누구나 심한 압박감을 느낄 때 생산성이 떨어지는 것을 경험한 일이 있을 것이다. 또 마땅한 해결책이 보이지 않을 때 심한 걱정에 휩싸였던 적이 있을지도 모른다. 주변 동료 중에서 만성 스트레스에 시달리는 사람을 봤을 수도 있다. 가장 먼저 해야 할 일은 바로 이런 사실을 인식하는 것이다.

만성 스트레스의 증상은 다음과 같다.

- 집중하기가 어렵다.
- 성미가 급하다.
- 신경질이 나고 근심 걱정이 끊이지 않는다.
- 의사결정을 내리는 데 어려움을 겪는다.
- 불면증에 시달린다.
- 의기소침해진다.
- 식욕이 감퇴한다.
- 계속해서 몸이 아프다.
- 근육이 긴장된다.
- 소화불량이 지속된다.

위의 증상 중 어느 것 하나라도 며칠 이상 지속된다면 즉각 신체의 균형을 바로잡도록 노력해야 한다.

건강한 사람은 스트레스 유발 요인과 마주치면 체내의 정상적인 화학적 균형이 무너진다. 그러면 신체는 스트레스에 반응하여 항상성 균형을 정상으로 되돌린다. 즉 평소와 같은 상태로 되돌아간다. 스트레스를 유발하는 요인은 사람마다 다르다. 예컨대 제시의 동료 주디스는 어떤 일에도 좀처럼 스트레스를 받지 않는 타입이다. 공급업체 사람들이 소리를 지르거나 고객이 무례히 대할 때에도 그녀는 꿈쩍도 하지 않았다. 그러나 제시는 조그마한 일에도 스트레스를 받곤 했다. 이것이 바로 만성 스트레스에 빠졌을 때 나타나는 현상이다. 그런 상태에 빠진 사람은 사물을 받아들이는 방식이 달라지며, 사실상 신경이 항상 날카롭게 곤두선 채 지내게 된다. 다시 말해 그들은 신체를 재충전할 시간이나 자원을 확보할 수 없다.

### 면역체계의 과학

연구 결과 만성 스트레스 상태에서는 체내에서 특정한 단백질(이를 칼시토닌유전자관련펩타이드calcitonin gene-related peptide, CGRP라고 한다.)이 생성된다는 사실이 밝혀졌다. 이 단백질은 인체 면역세포의 활동을 방해한다. 랑게르한스세포Langerhans cells라는 주요 면역세포는 감염원을 포집하여 이를 림프구에 넘겨주는 역할을 하고, 그러면 림프구가 그 감염원을 파괴한다. 여기서 CGRP는 랑게르한스세포를 둘러싸 감염원을 포획하지 못하도록 한다. 그 결과 우리는 외부로부터의 감염에 취약하게 된다.

저명한 과학자들의 말에 따르면 사람들이 얻는 주요 질병의 대부분이 만성 스트레스와 관련이 있다고 한다. 몸이 아프면 당연히 업무를 제대로 처리할 수 없으며, 이는 또 다른 스트레스를 불러오는 악순환이 이어진다. 만성 스트레스의 심각성을 깨달아야 하는 이유가 바로 이것이다.

### 몬델레즈사의 사례

최근에 우리 시냅틱포텐셜Synaptic Potential사 연구팀이 영광스럽게도 몬델레즈Mondelez사와 협력할 기회가 있었다. 이 과자 회사의 친절한 안내로 자회사인 캐드베리Cadbury's 초콜릿 공장에 방문했다! 경영진은 직원들이 엄청난 업무 강도를 감내하고 있다는 사실을 알게 되었다. 당연히 이런 근무환경이 직원들에게 더 많은 스트레스를 안겨 줄 가능성이 있었다. 이 회사는 직원들의 성과뿐 아니라 그들의 건강과 안녕에 대해서도 진지한 관심을 기울였다.

우리가 처음 만났을 때도 몬델레즈는 이미 훌륭한 온라인 대학을 운영하고 있었다. 그들은 우리 의견에 대단한 흥미를 보였다. 나아가 그들은 탄탄한 학술 연구로 뒷받침된 우리의 디지털 콘텐츠를 활용하면 직원들의 스트레스 대처 능력이 크게 향상될 수 있다는 것을 깨달았다. 그들은 단기간에 스트레스를 해결하는 것과 장기간에 걸쳐 저항력을 기르는 것은 서로 다른 문제라는 점을 이해했다.(이 점을 깨닫지 못하고 둘을 똑같이 취급하는 기업이 많다.)
직원들을 위해 반나절만 스트레스 관리 워크샵을 열어도 분명히 효과를 볼 수 있다.(물론 실질적이고 지속적인 성과를 원한다면 보다 근본적인 방법이 필요하다. 게다가 거기에 꼭 많은 비용이 드는 것도 아니다.) 기업은 직원들이 실제로 일하는 방식에 대해 진정 어린 존중의 태도를 보여야 한다.
스트레스에 대한 근본적인 저항력에 관해서는 10장에서 더욱 체계적으로 다룰 것이다.

### 예측 가능성과 스트레스

스튜어트는 제시에게 스트레스 지수를 낮추는 데 도움이 되는 핵심 개념을 또 하나 소개했다. 현대인의 두뇌는 확실한 보장을 갈구한다. 그래서 앞으로 일어날 일을 미리 알려고 계획이나 안건에 그토록 매달리는 것이다. 우리는 예측 가능성을 증대하여 안전을 보장받고자 한다. 그러나 오늘날 많은 종류의 일은 사람들을 불안에 빠뜨린다. 사람들은 자신의 업무에 관한 명확한 범위를 알 수 없거나, 자신이 어떤 성과를 내야 하는지 모르는 경우가 허다하다. 상사의 관점에서는 자신이 어떻게 일해야 훌륭한 성과를 내는 것인지, 또는 나에 대한 동료들의 속마음이 어떤지 도무지 모를 경우도 많다. 사람들이 사전에 준비할 틈도 없이 새로운 일을 맞이할 때 불안감을 느끼는 경우가 있다. 그러나 이런 상황이 꼭 불가피한 것만은 아니다. 스트레스를 촉발할 일을 미리 인지하고 정보를 입수하여 사전에 피할 방법은 얼마든지 있다. 많은 업무 현장에서 리더와 관리자들이 이런 면에서 중요한 역할을 담당할 수 있다.

기업가에게 예측 가능성이란 조직 내부의 관리 대상으로, 대개 기업가 자신이 해야 할 일이다. 제시에게는 자신의 안전을 돌봐줄 상사가 없다. 그녀가 바로 사업주이기 때문이다. 그녀는 스스로 자신의 안전을 보장해야만 한다. 기업가들은 자신의 환경을 유연하게 관리할 권한이 있고, 변화와 적응력이야말로 그들이 내세울 수 있는 최대의 강점이다. 이런 특징은 이것대로 중요한 덕목이므로, 예측 가능성은 별도의 방법으로 확보해야 한다. 스튜어트는 제시에게 몇 가지 제안을 내놓았다.

- 매달 일정한 날짜에 회계사와 면담하고, 재무제표도 정해진 날짜에 받을 수 있는 회계 시스템을 구축한다. 이렇게 하면 제시 스스로 재정 문제를 완전히 파악하고 있다는 느낌을 가질 수 있다.
- 매달 하루를 따로 내어 전 직원이 조직 외부 사람들과의 관계 문제를 고민하는 브레인스토밍의 날로 삼는다. 즉 그날은 다음 달에 있을 언론 발표, 트위터 공지, 블로그 등, 교류해야 할 외부의 어떤 이들에 관한 이야기든 다 쏟아내는 것이다. 이런 문제를 일단락 짓고 넘어가는 것만으로도 제시는 한결 마음의 부담을 덜 수 있다.
- 두 달에 한 번 정도 직원 모두와 개별 면담을 통해 그들이 이미 잘하고 있는 일을 어떻게 더 잘할 수 있는지에 대해 코칭과 도움을 제공하는 시간을 낸다. 평소의 이런 노력을 통해

혹시 잘못되어가는 일이 있더라도 돌이킬 수 없을 지경이 되어서야 불거지는 사태를 막을 수 있다.

제시는 과거 자신이 혼란을 겪었을 때 그녀의 두뇌가 위협을 느꼈으며, 이로 인해 스트레스가 더욱 가중되었다는 사실을 비로소 이해했다. 이미 벌어진 일에 대해 죄책감이 들 때마다, 그녀의 편도체(amygdala, 두뇌에서 감정을 담당하는 영역의 일부)는 이 감정에 곧장 반응했다. 죄책감은 수치심이나 부러움, 질투, 슬픔, 절망, 그리고 증오 등과 함께 가장 민감한 사회적 감정에 속한다. 두뇌에서 이런 감정을 담당하는 영역을 대뇌섬insulae이라고 한다. 감정 분야의 저명한 석학 안토니오 다마지오Antonio Damasio는 대뇌섬이 인체의 감각기관과 감정을 서로 연결하는 역할을 한다는 가설을 세웠다. UCLA대학 아이젠버거Eisenberger 박사의 연구 결과도 이 가설을 뒷받침한다. 제시가 죄책감을 느낄 때면 고통을 담당하는 그녀의 신경회로가 활성화되어 죄책감에 상응하는 고통을 실제로 몸에 전달했다.

제시가 안전하지 못하다는 느낌을 받을 때면 불편한 느낌이 몸에도 바로 전해졌다. 실수를 저질러서 죄책감이 들 때마다 실제로 몸도 아픈 것을 경험했다. 이런 개념이 아직 새롭고 낯설다고 생각하는 사람이 많겠지만, 이는 최신의 학술 연구 결과가 뒷받침하는 사실이다. 따라서 제시는 이제 이런 고통을 피하려면 안전을 보장하고 예측 가능성을 높일 방안을 마련해야 한다는 것을 알게 되었다. 그러면서도 창의적인 유연성을 발휘하는 시간을 따로 할

애하여 최고의 아이디어를 떠올릴 수 있다. 사실 그녀는 이런 아이디어를 지금부터는 더욱 자주 떠올릴 수 있고, 따라서 스트레스도 훨씬 덜해질 것으로 확신하게 되었다.

### 열심히 뛰어다니는 것이 과연 답일까

그러면 이제 제시는 스트레스를 해소하기 위해 운동을 시작해야 할까? 제시는 과거에도 이런 말을 들은 적이 있고, 운동이 스트레스를 줄이는 데 도움이 된다고 '철석같이' 믿고 있는 사람이 대다수인 것도 사실이다. 그러나 이것은 대중이 과학적 연구 결과를 섣불리 일반화할 때 일어나는 전형적인 오류 중의 하나다. 운동이 스트레스 지수를 떨어뜨리는 데 효과가 있는 것은 사실이나, 동시에 부작용을 불러올 수도 있다. 다음의 연구 사례를 살펴보자.

#### 운동은 스트레스를 악화할 수 있다

1990년대에 예일대학교에서 한 가지 연구가 수행되었다. 배우들을 두 그룹으로 나누어 각각 다른 감정을 경험하게 했다. 첫 번째 그룹에는 좌절과 실망의 상황을 떠올리며 스스로 분노의 감정을 느껴보라고 했다. 두 번째 그룹은 차분하고 평온한 상태로 지내도록 했다. 그리고 두 그룹 모두 심박수와 혈압, 그리고 호흡을 측정했다.

그런 다음 두 그룹 모두에 계단 오르기와 같은 다양한 종류의 가벼운 운동을 해보라고 했다. 분노한 그룹의 생리적 측정치는 건강한 수준에 미치지 못했다. 평온한 상태를 유지했던 배우 그룹은 운동의 효과를 제대로 맛보았다. 대부분의 사람들은 운동이 스트레스를 줄이는 데 도움이 된다고 생각하지만, 사실은 운동할 때 마음 상태가 어떠냐에 따라 결과는 달라진다. 그렇다고 해서 화가 났을 때 스쿼시 운동으로 그것을 분출할 수 없다는 말은 아니다. 다만 그러기 전에 먼저 마음을 진정시키는 편이 몸에 더 좋다고 말할 수 있다.

그렇다면 어떤 마음으로 운동하는 것이 좋을까? 우리가 바꿔 먹어야 할 마음 자세의 전형적인 예를 다음에 표로 정리하였다.

| 기존의 생각 | 바람직한 생각 |
| --- | --- |
| 고객이 다른 회사에 중요한 일감을 맡겨서 기분이 나쁘다. | 다음번에 더 나은 제안을 내놓을 수 있는 현실적인 방안을 곰곰이 고민한다. |
| 승진에서 제외된 일로 상사에게 화를 낸다. | 감사할 일들을 생각해보고 현재의 위치를 받아들인다. (업무 관련이 아닌 다른 일에 관해 생각해도 된다.) |
| 동료들은 모두 게으르고 멍청하다. 그들 몫을 나 혼자 감당하는 것도 이제 진절머리 난다. | 동료들로부터 최선을 끌어내려면 내가 어떤 존재가 되어야 할지 생각해본다. 또 그것이 나의 업무 능력에 어떤 의미가 있을지도 생각한다. |
| 내가 일을 망치고 있다는 생각이 든다. | 지난 몇 주간 성공을 거둔 일들을 객관적으로 정리해본다. 그리고 더 큰 성공으로 이어갈 방안을 세 가지 마련한다. |

처음의 마음 자세를 바꾸는 것이 어느 모로 보나 가장 먼저 해야 할 일이다. 그래야만 새로운 가능성을 엿볼 수 있고, 사고력을 증진할 수 있으며, 체내에서 유익한 화학물질이 혈액에 분비되고, 다른 사람에게도 긍정적인 영향을 미칠 수 있다. 이것을 손쉽게 실천할 전략을 세우는 사람이 있는가 하면, 좀처럼 실행에 옮기지 못해 힘들어하는 사람도 있다. 생각을 바꾸고 마음 자세를 변화하

는 능력을 기르는 일은 분명히 가능하다. 이것이 어떻게 가능한지 지금부터 여러 가지 면에서 살펴볼 것이다. 실제적인 방법의 대표적 사례를 아래에 제시한다. 매우 간단해 보이지만 그 효과는 결코 적지 않다. 다음에 제시된 방법을 내 것으로 만들 수 있다면 일상생활, 나아가 다른 사람과의 관계를 크게 증진할 수 있다.

- 관점의 재조정 – 관심의 초점을 현재 벌어지는 일에서 전혀 다른 일, 또는 같은 일의 다른 영역으로 옮겨본다. 예컨대 고객이 전화로 온갖 문제점을 쏟아내는 상황이라면, 그들의 말에서 일말의 긍정적인 측면을 찾아본다거나, 또 다른 고객의 의견으로 관심을 옮겨보면 의외로 긍정적인 면을 발견할 수 있다. 물론 이것은 부정적인 고객 의견에 대해 내가 취해야 할 행동을 언급한 후에 해야 할 일이다. 때로는 주어진 상황의 범위를 더 크게 혹은 좁게 바라보는 것도 이에 해당한다.
- 재구성 – 사안을 규정하는 틀을 재구성해보면 그 일이 전혀 다르게 보이기도 하고 기분도 달라질 수 있다. 지인들의 모습이 담긴 사진을 들여다보면서 그들과 함께했던 좋은 기억이 떠올라 그를 바라보는 틀이 바뀌었던 경험이 있을 것이다. 사업에서도 마찬가지다. 내가 가진 틀을 바꾸고, 다른 사람도 그렇게 할 수 있도록 이끄는 능력의 가치는 이루 말할 수 없이 귀중하다.
- 재평가 – 처음에 어떤 일에 부여했던 의미를 다시 생각해본다. 이 일이 좀처럼 쉽지 않은 이유는, 사람들은 어느 단계에

이르면 변화(또는 나의 첫 판단이 잘못된 것일 수 있다는 생각)를 거부하게 마련이기 때문이다. 이런 성향을 앞에 들었던 사진의 예에 비유하면, 그 사람들이 내 삶에 사진 속의 추억 그대로 존재하며 그들이 미친 영향력도 그대로일 것이라고 고집하는 것과 같은 태도다.

사물을 다르게 바라보는 능력을 꾸준히 길러야 한다. 다른 사람이 모두 똑같이 바라보는 관점에 대안을 제시할 능력을 갖춘다면, 여러 상황에서 나만의 차별성을 부각하고 귀중한 가치를 창출할 수 있다. 어떤 동료 한 사람에 대해 모든 사람이 그를 수다쟁이라고 부른다고 해보자. 이럴 때 그들의 관점을 바꾸는 방법은, 그 사람이 과연 남의 뒷담화를 계속해서 하는 이유가 무엇일까라고 질문해보는 것이다. 질문의 힘은 강력하다. 단, 질문하는 태도는 정중할 필요가 있다.

### 부정적 암시

그런데 제시가 막상 고객들을 만나 그들로부터 피트니스 코치 이야기를 듣고 보니 억눌려왔던 모든 부정적 감정이 다시 고개를 들었다. 이것이 바로 앵커링 현상으로, 여기에 대해서는 3장에서 벤의 이야기를 소개할 때 자세히 다룰 것이다.

**치명적 연상 작용**

러시아 학자들이 쥐를 대상으로 연상의 위력이 얼마나 강력한지 보여주는 실험을 수행했다. 그들은 면역억제제에 사카린(인공 감미료)을 첨가한 약물을 쥐에게 투여했다. 이 약물의 부작용은 쥐에게 구토를 유발하는 것이다. 이 약물을 쥐에게 여러 차례 투약했다. 그러다가 어느 순간 약물 공급을 중단하고, 대신 사카린만 투여했다. 그러자 흥미로운 결과가 나타났다. 쥐는 여전히 구토를 느꼈다. 쥐는 그동안 사카린을 맛보면 신체적 증상을 연상하도록 적응해온 것이다. 실제로 실험 대상이 된 쥐들 가운데 많은 수가 사망했다. 쥐의 사고가 자신의 면역체계를 약화하여 환경 변화에 무방비 상태가 되어버렸다.

스튜어트는 제시가 피트니스 코치와 나쁜 감정 사이의 연상 작용을 탈피할 수 있기를 간절히 원했다. 제시가 무슨 일 때문이든 나쁜 감정이 들 때마다 그 감정은 그녀의 몸과 마음에 영향을 미친다. 우리는 기분이 나빠져도 처음에는 그것을 좋은 뜻으로 받아들인다. 뭔가 배울 점이나, 실천할 일이 있다고 해석하는 것이다. 그러나 그 이후에는 나쁜 감정에 힘입어 원래 목적을 달성하는 경우란 좀처럼 없다. 즉 그런 감정으로 얻을 것이라곤 오로지 부작용밖에 없으므로 최선을 다해 떨쳐버려야 한다는 뜻이다. 제시의 경우는 한 가지 사례에 불과하다. 우리는 매일 경험하는 여러 일에 어떤 감정을 결부시킨다. 그리고 대개 이런 과정은 무의식적으로 진행된다.

### 스트레스를 피해 일상으로

제시는 하루 동안 느끼는 감정을 한 마디로 빨리 집에 가서 파자마로 갈아입고 넷플릭스를 보고 싶다는 말로 표현했다. 이것이 그녀가 간절히 원하는 친숙한 상태였다. 이런 일은 매우 흔하다. 아마도 친구나 동료가 어떤 행동이나 상태를 가장 친숙하게 여기는지 잘 알고 있을 것이다. 이럴 때 두뇌에서 어떤 일이 일어나는지 알아보자.

**스트레스받은 하마**

하마와 똑같지는 않지만 거의 비슷한 것에 관한 이야기다. 여러 해 전에 과학자들은 동물이 해마(hippocampus, 두뇌 중앙부에 있는 말발굽 모양의 영역)에 손상을 입으면 어떻게 되는지를 알아보았다. 해마는 기억을 담당하는 것으로 널리 알려진 영역이다.

연구자들은 동물들이 주변 환경을 탐색하도록 한 다음, 해마를 향해 방사선을 한 차례 쬐어주었다. 그런 다음 동물들은 자기 자리로 되돌아가서 그곳에 정착하려는 거동을 보였다. 방사선을 맞기 전에 주변을 활발히 탐색하던 행동과 달리 말이다. 이제 호기심을 잃어버린 듯한 모습이었다.

해마는 새로운 상황과 사물을 처리하는 일을 담당한다. 해마가 기능을 잃게 되자 동물들은 새로운 경험을 찾아 나서는 일을 중단했다. 이 실험은 우리가 스트레스를 받았을 때 느끼는 감정에 시사점을 던져준다. 즉, 우리에게는 오직 안전하고 확실한 곳으로 피하려는 마음만 남게 된다.

### 공격에 나선 하마

글루코코르티코이드(glucocorticoid, 스테로이드 호르몬의 일종)는 감정이 폭발하거나 만성 스트레스에 놓인 상태에서 분비되는 물질로, 이것이 분비되면 해마 속에 있는 뉴런이 파괴된다. 제시는 스트레스를 받자 편안하고 친숙한 환경을 갈망했다. 그저 평소와 다름없는 일상으로 돌아가고 싶었을지도 모른다. 그러나 불행히도 많은 사람에게 이런 평소의 일상은 스트레스를 유발하는 원인이 되기도 한다. 즉 스트레스를 피하려는 행동이 실제로는 스트레스를 가중하는 요인이 되는 것이다. 만성 스트레스의 원인을 살펴보는 것은 그래서 중요하다.

해마 내부에서는 아주 똑똑한 일이 벌어진다. 이것은 두뇌를 포함한 인체의 다른 영역에서도 일어나지만, 해마 내에서 그 움직임이 유난히 활발하다. 즉, 새로운 뉴런이 생성되는 것이다. 이를 신경발생neurogenesis이라고 한다. 다시 말해 무언가 새로운 시도를 함으로써 해마를 자극하면, 해마의 부피가 약간 커지면서 더욱 건강한 상태가 된다. 흥미롭게도 항우울제인 프로작Prozac의 처방으로 우울증에 빠진 사람의 기분이 회복되기까지는 약 한 달의 시간이 소요된다는 사실이 최근 연구 결과를 통해 밝혀졌다. 이것은 신경발생이 일어나는 데 필요한 시간과 정확히 일치한다.

제시는 비로소 그동안 자신이 느꼈던 감정이 자연스러운 일이었다는 것을 깨달았다. 그녀의 마음 한구석에는 창업가는 오로지 모험을 추구하는 데 온몸과 시간을 바쳐야 한다는 생각이 있었다. 그런데 정작 자신은 그렇지 않았으니, 스스로 훌륭한 기업가인지에 대해 의문을 품을 수밖에 없었다. 이제 그녀는 자신의 스트레스 지수에 비춰볼 때 편안한 환경을 갈망하는 마음은 매우 정상이라는 사실을 알게 되었다. 더 나아가, 오히려 새로운 일을 추진함으로써 해마를 자극하는 것도 문제의 해결책이 될 수 있다는 사실을 알았다.

### 거울 뉴런

스튜어트는 제시를 상대로 한 코칭을 깊이 진행할수록, '저 멀리 숨겨져' 있어서 그것을 보고자 하는 사람에게만 의미가 있는 일에 대해서도 그녀는 마음이 열려있다는 것을 파악했다. 이 연구는 이탈리아 과학자들이 이른바 거울 뉴런을 발견한 데서 비롯된 것이었다. 이야기는 다음과 같다. 원숭이 한 마리가 이미 진행 중이던 또 다른 연구에 몰두하고 있었다. 이때 점심시간이 되어 연구자 1명이 아이스크림을 먹으면서 실험실로 들어왔다. 그런데 이 상황에서 원숭이의 두뇌는 마치 자신도 아이스크림을 먹고 있던 것처럼 반응했다. 이는 매우 이례적인 현상이었다. 종전까지는 어떤 일이든 반드시 피실험자에게 일어날 때만 뉴런이 반응하는 것으로 알려졌기 때문이다. 그러나 이 실험을 통해 원숭이든 사람이든, 주변에서 일어나는 일을 마치 자신에게 일어나거나 심지어 자신이 하는 행동인 것처럼 반응할 수도 있다는 것이 밝혀진 것이다.

비서가 제시의 실수를 그녀에게 정중한 태도로 설명하려고 애쓸 때, 우리는 그 비서가 머릿속으로 어떤 생각을 하고 있는지 모른다. 겉으로 드러난 표정 뒤에서 그녀는 어쩌면 '사장님은 어쩌면 이렇게 간단한 일도 제대로 못 하시는 거지?'라고 생각할지도 모른다. 이때 거울 뉴런이 작용하여 제시가 비서의 이런 생각을 눈치채게 된다. 그리고 이것을 계기로 그때까지 억눌려왔던 생각, 즉 자신이 일을 제대로 못 하고 있다는 생각에 온통 사로잡혀 버리는 것이다. 물론 제시는 스트레스로 인해 예전의 걱정거리들을 다시 떠올렸을 수도 있다.

직업에 따라서는 사람들이 동료와 스스럼없이 여러 가지 일을 교감하고 공유하는 분위기가 형성되기도 한다. 그런 경우 사람들은 동료에게서 최고의 모습을 기대할 정도로 서로를 신뢰한다. 예를 들어 제시가 자신이 느끼는 압박감과 위기감, 나아가 자신의 능력이 부족하다는 생각까지도 비서에게 터놓고 말할 수 있다고 생각하는 것이다. 그러나 대개 사람들은 동료에게 이런 말은 할 수가 없다고 생각한다. 제시는 이런 말을 하면 자신이 약해빠지고, 무능하며, 불쌍한 사람으로 보일까 봐 두려운 것이다. 그녀가 속한 사업 환경에서는 이 모두가 결코 좋은 일이 아니다. 여기서 무엇보다 안타까운 점은 대화가 특히 여성들에게 큰 도움이 되는 수단이라는 사실이다. 여성은 대개 대화를 하면서 생각을 정리하고, 주변 상황이 분명하게 이해되며 두려운 마음도 훨씬 덜해진다. 또 속마음을 끝까지 털어놓았을 때 부정적인 감정의 위력을 말끔히 털어낼 수 있다. 남성은 상대적으로 이 모든 일을 마음속으로 잘 처리해낸다. 따라서 대화는 오히려 방해만 될 때도 많다.

스트레스를 받았을 때 체내에는 그 반응으로 이에 대해 싸울 것이냐 피할 것이냐를 두고 아드레날린adrenalin과 코티졸cortisol이 분비되면서 혈압이 상승하는데, 그것이 표현되는 방식은 남성과 여성이 각각 다르다. 이때 남성의 두뇌는 동요하고 그 결과는 대결이나 논쟁, 또는 도피라는 형식으로 드러난다. 진화론의 관점에서 남성의 두뇌는 집중에 특화되었으며 정보를 선형적으로 처리하는 특징이 있다. 남성은 목표지향적이며 직접적인 행동을 보이는데, 이는 과다 분비된 아드레날린을 소모하는 데 유리하다. 반면 여성의 두뇌는 일어난 일의 세부 사항을 기억하고, 그것을 모두 이야기하기를 좋아한다. 그 과정에서 여성의 두뇌에서는 옥시토신과 세로토닌이 분비된다. 세로토닌은 마음을 진정시키고, 옥시토신은 사람들과 친밀감을 형성하여 외로움을 떨치는 작용을 한다.

### 기회

이제 두뇌 활용법을 본격적으로 알아보자. 제시가 만성 스트레스의 악순환에서 벗어나는 방법은 무엇인가? 그 무거운 알로스타틱 부하를 어떻게 없앨 수 있을까?

가장 먼저 살펴볼 요소는, 제시가 어떤 상황에서 강한 스트레스를 받는가 하는 문제다. 똑같은 상황에서도 제시는 스트레스를 느끼지만, 주디스는 전혀 그렇지 않은 것 같다. 우리는 그 차이를 결정짓는 요소를 살펴볼 것이다. 사실 가장 중요한 원인은 제시가 사물을 규정짓는 방식이다. 우리는 이야기와 정해진 틀로 사물에 의미를 부여한다. 여기에 기회의 열쇠가 숨어있다. 제시는 예컨대 구내식당에서 평소 좋아하던 시리얼 아침 식사가 매진되었을 때, '내 맘대로 되는 게 없군.'이라거나 '온 세상이 나를 싫어하네.'라는 식으로 생각했다. 주차장에서 사무실로 걸어가다가 물웅덩이를 밟으면 '왜 항상 나한테만 이런 일이 생기지?'라고 생각했다.

업무 중에 실수를 저지를 때마다 그녀는 사람들이 그 모습을 모두 지켜보고 있으며, 그들이 나를 이 일에 맞지 않는 사람으로 여긴다고 생각했다. 사업을 시작한 것이나, 지금까지 쌓아온 모든 인맥, 이 자리에서 일하고 있는 것 자체까지 그저 운에 지나지 않는다고 생각했다. 사람들은 언젠가 이 사실을 알게 될 것이고, 그러면 이 모두를 잃게 될 것이다. 이것은 분명히 매우 극단적인 사고방식이다. 그러나 불행히도 이렇게 생각하는 사람을 심심찮게 만날 수 있다. 사람들은 지적 능력, 외모, 성격 등 저마다 다양한 콤플렉스를 안고 살아간다.

다른 사람들이 규정해준 정체성을 극복해낸 인물의 대표적인 사례로 리처드 브랜슨Richard Branson을 들 수 있다. 그는 학생 시절에 난독증에 시달린 끔찍한 경험을 간직하고 있다. 사람들은 계속해서 그에게는 너무나 힘든 일들을 시켰고, 그럴 때마다 그는 어찌할 바를 몰라 괴로워했다. 그들이 그에게 씌우려고 했던 틀이 그의 미래와 역량을 제한할 뻔했다. 교장 선생님은 이렇게 말했다. "너는 감옥에 가거나 백만장자가 되거나 둘 중 하나가 될 거다." 브랜슨은 자신의 경험을 스스로 강한 사람이 되는 쪽으로 해석하는 편을 택했다. 아마 그는 선생님이 "너는 똑똑한 아이가 아니야. 그러니 정신 바짝 차리고 공부하지 않으면 앞으로 어떤 일도 해낼 수 없어."라고 말했더라도, 오히려 그 말이 틀렸음을 증명하겠다고 더욱 분발했을 것이다.

이처럼 누구나 선입견을 품고 사물을 대하기 쉽다. 훌륭한 코치의 역할은 그런 선입견을 파악하는 안목을 길러주고, 그로 인해 바람직하지 못한 결과가 나타날 때 이를 의식적으로 바꾸도록 주의를 환기해주는 일이다.

그 어떤 선입견도 우리 인생에 도움이 되지 않는다. 우리는 신경가소성의 놀라운 힘을 활용하여 틀에 박힌 선입견을 극복하고 성과를 창출하는 능력을 갖출 수 있다.

선입견을 탈피하는 데에는 일정한 시간이 필요하다. 물론 이런 일은 하룻밤 사이에도 일어날 수 있고, 실제로 그런 사례도 있다. 예컨대 어떤 사람이 평소 자신이 상상하지도 않았던 일자리를 제안받는다면, 그가 마음속으로 품고 있던 자아상은 완전히 달라질 것이다. 그러나 보통의 경우 우리가 스스로에 대한 관점을 바꾸기 위해서는 상당한 노력이 필요하다.

제시가 손쉽게 실천할 수 있는 3단계 방법은 다음과 같다.

- 내가 원하는 바람직한 선입견을 정한다. 예를 들면 '온 세상이 적이다.' 대신, '중요한 순간마다 운은 내 편이다.'라고 생각한다.
- 이런 새로운 생각을 뒷받침할 증거를 매일 찾아본다. 일례로 중요한 회의가 있는 날 자동차를 주차하고 식당까지 걸어가려는데 때마침 비가 그쳤다면, 바로 그 때문에 헤어스타일을 구기지 않았다는 사실을 떠올리는 식이다. 또 다른 예로 컴퓨터가 고장 난 경우, 마침 바로 직전에 일을 다 마치고 작업 결과를 저장해두었다는 사실에 주목하는 것이다.
- 이렇게 2주에서 4주 정도 시간을 보낸 후에는 이런 선입견을 한 차원 높이 발전시킬 수 있다. 즉 '나는 운 좋은 사람이야.'라든가 '내가 어떤 일에 대해서든 최고의 가능성을 찾아낸다

는 것을 사람들도 다 알아', 나아가 '사람들이 내 곁에 몰려들고 있어.'라는 식으로 말이다.

이 3단계는 모두 이전보다 유익한 새로운 선입견을 정착시키고 강화하는 역할을 한다.

**새똥과 나**

선입견을 바꿀 때는 솔직함도 필요하지만, 열린 마음으로 가능성을 모색하는 태도도 중요하다. 예를 들면 최근에 나는 버밍엄 시내 중심가를 엄마와 남편과 함께 거닐었던 적이 있다. 우리는 쇼핑을 마치고 하번Harborne에 있는 근사한 펍에 가려고 자동차로 돌아가는 중이었다. 그때 새 한 마리가 내 머리에 똥을 갈겼다. 그 녀석은 갑자기 나타나(이놈들은 먼저 양해를 구하는 법이 없다는 것을 처음 알았다.) 내 머리에 버릇없는 짓을 한 것이다. 내가 맨 먼저 한 행동은 배를 움켜잡고 폭소를 터뜨린 것이었다. 어찌나 웃었던지 눈물이 찔끔 나왔다. 마침 마실 물을 사느라 매장 안에 있던 남편이 밖으로 나와 엄마와 내가 배를 잡고 웃는 모습을 보고는 무슨 일인지 영문을 모르겠다는 표정을 지었다. 나는 웃음을 참으며 새똥을 맞았다는 이야기를 간신히 해주었다. 사실 나는 이런 상황이 오면 어떻게 행동할지 항상 궁금했었다.
내가 기분이 엄청나게 상하는 것은 물론이고 새를 향해 분을 이기지 못했을 수도 있다. 근사했던 머리모양이 엉망이 되어 펍에 가기도 싫었을 뿐더러, 온 세상이 나의 적이라는 생각도 들 법했다. 솔직히 말해 '이런, 머리에 새똥 맞았네, 기분 나쁜데!'라는 생각도 조금은 들었던 것이 사실이다. 그러나 전체적인 내 생각은, 지금이야말로 좀처럼 잊지 못할 순간으로서, 항상 궁금했듯이 이런 상황에 배꼽 빠지게 웃어서 엔돌핀을 분출하면 어떻게 될까를 알아볼 절호의 기회라는 것이었다.

참고사항 : 마침내 나는 웃음을 그쳤고, 남편이 산 물을 머리를 씻어내는데 요긴하게 썼다.

### 통제 불가

통제 불가 상황임을 아는 것 자체가 큰 스트레스가 된다. 제시는 동료들이 자신에 대해 좋게 생각하지 않을 것으로 생각했고, 이는 그녀의 통제권 밖의 일이었다. 또 그녀는 휴가를 간절히 원했지만, 사장의 자리를 지키며 모든 일을 꾸려나가야 한다는 책임감을 느꼈다. 이런 무력감은 결국 걱정과 자기 회의, 주의 분산으로 이어진다는 사실이 여러 가지 방법으로 밝혀졌다. 이런 생각 자체가 상당한 에너지를 소모하는 과정으로, 생각을 분명하게 하고 주어진 과제를 끝맺는 일을 더욱 어렵게 만든다. 정반대의 유형에 속하는 자기통제의 달인들은 자신과의 대화를 통해 문제 해결과 다음에 할 일, 효과적인 방안, 그리고 이번 일을 통해 배운 점 등에 더욱 집중한다.

### 스트레스 해소법

스트레스를 줄이는 데 가장 효과적인 행동은 다음과 같다.

▶ 인식하고 새롭게 규정하라

지금의 마음 상태를 직시하고 그것을 한두 단어로 규정하는 것은 매우 큰 힘을 발휘한다. 그렇게 함으로써 현 상태에서 한 발짝 뒤로 떨어져 관조할 수 있다. 이것이 바로 스트레스를 줄이는 첫 단계라는 사실이 여러 실험으로 증명되었다.

▶ 재구성하라

사물을 규정하는 틀은 여러 단계에서 다양한 방식으로 재구성할 수 있다. 제시는 고객들이 자신의 시간을 통제하고 자신을 마치 애완동물처럼 부리고 있다고 생각하는 버릇이 있었다. 제시는 차라리 고객들이 자신을 좀 더 존중할 수 있도록 그들과의 사이에 일정한 경계를 둘 필요가 있었다. 그녀는 고객을 극진히 대접하려는 마음이 워낙 강한 나머지, 자신에게 중요한 일(예컨대 휴일이나 다른 고객, 그리고 직원들)은 모두 고객을 위해 최선을 다한다는 목적에 맞추어야 한다고 생각했다.(재구성의 핵심은 나에게 효과가 있는 방식을 찾아내는 것이다. 똑같은 내용이라도 다른 사람의 입을 통해 듣는다면 설득력이 반감되고 만다.)

▶ 교류하라

다른 사람들과 대화를 나누면 옥시토신이 분비되어 스트레스의 부정적 효과를 이겨내는 데 도움이 된다. 제시는 친구를 만나러 나가는 것 자체를 끔찍이도 싫어했지만, 일단 나가서 사람들과 어울리고 돌아오면 기분이 한결 나아지는 것을 매번 실감했다.

▶ 공헌하라

무언가 가치 있는 일에 공헌하는 활동은 엄청난 자신감을 불러온다. 두뇌에서 자원봉사와 같은 활동을 할 때 활성화되는 영역은 재정적 보상을 받을 때의 그것과 일치한다. 이때 분비되는 물질이 바로 스트레스를 줄이는 도파민이다. 제시는 자원봉사 같은 일은 엄두도 못 낸다고 생각했었지만, 마침내 생각의 틀을 바꿨다. 어차피 일주일에 하루 이틀 정도는 밤늦게까지 남아 일한다는 데 생각이 미친 것이다. 야근의 주된 이유는 대개 고객과의 후속 면담이나 공급사를 향한 독촉 업무 등이었다. 그렇다고 대가가 따르는 일도 아니었으므로, 차라리 이 시간을 자원봉사로 생각하자고 마음을 바꿔먹은 것이다. 물론 이런 방식이 통하지 않는 사람도 있다. 그런 사람은 자신에게 중요한 일에 공헌하기 위해 시간표를 재조정할 필요가 있다. 예컨대 의사들이라면 원래 하던 일을 통해 이를 충분히 실천할 수 있을 것이다.

▶ 운동하라

과연 어떤 것이 운동에 해당하는지, 그리고 그것이 도움이 되는지에 관해서는 논란이 있다. 스트레스를 줄이는 것이 목적이라면 요가 같은 운동을 하는 것도 좋은 선택이다. 전체적으로 보면 운동에는 긍정적인 효과가 있는 것이 분명하다. 그러니 예컨대 복싱훈련을 좋아하고 그래서 기분이 좋아진다면… 안 할 이유가 없다!

## 집중

스튜어트는 제시의 기분을 살피며 잠깐 휴식 시간을 가질지,

아니면 계속하는 게 좋을지 물었다. 그들은 두 다리를 스트레칭한 다음 물이나 한잔 마시고 계속하기로 했다. 스트레스는 광범위한 주제로, 이 문제를 본격적으로 다루려면 대단한 열정이 필요하다. 스튜어트가 다음으로 제시에게 알려주고자 했던 분야는 집중이었다. 주의집중은 대단히 중요하며 우리 경험의 많은 부분을 형성하는 역할을 한다. 간혹 주의집중을 우리의 통제권을 벗어난 일이라고 생각하는 경우가 있는데, 이는 사실이 아니다.

우리가 할 수 있는 일이 무엇인가를 검토할 때, 때로는 일어날 수 있는 극단적인 경우를 상상해보는 것도 도움이 된다. 강박 장애는 불안 장애의 한 종류로 볼 수 있다. 이런 증세를 겪는 사람들은 도저히 이를 통제할 수 없는 지경에 빠진다. 증상이 발동하면 특정한 생각이 끊임없이 찾아들어 극심한 불쾌감을 느끼며 이를 해소할 만한 특정 유형의 행동을 할 수밖에 없게 된다. 때로 이런 행동은 다른 모든 일과 담을 쌓고 자신의 충동에만 집중하는 것으로 나타난다. 예를 들어 어떤 사람은 방을 나서기 전에 전등을 17번이나 껐다 켰다 반복하지 않으면 가족 중에 누군가가 끔찍한 일을 당할 것이라는 강박관념에 시달릴 수도 있다. 또는 손에 세균이 잔뜩 묻어있다는 생각에 걱정이 된 나머지 한 시간에 4번이나 씻어야 직성이 풀리는 사람도 있다. 심지어 당사자조차 그런 생각이 비합리적이라는 사실을 아는 경우가 많다. 이것은 매우 힘겨운 상황이지만(내가 미친 생각을 하고 있음을 아는 것), 그러면서도 도저히 그런 행동을 그칠 수가 없다. 이런 극단적인 생각이 어떤 구조를 띠고 있는지 뒤에서 더 상세히 알아보도록 한다.

### 스탭이 말하는 비밀

천재적인 물리학자 헨리 스탭Henry Stapp의 말에서 우리가 처한 현실을 확장하는 데 필요한 힌트를 얻을 수 있다. 그의 주장은 "인간의 의식적 의도는 그의 두뇌 활동에 영향을 미친다."라는 것이다. 그는 두뇌란 원래 양자quantum의 특성을 띤다고 말한다. 다시 말해 우리의 의식적 사고의 대상 자체가 두뇌에서 일어나는 일에 영향을 미친다는 것이다. 그렇게 생각하고 보면 아주 당연한 말처럼 들린다. 스탭은 계속해서 우리가 스스로의 생각을 통제한다고 말한다. 대부분의 사람들은 두뇌가 고전 물리학의 법칙을 따른다고 생각해왔기 때문에 이것은 굉장히 특이한 관점이라고 볼 수 있다. 그러나 만약 스탭의 주장이 옳다면 그동안 우리가 알고 있던 두뇌의 특성은 새롭게 조정되어야 한다. 그렇게 되면 사람들이 자신의 생각을 통제하는 법을 배우는 것이 더욱 중요해질 것이다. 왜냐하면 다른 누구도 그렇게 하지 않기 때문이다. 로저 펜로즈 경Sir Roger Penrose 역시 양자 과정이 두뇌를 이해하는 데 매우 중요한 요소라고 생각한다.

제시는 대학에서 커뮤니케이션 기법을 수강한 적이 있는데, 이는 나중에 사회에 나가서 남들처럼 권위적이고 꽉 막힌 상사가 되고 싶지는 않았기 때문이다. 그녀는 실제로 대학을 졸업하고 첫 직장에 들어가서 의사소통에 서툰 동료들이 결국 어떤 처지에 놓이는지를 생생하게 목격했다. 그래서 그녀는 그들을 도닥여주면서, 사실 상관이 실제로 하고 싶었던 말은 이런 것이라고 설명해주는 역할을 도맡기도 했다. 그런 가운데 항상, 사람은 자신의 의사소통에 대해 책임져야 하며, 마음속에 품은 생각이 자신이 전달하는 메시지에 영향을 미친다는 것을 깨달았다. 물론 그녀는 이제 이런 내용을 훨씬 더 깊게 이해하고 있다.

스튜어트는 제시와 함께 알아가야 할 일들이 아직도 많이 남아있다는 사실을 알았다. 다음 단계에서 다룰 내용이 어떤 영향을 미칠지 충분히 이해할 수 있도록, 그는 그녀에게 대단히 중요한 개념과 실험에 관해 차근차근 알려주어야 했다. 그가 제시에게 소개할 내용에 관해서는 여전히 많은 논란이 있지만, 지난 20년의 세월을 돌아볼 때 어째서 이런 내용이 아직도 이토록 널리 알려지지 않았는지 놀라울 뿐이다. 우리는 먼저 두뇌 세포들이 서로 연락을 취하는 방법과, 이중 슬릿 실험이라는 양자물리학의 가장 중요한 실험에 관해 이해할 필요가 있다. 이것을 모르면 오랜 세월에 걸쳐 사람들의 사고방식을 완전히 바꾸어놓은 가장 기본적인 과학적 지식을 놓치는 셈이 된다.

### 이중 슬릿 실험

이 실험의 내용을 읽고도 우리가 사는 현실의 모습에 대해 의문이 생기지 않는다면, 다시 한번 꼼꼼히 읽어볼 필요가 있다! 머리에 혼란이 일어난다면, 그때 비로소 이 실험을 이해한 것이다. 더 상세한 내용을 원한다면 두뇌활용법(MYBW) 웹사이트, www.synapticpotential.com을 방문하여 해당 동영상(저장 주소는 https://perma.cc/7875-2HMQ다.)을 확인하기 바란다. 리처드 파인만(Richard Feynman, 미국의 이론물리학자, 양자전기역학의 재규격화이론을 완성한 업적으로 노벨물리학상을 수상했음 – 옮긴이)의 말을 빌자면, 양자역학의 모든 내용은 이 실험이 의미하는 바를 주의 깊게 추적한 결과로부터 축적된 것이다.

양자물리학의 핵심이 되는 이 실험의 내용은 얇은 판에 가느다란 형상의 틈, 즉 슬릿을 한 개 또는 두 개 만들어놓고 여기에 한 가닥의 빛을 쏘는 것이 전부다. 이때 다음과 같은 기초적인 내용을 알아야 한다.

A) 입자는 질량을 지닌 어떤 것으로 간주한다. 입자를 아주 작은 공이라고 생각할 수 있다. 예컨대 페인트로 칠해놓은 벽에 아주 작은 공을 던지면 어떻게 될까? 벽에 아주 작은 원모양이 그려질 것이다.

1) 입자가 하나의 슬릿을 통과하면 뒷벽에 선모양의 그림이 새겨진다. 2) 입자가 두 개의 슬릿을 통과하면 벽에는 두 개의 선이 그려진다.
B) 파동은 질량을 갖지 않는다. 파동은 곧 진동이나 떨림 현상으로 생각할 수 있다. 분수대에 동전을 하나 떨어뜨린 후 중심점에서 사방으로 물결, 즉 파동이 퍼져가는 모습을 떠올리면 된다.
3) 파동이 하나의 슬릿을 통과하면 뒷벽에는 역시 선모양의 그림을 남기게 된다.(선의 형상은 앞서 입자가 남긴 선모양과 유사하지만, 완전히 똑같지는 않다.) 4) 파동이 두 개의 슬릿을 통과하면 전혀 다른 형상을 만들어낸다. 즉, 여러 개의 선이 중첩된 형상이다.(이렇게 된 원인은 간섭이라는 현상이 일어났기 때문이다.)
종전에는 빛이 입자, 즉 독립된 공 모양의 물질로만 이루어졌다고 생각했다. 그러나 물리학계를 뒤흔들 만한 충격적인 일이 일어났다. 입자가 하나의 슬릿을 통과한 후에는 하나의 선으로 된 형상을 새겼지만(그렇게 예상했지만), 입자가 두 개의 슬릿을 통과하자 여러 개의 선모양이 나타났던 것이다.(위에 열거한 기초 내용 4)번 참조.) 이는 전혀 예상 밖의 결과였다. 이 말은 빛이 파동과 같은 거동을 보인다는 뜻이었으며, 아이작 뉴턴Isaac Newton의 가르침과는 완전히 동떨어진 내용이었다.
1961년에 이 실험은 사상 최초로 빛이 아닌 전자를 사용하여 수행되었다. 우리가 아는 바에 따르면 전자는 입자이므로, 이들은 기초사항 1)과 2)에 나타난 것과 같은 거동을 보여야 했다. 그러나 실험 결과는 그렇지 않았다. 오히려 비교적 크기가 큰 분자조차 파동과 같은 움직임을 보였다. 일이 이 지경에 이르자 물리학계는 크게 당황했다. 학자들은 이 문제를 해결하기 위해 갖은 노력을 다했지만, 점점 더 이해할 수 없는 결과만 얻었을 뿐이다. 입자들은 어떨 때는 한쪽 슬릿만 통과하는 것처럼 거동하다가, 때로는 다른 쪽 슬릿만, 또는 아무 슬릿도 통과하지 않는 것 같이, 또 어떨 때는 양쪽 모두를 통과하는 것처럼 행동했다! 비유하자면 마치 페인트 한 방울이 두 개의 틈을 향해 출발한 후 두 방울로 나뉘어서 각각의 틈을 통과한 다음, 다시 하나로 합쳐진 것과 같았다. 한 마디로, 전혀 말도 안 되는 소리였다. 그러나, 마치 입자에 더 이상은 농락당하지 않겠다는 듯이, 물리학자들은 슬릿에 측정장치를 설치하여 현상을 규명해보기로 했다. 그 결과, 도저히 상상조차 할 수 없는 일이 벌어졌다.(정말로

놀라운 일이었다.) 입자는 이제 다시 입자처럼 거동하기 시작했다.(기초 사항 2번)
이런 현상을 일컬어 관찰자의 그 관찰하는 행동이 파동 함수를 붕괴하는 결과를 낳는다고 한다. 이것이 바로 물리학에서 말하는, "입자는 누가 관찰하느냐에 따라 다르게 행동한다."라는 현상이다.

존 에클스 경Sir John Eccles은 신경세포가 어떻게 서로 연락을 주고받는지 이해하는 데 기여한 공로로 노벨상을 받은 인물이다. 1986년에 그는 신경전달 물질이 분비되는 확률은 양자역학 과정에 의존한다는 가설을 제시했다. 즉, 우리가 익히 들어본 두뇌 화학물질(도파민, 세로토닌, 아드레날린을 포함한 약 50종)이 양자역학 법칙에 따라 분비된다는 말이다.

일부 과학자들에 따르면 이 과정에도 역시 관찰자가 영향을 미친다고 한다. 그리고 이 경우 관찰자란 바로 우리 자신의 마음을 말한다! 극도로 단순화하여 표현해본다면, 인체에 영향을 미치는 화학물질의 체내 흐름은 양자역학의 과정에 영향을 받으며, 이 양자 과정은 다시 관찰자의 행동에 영향을 받는다. 우리는 우리 자신의 마음이 사물과 연락을 주고받는 확률적 거동에 영향을 미친다.

### 주의집중과 강박 장애

이제 강박 장애(obsessive compulsive disorder, OCD)를 효과적으로 다룸으로써 주의를 집중하는 문제를 다시 살펴보자. 때로는 뭔가 일이 잘못되어갈 때 그 상황을 견디는 과정에서 자신의 몸과 마음에 관해 많은 것을 배우곤 한다. 우리는 최근에 잘못된 일을 다행히 바로잡으면서 많은 것을 배울 수 있었다. 제프리 슈워츠Jeffrey Schwartz는 강박 장애OCD에 시달리는 사람들을 돕는 일을 한다. 그는 환자들의 두뇌를 말 그대로 개조해냄으로써 그들이 산만하고 파괴적인 강박 장애OCD의 악몽에서 벗어나도록 해준다. 그가 내담자들에게 가르치는 방법 중 하나는 바로 재집중이었다. 방을 나서기 전에 전등 스위치를 35번이나 점멸할 정도로 강한 충동을 느끼는 사람에게는 사실 이 방법조차 매우 어려운 것이 사실이다.

여기서 가장 중요한 일은 어떤 일을 15분간 지속하는 것이다. 슈워츠는 두뇌가 올바른 대안적 행동을 수행하는 데 필요한 시간이 이 정도라는 사실을 밝혀냈다. 슈워츠는 불교의 '명상'에서 영감과 지식을 얻었다. 우리는 사물을 '진리에 비추어' 재평가함으로써 마음의 해방을 맛볼 수 있다. '주의를 집중하는 행동'만으로도 두뇌에 진정한, 그리고 강력한 변화를 일으킬 수 있다. 정신력이 두뇌의 활동에 변화를 일으키는 것으로 생각된다.

현자 윌리엄 제임스William James는 이렇게 말했다.

"의지력은 곧 주의를 집중하는 것이다."

"주의집중은... 떠오르는 생각을 있는 그대로 긍정하고 받아들이는 것이다. 그러다 보면 그 생각이 저절로 사라진다."

"따라서 주의집중이야말로 의지력의 핵심이다."

스튜어트는 제시가 주의집중의 중요성을 깨닫고 이를 자신의 것으로 삼을 수 있도록 온 힘을 다해 도왔다. 그들은 그녀의 상태와 행동을 포함한 많은 영역에 직간접적으로 영향을 미칠 수 있는 일을 시도했다. 신경과학자 이안 로버트슨Ian Robertson의 말을 빌면, 주의집중은 '특정 시냅스 조합의 활성화 비율을 높이거나 낮춤으로써 두뇌 활동의 형태를 형성한다. 또 시냅스를 계속해서 활성화하면 그것이 더 커지고... 또 강해진다는 것을 알기 때문에, 주의집중이 중요한 요소라는 결론을 내릴 수 있다.' 두뇌는 의도적인 주의집중을 통해 산만한 신호에 의한 억제 효과를 걸러낼 수 있다. 이를 제시에게 적용하면, 그녀는 자신이 창업기업의 이사라는 사실에 의도적으로 주의를 집중함으로써 바로 자신이 이 회사를 설립했고 자신에게 그만한 능력이 있다는 사실을 떠올릴 수 있다. 그녀의 약점이 곧 드러날 것이라는 생각의 힘은 곧 줄어들 것이다. 그녀의 두뇌는 이제 그런 구조에서 탈피하게 된 것이다.

### 행동

스튜어트는 제시가 지금 단계에서 습득할 내용을 모두 소화했으며, 다음에는 주의집중의 양자역학적 요소를 다루어야 한다는 결론을 내렸다. 제시는 다음에 스튜어트와 만나기 전까지는 우선 자신의 상태에 집중하기로 마음먹었다. 이제 마음 상태가 자신에게 미치는 영향을 안 이상, 그녀는 자신의 마음을 해석하고 주변 일에 의미를 부여하는 데에 좀 더 신중한 태도를 보여야겠다고 생각했다. 자신이 만성 스트레스에 시달린다는 것을 알고, 이를 극복하겠다고 결심한 그녀는, 명상과 마음 챙기는 일에 관해 본격적으로 연구해보기로 했다. 예전에 다른 사람들이 그런 이야기를 할 때는 그저 하루에 20분 정도의 시간만 낭비하는 것이 아닐까 하고 생각했지만, 그 효과가 과학적으로 입증되었다니 한번 살펴볼 가치가 있다는 생각이 들었다. 이유는 정확히 설명할 수 없지만, 이렇게 된 것도 모두 자신이 선택한 일이라는 생각이 들었다. 더구나 생각보다 상황이 그렇게 나쁘지도 않은 편이어서, 그런 느낌을 유지할 수 있는 방법이 있다면 계속 노력해봐야겠다고 생각했다.

**제시의 실천 사항**

- 만성 스트레스 상황을 이겨내는 노력의 하나로, 매주 한 가지씩 새로운 일을 시도한다.
  첫째 주: 요가 학원에 등록한다. 둘째 주: 휴대폰에 명상 앱을 내려받아 두고 하루에 5분씩 청취한다. 셋째 주: 댄스 강좌를 찾아본다. 넷째 주: 오랜 친구와 통화한다.
- 요가 수업을 4주간 들어본다. 그만한 시간 투자 가치가 있는지 평가한 후, 그럴 필요까지는 없다는 결론이 나면 DVD를 구해 매주 한두 번씩 집에서 30분 정도 요가를 계속한다.
- 일주일 정도 시간을 정해 부정적인 생각이 떠오를 때마다 이를 의식하겠다고 결심한다. 이를 통해 계속해서 떠오르는 부정적 사고의 전체적인 윤곽을 파악한다.
- 그다음 주에는 긍정적 사고에 대해 같은 일을 반복한다. 그렇게 해서 내면에서 떠오르는 긍정적인 생각의 전체적인 내

용을 파악한다.

- 셋째 주와 넷째 주에는 부정적 선입견을 긍정적인 것으로 바꾸는 실험을 한다. 예를 들어 '교통체증 때문에 꼼짝도 할 수 없네.'라고 생각하던 버릇을 '교통체증 덕분에 생각할 여유가 생겼군. 음악도 들으면서 하루를 계획하면 되겠네.'라고 바꿔 본다.
- 사내에 사회적 기업 부문을 설립할 방안을 검토해본다. 이를 통해 자신과 직원들이 더 큰 목적의식을 가질 수 있고, 자신의 업무를 통해 사회에 공헌한다는 정신을 드높일 수 있다.

### 문제 발생 시 대처하는 두뇌 활용 팁

- 사물을 받아들이는 자신의 태도를 주의 깊게 살펴본다.
- 어떤 일에 실패한 것이 오히려 매우 소중한 경험이라는 사실을 명심한다. 즉, 다른 곳에서 구할 수 없는 특수한 경험과 소중한 교훈을 얻은 것이다.
- 죄책감을 느낄 때 두뇌에서 활성화되는 영역은 신체적 고통을 담당하는 영역과 같은 곳이다. 그러니 죄책감이 들 때는 조심해야 한다.
- 재구성, 재평가 등 내 인생을 내가 통제하기 위해 당신이 할 수 있는 모든 것을 하라.
- 여러 가지 방법으로 집중력을 발휘하여 다양한 신경 통로를 발달시킨다.
- 일이 잘못되어갈 때 두뇌를 어떻게 활용하여 대처할지를 스

스로 결정한다.

- 자신에게 가장 유익한 일에 주의를 집중하고 이를 유지하는 능력을 배양한다.

**두뇌를 활용하여 문제에 대처할 때 얻는 유익**

- 자신의 내면을 객관적으로 바라볼 수 있다.
- 지금까지 문제로만 여겼던 일에서 새로운 기회를 발견한다.
- 부정적인 일이 연달아 일어나더라도 감정적인 대처로 이어지지 않고 초연한 태도를 유지할 수 있다.

3장

# 통제 불능이라고 생각한 일에 영향을 미치는 법

## 나에게 가장 효과적인 점화 자극은 무엇인가?

### 주변 관계에 점점 불만이 쌓이고 화가 치밀어 오를 때

벤은 자신의 코치 스튜어트와 통화하려고 전화기를 들었다. 이번 달 들어 세 번째였다. 무척이나 힘든 하루를 보냈지만, 퇴근하기 전에 마쳐야 할 일이 아직도 남아있었다. 사실 집에 가고 싶다는 생각도 별로 없었다. 요즘 아내인 레베카와의 사이도 그다지 좋지 않았기 때문이다.

전화로 스튜어트의 목소리를 듣고 나서야 약간 어깨가 풀리는 듯한 기분이 들었다. 사실 오늘 코치에게 전화해서 무엇을 할지는 자신도 정확히 몰랐다. 다만 지난 3개월간 스튜어트와 상담하면서 상당한 발전이 있었고, 통화를 마친 후에는 항상 기분이 좋았던 것이 사실이었다. 벤은 오늘 하루를 되돌아봤다. 아침에 출근하자마자 제인이 이번에도 자신이 지시한 일을 제대로 처리하지 못한 모습이 눈에 띄었다. 그녀는 현장 실습차 자신이 데리고 일하는 견습생이었다. 사무실에 들어오는 제인을 향해 거의 소리를 지르다시피 했다. 이렇게 간단한 일조차 못 배워서야 도대체 어떻게 이 회사에서 일하겠느냐고 말이다. 그렇게 말하고 나서 나중에 사과하기는 했지만, 그녀의 더딘 일솜씨는 아무것도 달라진 것이 없었다.

벤이 그날 자신을 힘들게 했던 또 다른 일들을 꼽아보려는데 스튜어트가 말을 가로막았다. 그는 요즘의 생활 전반을 한번 점검해보는 것이 어떠냐고 제안했다. 그리고 그들은 처음으로 그와 레베카의 관계에 대해 깊은 이야기를 나누었다. 물론 심각한 문제가 있었던 것은 아니다. 그저 전에 비해 다소 사이가 덤덤해진 정도였을 뿐이다. 그녀가 잔소리하는 일이 잦아졌고, 피곤해서 관계를 맺지 못하는 날이 많아진 것 같기도 했다.

스튜어트는 벤에게 자신의 삶에서 한발 뒤로 물러나 현재 일어나는 일들을 전체적으로 조망해보라고 했다. 다행히 벤은 자신을 잘 파악하는 사람이었다. 다른 사람 같았으면 같은 결과에 도달하기까지 훨씬 더 많은 질문이 필요했을 것이다. 벤은 최근 들어 매사에 부쩍 짜증을 쉽게 낸다는 사실을 깨달았다. 마크라는 동료가 있었는데 그는 항상 사용한 컵을 씻지도 않고 부엌에 놔두는 버릇이 있었다. 게다가 그를 볼 때마다 성격이 너무 거만한 사람이라는 생각을 떨칠 수 없었다. 회의 시간에 그가 말할 때면 자신은 언제나 눈살을 찌푸리게 된다는 사실도 떠올랐다. 최근에는 불만스럽다 못해 화가 나는 일이 거의 매일 이어진다는 사실도 알게 되었다. 그가 생각하기에는 주변 사람들 모두가 자신의 말을 도무지 알아듣지 못하는 것만 같았다. 자신도 그렇지만 이제 다들 일에 대한 열정을 잃어버린 것 같았다.

### 현재 상황

스튜어트는 벤에게 매일의 일상을 통제하기 위해서는 우선 자신의 두뇌와 정신, 그리고 신체 내에서 어떤 일이 일어나는지 이해할 필요가 있다고 설명했다. 나아가 이런 과정을 통해 아내와의 관계도 개선되고, 함께 일하는 동료들의 생산성도 향상될 수 있을 것이다. 전체적으로 매일의 삶의 질이 크게 높아질 수 있다. 그런 수준에 도달하기까지는 다루어야 할 내용이 너무 많으므로 오늘은 일단 벤 자신에 대해서만 집중하고, 이 방법을 다른 사람에게 어떻게 적용할 수 있는지는 다음 시간에 더 깊이 이야기하기로 했다.

이 장에서는 현재의 부정적인 상태를 어떻게 다루어야 일상생활, 그리고 타인과의 관계를 더욱 즐겁게 영위할 수 있는지를 알아본다. 다른 사람들로부터 좋은 소리를 듣는 것은 덤이라고 볼 수 있다.

### 마음, 감정, 기분

일반적으로 이 용어들은 서로 비슷한 뜻으로 사용되지만, 각각의 의미를 정확히 알고 사용하는 사람은 거의 없다고 볼 수 있다. 서로의 차이점은 대체로 무시해도 될 정도지만, 좀 더 정확히 알고 사용하기 위해서는 우선 각각의 개략적인 의미를 살펴보는 것이 좋을 것이다. 감정은 내적 경험을 통해 형성되며 신경 및 화학물질의 작용과 관련이 있다. 마음은 우리의 존재를 고도로 추상화한 개념이다. 기분이란 내면에서 일어나는 변화를 인지한 결과를 말한다. 우리가 특정한 마음, 감정, 기분을 묘사하는 데 사용하는 단어는 모두 같다. 예컨대 흥분 상태의 마음이나 흥분된 감정, 들뜬 기분은 모두 같은 말이다. 이 세 가지 모두를 한꺼번에 경험할 수도 있지만, 그렇지 않을 수도 있다. 고도의 자각 상태에 있으면서 머릿속이 맑은 기분을 느끼면서도, 감정은 침착하고 조심스러울 수도 있는 것이다.

사고와 감정은 둘 다 인간에게 매우 소중한 것이다. 사고를 통해 우리는 여러 가지 일을 처리하고 다양한 아이디어를 떠올릴 수 있다. 감정은 행동에 앞서 나타나는 존재다. 감정은 신체의 변화를 유발하여 구체적인 행동을 미리 준비하는 역할을 한다. 두뇌는 사실상 감정에 사로잡혀있다. 감정은 모든 것을 빨아들여 일련의 강력한 효과를 발휘한다.

의식이 깨어있는 상태에서 모든 감정은 언제든지 여러 가지 기분을 자아낼 수 있지만, 모든 기분이 감정에서 비롯되는 것은 아니다.

### 아는 것과 모르는 것의 차이

벤이 마크와 한 팀을 이뤄 일하는 장면을 상상해보자. 컵을 좀처럼 씻지 않는 그 사내 말이다. 시간이 지나면서 마크가 하는 모든 말에 다른 사람들은 동의하는데 유독 자신만 사사건건 반대하고 있다는 것을 깨닫는 순간이 올 것이다. 이런 악순환이 계속되면 벤은 결국 완전히 낙담에 빠지게 된다. 마치 오로지 자신의 눈에만 마크의 속마음이 훤히 들여다보인다는 생각이 들기 때문이다.

벤이 이렇게 기분이 우울한 상황에서 생각과 기분이 바뀔 가능성은 별로 없어 보인다. 그러나 시간이 지난 후에는 그럴 수도 있다. 나중에 여유가 생기고 마음이 안정되어 상황이 달라지면 마크와의 사이에 무슨 일이 있었는지 차근차근 되돌아볼 수 있을 것이다. 그때는 훨씬 더 속깊은 생각을 엿볼 수 있다.(그 내용은 이 장의 뒷부분에서 드러난다.) 이런 과정을 통해 그는 자신의 잠재력을 모두 발휘하는 데 꼭 필요한 소중한 정보를 얻어 유리한 위치를 확보할 수 있을 것이다.

이런 상황은 심리학에서 말하는 인지 편향cognitive bias과 관련이 있다. 우리는 이런 현상의 배경에 놓인 신경과학적 기초원리를 탐구해왔다.

#### 보드게임에서 이기는 법

수십 년 전에 '점화 효과 실험priming experiment'이라는 것이 등장해서 온갖 기이하고 놀라운 일들을 폭넓게 다루었던 적이 있다. 우리는 앞으로 몇 차례에 걸쳐 여러 가지 문제를 해결하기 위해 이 실험의 다양한 측면을 살펴볼 것이다. 점화 효과란 예컨대 나이 든 어르신들의 관점을 몇 차례 접하고 나면 내가 걷는 속도도 느려진다는 식이다. 또 다른 예로 치타처럼 빨리 달리는 동물에 관한 이야기를 읽은 후에는 읽는 속도도 빨라진다. 테레사 수녀의 도움을 받은 후에는 인내심도 늘어나고 성격도 친절해진다.

2명의 과학자가 고정관념에 의한 점화와 겉으로 드러난 행동 사이에 어떤 관련이 있는지를 조사했다. 이 실험에 참여한 피험자 중 두 그룹은 '교수'와 '비서'의 고정관념에 각각 노출되었고, 나머지 한 그룹은 아무런 점화 자극을 받지 않았다. 구체적으로는, 사람들에게 어떤 문서를 읽도록 했는데, 앞의 두 그룹에는 그 내용 중에 각각 교수와 비서에 관한 강한 언급을 담았고, 나머지 한 그룹에는 아무런 강조사항을 포함하지 않았다. 이렇게 한 근거는 사람들이 일반적으로 교수는 교양이 풍부하고 똑똑한 사람으로 생각하는 반면, 비서는 그렇지 않다고 여긴다는 것이었다. 그런 다음 사람들에게 선다형 질문을 던졌다. 바로 '트리비얼 퍼수트trivial pursuit'라는 보드게임 방식을 차용했던 것이다.

실험 결과 교수의 점화 자극을 받은 사람들이 내놓은 대답의 정답률이 나머지 두 그룹에 비해 더 높았다. 그리고 비서 자극을 받은 사람들은 나머지 두 그룹에 비해 대답하는 속도가 더 빨랐다.

이 실험은 대단히 중요한 점을 시사한다. 아주 간단한 방법(어떤 내용을 읽는 행위)만으로도 사람들은 평소보다 더 똑똑해지거나 동작이 빨라질 수 있다는 것이 밝혀진 것이다. 그렇다면 우리는 매일매일 뭔가를 읽고 있는데, 과연 그것이 우리의 행동에 미치는 점화 효과는 어떤 것인가? 읽는 행위는 점화 자극을 얻는 여러 방법 중 하나일 뿐이다. 음악처럼 어떤 소리를 듣는 것도 또 하나의 강력한 방법이다.

파티에 가기 전에 즐거운 파티 음악을 들었을 때와 우울한 클래식 음악을 들었을 경우의 차이를 상상해보면 된다. 아니, 그 차이를 이미 경험해봤을 것이다. 사람마다 몸짓과 생각, 에너지는 모두 다르다. 어떤 것이 나에게 점화 자극이 될 수 있는지는 오직 나의 상상력에 달려있다.

그렇다면 점화 자극을 제대로 활용하기 위해 내가 할 수 있는 일은 무엇인가? 통제력을 강화하고자 하는 사람이라면 다음과 같은 질문을 자신에게 던져야 한다.

- 내가 이루고자 하는 목적은 무엇인가?
- 내 삶에서 개선하고 싶은 점은 무엇인가?
- 그 점에서 가장 뛰어난 사람은 누구인가?
- 나에게 가장 효과적인 점화 자극은 어떤 것인가?

예를 들면, 벤은 이 질문들을 찬찬히 살펴보다가 문득 아내와의 건강한 관계를 유지하는 것이 중요하다는 사실을 깨달았다. 그러기 위해서는 먼저 그녀에 대해 참을성을 좀 더 기를 필요가 있다고 생각했고, 따라서 스스로 인내심을 길러야겠다고 결심했다. 세 번째 질문을 보면서 생각나는 사람이 있었는데, 그 사람에게 도움을 구할 수 있을지는 확신이 서지 않았다. 스튜어트는 주저 말고 도움을 청해보라고 권했다. 벤은 예수님을 떠올렸다. 예수님야말로 인내심이 대단하고 친절하며 온화한 성품의 표상이라고 어려서부터 배웠던 것이 기억났다. 예수님을 생각하면 언제나 그가 군중 속을 거니는 가운데 사람들이 그의 눈길을 한 번이라도 끌려고 애쓰는 모습, 그리고 그 와중에도 고요함을 잃지 않는 그의 자태 등이 떠올랐다. 그는 힘든 하루를 보내고 집에 돌아온 후, 자신에게 온갖 시시콜콜한 이야기를 하고 싶어 매달리는 아내를 볼 때 가끔 이것과 비슷한 느낌을 받곤 했다. 자신에게 가장 잘 맞는 점화 자극이 뭘까 고민해본 결과, 그는 퇴근길에 잔잔한 음악을 듣는 것과 '분을 쉽게 내는 자는 다툼을 일으켜도 노하기를 더디 하는 자는 시비를 그치게 하느니라'라는 잠언 구절을 암송하는 것이 좋겠다고 생각했다. 아울러 수많은 사람이 눈길을 끌려고 애쓰는 와중에도 침착함을 잃지 않는 예수의 모습을 머리에 떠올리기로 했다.

### 기분을 통제하는 법

기분을 다스리는 일이 가능할까? 언뜻 생각하면 '그렇다'고 대답할 수도 있겠지만, 조금만 깊이 생각해도 이것이 '만만치 않은 일'이라는 것을 알 수 있다. 기분을 자아내는 원인은 여러 가지가 있다. 특정 감정 상태에 있을 때 다양한 느낌이 마음속에 떠오른다는 것은 모르는 사람이 없을 정도로 상식적인 내용이다. 체내에 특정 화학물질이 활발히 분비되면 그에 해당하는 기분을 느낄 수 있다. 예를 들어 체내에 행복이라는 감정이 '처방되면', 우리는 행복한 기분을 느끼게 된다.

기분을 만들어내는 또 다른 원인은 '배경 기분'이다. 우리는 거의 언제나 이것을 경험한다. 이름에서 알 수 있듯이 이것은 크게 주의를 기울이지 않아도 존재하는 것이다. 굳이 머리에 떠올릴 필요도 없이 그냥 있는 것이다. 기분은 감정의 상태가 달라지면 함께 달라진다. 따라서 기분은 감정과 연결되어있다.

감정 상태 = 불안 -> 기분 = 걱정, 의심, 부정적

감정 상태 = 흥분 -> 기분 = 기대, 동기부여, 긍정적

오래 지속되거나 비교적 자주 나타나는 기분을 우리는 무드라고 한다. 이런 배경 기분은 감정 상태와 연관된 좀 더 강한 기분과는 분명히 다른 것이다.

여러 가지 기분을 분간할 줄 아는 것은 매우 유용한 능력이다. 높은 수준의 자기 인식은 자신과 다른 사람에 대해 더 나은 리더십을 발휘하는 근간이 되는 것으로 밝혀졌기 때문이다.

### 감정을 통제하는 법

감정이 우리 인생에 미치는 영향을 생각하면 그것이 매우 중요한 존재임은 틀림없는 사실이다. 벤이 지금 삶의 모든 영역에서 큰 어려움을 맞이하고 있는 것도 다름 아닌 그의 감정 상태에서 비롯된 일이다. 그렇다면 이토록 강력한 감정의 실체는 무엇일까?

#### 이제 그만

과거에는 감정을 통제할 수 없다는 것이 정설로 받아들여졌다. 화를 잘 내는 사람은 천성이 그런 사람, 즉 원래 불만이 많은 사람 정도로 치부되었다. 다시 말해 우리의 편도체는 언제든지 감정에 휘둘릴 수 있는 구조로 되어있다고 생각했다. 이런 생각은 겉으로만 봤을 때 충분히 그렇게 보일 만 한 내용이었다. 그 당시에는 편도체가 전권을 쥐고 있고, 전전두

> 엽 피질은 아무 힘이 없는 것으로 생각한 것도 당연한 일이었다.
> 그러나 그동안 많은 연구가 진행되어, 이제 감정이란 객관적인 현상이 아니라는 사실이 널리 알려졌다. 감정은 학습되는 것이며 두뇌에 의해 구성되는 것이다. 두뇌는 항상 신체를 통제하려고 한다. 두뇌는 자신에게 필요한 것이 무엇인지를 미리 내다본다. 데이터와 경험에 의존하여 주의집중을 비롯한 귀중한 자원을 적절히 분배한다.
> 우리는 어떤 감정이 떠올랐다고 해서 '이제 그만'하고 쉽게 멈출 수 없다. 그 순간만큼은 감정이 너무나 현실적으로 느껴지며, 실제로도 그렇다. 그러나 시간이 지날수록 감정적 반응은 바뀔 수 있다.

## 실현 가능성

"결국 제인에게 화를 내지 말라는 소리가 아니냐, 화만 내지 말고 아내의 말에 공감하라는 것이 아니냐." 라고 벤이 질문했다. 스튜어트의 대답은 그렇다는 것이었다. 그러나 감정이나 기분에 관한 한 어떤 시도를 하는 것이 그리 쉬운 일만은 아니다. 그것이 어려운 이유는 우리 대부분이 감정과 기분에 대해 제대로 이해하지 못하기 때문이다. 그것은 마치 웨딩 케이크 제빵사에게 "케이크 하나 만들어주세요."라고 하는 것과 같다. 숙련된 제빵사에게라면 전혀 문제가 없는 부탁이다. 그들은 케이크에 들어가는 원료가 뭔지, 어떤 용기를 써야 하는지, 용기 바닥에 라이닝을 어떻게 깔아야 다 구운 다음에 케이크를 꺼낼 수 있는지 등을 모두 알기 때문이다. 그뿐만 아니다. 그들은 오븐의 작동 원리, 굽는 데 필요한 최적 시간, 다 구워졌는지를 아는 방법, 구운 다음에 제대로 식히는 법, 그리고 케이크를 구성하는 데 소요되는 시간도 알고 있다. 케이크를 구성하는 데 필요한 구조물과 그것으로 장식하는 법도 물론 알고 있다.(이런 식으로 계속 이어갈 수도 있지만, 웨딩 케이크 만드는 일 한 가지만 봐도 이렇게 알아야 할 사항이 많다는 것을 알 수 있다.)

아무런 경험이 없는 사람이 생각하기에는 '그냥' 웨딩 케이크 하나 만들면 되는 줄 알 것이다. 그러나 케이크를 잘 만들기 위해서는 제대로 알아야 할 구성 요소들이 너무나 많다는 사실을 머지않아 깨닫게 된다. 감정 상태를 다스리는 일도 이와 같다. 우선 다음과 같은 사항을 고려해야 한다.

- 점화 효과
- 앵커링 효과
- 주의집중
- 신념
- 가치
- 의도
- 재설계

### 벤이 처음 해보는 시도

스튜어트는 감정에 대한 우리의 관념은 후천적으로 학습된 것임을 설명하기 시작했다. 감정에 대한 구체적 경험은 부모님이나 다른 경로를 통해 외부에서 전해들은 것이고, 이를 통해 우리는 각각의 감정을 이해한다. 어떤 감정에 해당하는 단어를 귀로 듣고 난 후, 그것을 특정 경험과 연관 지으면 그것을 계속해서 다시 떠올리기 쉬워진다. 여러 문화권마다 감정을 묘사하는 단어와 그에 해당하는 관념은 모두 다르다. 예컨대 타히티에는 '슬픔'이라는 개념이 존재하지 않는다. 대신 '감기에 걸렸을 때 느끼는 피로감'에 해당하는 단어가 있지만, 슬픔과 같은 뜻은 아니다. 그러나 그들은 우리가 슬프다고 느끼는 상황에서 그 단어에 해당하는 감정을 경험한다.

감정에 관한 어휘가 풍부해질수록 현재 상태를 더욱 유익하게 만드는 데 도움이 된다. 신경 작용이 다 그렇듯이 감정을 경험하고 표현하는 것도 많이 연습할수록 더 잘하게 된다. 다양한 감정의 차이를 민감하게 구분하는 것도 하나의 기술이다. 벤이 전전두엽피질을 이용하여 자신의 경험을 다양하게 서술한다면 그는 자신의 감정적 반응을 말 그대로 재설계할 수 있을 것이다.

스튜어트는 다음 단계로 넘어가, 벤에게 빠르게 실천할 수 있는 실제적인 일을 좀 더 간단한 관념으로 표현해보라고 했다. 앵커링 효과는 생산성이 저하되어있는 현실에 가장 큰 영향을 미치는 요인 중 하나였다. 그리고 이는 벤의 사생활과 직장생활에서 큰 골칫거리가 분명했다. 앵커링 효과가 무엇인지 알기 위해서는 두뇌 내부에서 의사소통이 어떻게 이루어지는지 이해할 필요가 있다.

### 뉴런 이야기

두뇌는 뉴런이라는 신경세포로 가득 차 있다. 신경 말단은 서로 닿아있지 않고 시냅스라 불리는 간격, 또는 틈을 형성한다. 수많은 뉴런은 이 간격을 통해 전기 및 화학 신호를 주고받으면서 서로 연락한다. 뉴런들 사이에 처음으로 어떤 정보가 오가는 상황은 마치 희미한 통로가 만들어지는 것과 비슷하다. 다음번에 똑같은 정보가 전달될 때는 이미 그 희미한 통로가 존재하기 때문에 일이 좀 더 쉬워진다. 그리고 이런 일이 반복될수록 정보 전달은 점점 더 용이해진다. 이런 상황은 깊은 고랑이 파지는 것에 비유하여 생각할 수 있다. 기존의 정보와 관련이 있는 새로운 정보가 전달되려 할 때, 그 경로는 과거에 뉴런들 사이에 이미 나 있던 통로일 가능성이 크다. 예를 들어 내가 싫어하는 사람이 어떤 컵을 들고 있는 모습을 매일 지켜본다면, 그 사람에 관한 '전체적인 정보'와 그 컵은 서로 매우 강하게 연결될 것이다. 이 정보를 전달하던 뉴런들이 여러 상황에서 호르몬을 분비하면, 나는 그 영향을 받아 감정적 반응을 보이게 된다. 그러면 싫어하는 그 사람이 없어도 그 컵만 눈에 보이면 똑같은 '정보집합', 즉 '기억의 심상'이 촉발되어 그 사람을 볼 때와 똑같은 감정을 느끼게 된다.

헨리 데이비드 소로Henry David Thoreau는 이렇게 말했다. "발자국 하나로 길이 나지 않듯이, 한 번의 생각으로 마음의 길을 만들 수는 없다. 길 하나를 뚜렷이 내는 데에도 수없이 많은 발걸음이 필요하다. 우리는 마음의 길을 깊숙이 내기 위해 인생을 지배할 만한 생각을 끈질기게 반복해야 한다."

### 앵커링이 중요한 이유

오늘날 우리는 한 생각이 수많은 다른 생각을 불러일으키는 과정을 잘 알고 있다. 앵커링 효과가 그토록 강력한 힘을 발휘하는 한 가지 이유는 그것이 너무나 자연스럽고 무의식적으로 일어나는 과정이라는 것이다. 하나의 신경망은 계속해서 다른 신경망과 연결되어감에 따라 우리는 미처 눈치챌 사이도 없이 예상치도 못한 기분을 느끼게 된다. 이런 일은 하루에도 몇 번씩 일어난다.

사실 이것은 우리에게 꽤 도움이 된다. 예를 들어 어떤 사람은 아침에 출근하면서부터 '의욕이 충만한' 감정으로 자신에게 앵커링 효과를 부여한다. 충만한 에너지로 무장하며 오늘 하루 어떤 일을 맞이하더라도 다 해낼 수 있다는 의지를 보이는 것이다. 그리고는 커피 한잔을 따르면서 카페인이 주는 생기발랄한 기운을 경험한다.(미처 한 모금 마시기도 전에 말이다.)

우리는 앵커링 효과를 인위적으로 이용할 수 있다. 예컨대 위에 예를 든 바로 그 사람들은 점심시간에 밖에 나가 단 5분이라도 바깥 공기를 쐴 수 있을 것이다. 그들의 행동은 마음을 진정시키는 화학물질의 분비를 유도하여, 꼭 필요한 감정 상태의 변화를 즐기려는 것이다. 그런 다음 사무실에 돌아오면 다시 활기를 되찾아 다시 열심히 일할 준비를 할 수 있다. 처음에는 밖에 나가 마음을 진정시키는 생각을 떠올림으로써 이런 리듬을 몸에 익혀야 하지만, 머지않아(길어야 몇 주면 충분하다.) 이런 습관은 굳이 생각할 필요도 없이 저절로 몸에 배게 된다.

### 컵이 문제야

벤이 마크에 대해 불만인 점은 바로 그의 컵이었다. 더 정확히 말해 컵으로 대표되는 그의 행동 말이다. 재미있는 사실은, 그와 가깝게 지내는 일레인 역시 컵을 안 씻기는 마찬가지였는데도, 그는 여전히 그녀를 좋아한다는 점이었다. 사실 컵은 마크를 싫어하는 자신의 마음을 정당화하기 위해 스스로 되뇌는 문제의 원인이었을 뿐이다.

그렇다면 도대체 무슨 일이 있었기에 마크와 사사건건 마찰을 일으키게 되었을까? 마크가 같은 팀에 합류하던 바로 그날, 벤은 마음에 두고두고 상처가 될 전화를 한 통 받았다. 요양원에 계시던 부친이 돌아가셨고, 곧 사인에 관한 조사가 진행된다는 소식이었다. 직원 중 1명이 근무 중에 술을 마신 탓에 의료 행위 중 실수를 저지른 결과일 수도 있다는 것이었다. 벤으로서는 그런 무능하기 짝이 없는 행태에 화가 머리끝까지 치밀 수밖에 없었다. 그는 사무실을 빠져나와 걸어가다가 맞은편에서 오던 마크와 자신의 상사와 거의 부딪칠 뻔했다. 상사가 마크에게 자신을 소개하는 사이, 벤은 마음을 진정시키려고 숨을 크게 들이쉬다가 마크에게서 나는 진한 애프터셰이브 로션 냄새를 맡았다.

신경학적으로 볼 때, 당시 벤이 처한 격정적인 상태는 마크의 로션 냄새 및 그의 외모와 연관되었다. 그런 관련성이 벤의 뇌신경에 각인된 것이다. 벤이 다음번에 마크를 부엌에서 만났을 때 지난번의 그 로션 냄새를 맡게 되자, 역시 그때와 똑같은 분노의 감정을 다시 느끼게 된 것이다. 물론 이번에는 감정의 강도가 훨씬 약했지만, 어쨌든 좋지 않은 감정이 든 것만은 사실이었다. 게다가 그는 이 사람이 무능한 사람이라는 느낌도 받았다. 의식적으로만 보면 이런 느낌이 든다는 것 자체가 비합리적이었다. 마크를 만난지는 이번이 고작 두 번째인데, 그가 어떤 사람인지 알 수 있을 리가 없지 않은가. 그래서 그의 두뇌는 자신이 경험하는 느낌이 타당하다는 근거를 만들어낸 것이다. 그리고 그런 목적에 부합하는 유일한 실체는 컵뿐이었다.

벤이 회의 시간에 마크를 볼 때쯤에는 이미 그에 대한 느낌이 선입견으로 고착된 이후였다. 그 후 두 번 정도 더 마주쳤는데 그때마다 하필이면 마크의 손에 컵이 들려져 있었다. 마크는 이제 오만하고, 다른 누구보다 자기가 낫다고 생각하면서도, 정작 자신이 무슨 짓을 하는지는 모르는 사람으로 벤의 뇌리에 박혀버렸다. 가만 내버려둬서는 안 될 사람이었다. 이렇게 된 것은 무능하다는 말의 의미에 대한 벤의 고정관념(아버지의 간병인에 대한 감정을 처음 만난 마크에게 투사한 결과)과 자기가 쓴 컵도 씻지 않고 두는 행위의 의미를 일반화한 것이 뒤섞여 일어난 일이었다.

첫 회의에서 벤은 무의식적으로 마크가 어떤 사람인가에 관한 자신의 믿음을 입증하려고 애썼다. 즉 그는 이런 생각을 뒷받침할 증거를 수집해야겠다는 점화 자극을 받은 것이다. 그는 마크가 아무리 좋은 아이디어를 내놓아도 전혀 귀에 들어오지 않았다. 오히려 그것을 오만한 태도로 받아들였다. 대신 마크의 입에서 나오는 나쁜 아이디어는 크게 들렸다. 마크가 이 회사에 입사한 지 얼마 되지 않아 그런 내용을 전에 다 시도해봤다는 사실을 알 턱이 없다는 점은 전혀 고려하지 않고 말이다.

앵커링 효과가 어떻게 작용하는지 알면 그것이 실제로 일어날 때 더 쉽게 알아챌 수 있다. 아울러 누군가에 대한 첫인상이 전부가 아님을 깨닫는 데에도 도움이 될 수 있다.

지금부터는 앵커링 효과가 얼마나 깊은지를 입증하는 몇 가지 실험을 살펴본다. 내가 어떻게 앵커링에 사로잡히는지, 또 남을 그렇게 만드는지를 기억하고 이를 자각하는 것만으로도 자신과 타인에 대한 리더십 능력을 향상할 수 있다.

### 주의집중의 중요성

1970년대에 코틴 박사와 우드 박사는 전기 충격에 관한 몇 가지 실험을 수행했다. 피험자들은 전기 충격을 받는 순간 특정 도시의 이름을 들었다. 그들의 신체는 두려움의 반응을 보였다. 피부에 땀 성분을 감지하는 패드를 부착해두었는데, 여기에서 그런 반응이 측정되었다.
다음날 그들은 다른 사람이 말하는 몇 가지 단어를 한쪽 귀로 듣고 이를 큰 소리로 따라 하는 실험을 했다. 다른 쪽 귀에도 또 다른 단어를 들려주었는데, 그 단어는 무시하라고 일러두었다. 실험 결과, 어제 들었던 그 도시 이름이 의식적으로 귀 기울이지 않는 쪽에서 들려왔음에도, 신체에서 두려움 반응이 감지되었다.

### 보기

실제로 눈으로 보지 않고도 반응이 촉발될 수 있다는 놀라운 실험 결과가 있다. 실험 내용은 피험자에게 사람의 얼굴 사진을 여러 장 보여주는 것이었다. 사진은 매우 빠른 속도로 지나갔고 이따금 불쾌한 소음을 아주 크게 들려주었다. 사람들의 신체에서는 두려움의 반응이 약하게 감지되었다. 별로 놀라운 일이 아니었다. 그런데 머지않아 사람들은 특정 얼굴만 보면 저절로 두려움의 반응이 나오도록 훈련되었다. 이는 충분히 예상되는 결과였고, 여러 가지 다른 실험을 통해서도 똑같이 입증되었다. 그런데 더욱 흥미로운 결과는 그림을 보여주는 속도를 더욱 높여 사람들이 도저히 의식적으로 알아볼 수 없을 정도가 되었을 때 나왔다. 즉, 두뇌의 일부 영역이 실제로 반응하지 않았는데도 편도체는 여전히 똑같은 반응을 보인 것이었다. 이런 결과를 두고 실험의 훈련 조건을 통해 편도체의 민감도 수준이 올라간 것으로 해석하는 것이 일반적이다.

두뇌는 끊임없이 여러 가지 일들을 기록하고 있다. 긍정적인 경험은 화학적 신호를 통해 신경망에서 일화 기억, 즉 에피소드 기억의 형태로 저장된다.(일화 기억은 자전적 특징을 띤다. 즉 일어난 일에 관한 기억을 말한다.) 우리가 예컨대 누군가의 얼굴을 볼 때처럼 어떤 식으로든 이 기억이 활성화되면, 해당 신경망과 연관된 감정 상태와 기분이 다시 느껴진다. 사실상 그때 그 경험을 다시 하는 것처럼 신체가 반응하는 것이다. 스트레스 해소 기법에서 평화로운 장소에 있었던 때를 떠올리라고 강조하는 이유가 바로 그것이다. 내 몸이 그 평화로움 속에서 발산했던 화학물질을 지금 다시 분비하기 때문이다.

### 기억하기

지금부터 설명하는 내용은 다소 이상하다고 생각할 수도 있다. 우리가 주변 상황에 대해 본능적인 반응들은 심지어 그것을 의식적으로 기억할 필요도 없다는 사실을 보여주기 때문이다.
1900년대 초반 프랑스의 의사 에두아르 클라파레드Edouard Claparede는 새로운 기억을 만드는 능력을 잃어버린 여성 환자를 돌보고 있었다. 그녀는 뇌에 손상을 입은 탓에 클라파레드가 병실을 나갔다가 불과 몇 분 후에 돌아와도 전혀 그를 기억하지 못했다.
그래서 그는 병실에 들어갈 때마다 그녀와 악수를 나누며 자신을 소개해야 했다. 그러던 어느 날 마침내 그는 방법을 달리해야겠다고 생각했다. 그녀와 악수를 하는 자신의 손에 압정을 숨겨놓았던 것이다. 그러자 그녀는 손을 피하면서 전형적인 두려움의 반응을 보였다. 물론 이는 충분히 예상할 수 있는 반응이었다. 그러나 다음번에 그가 병실에 들어와 평소처럼 그녀에게 손을 내밀었지만, 그녀는 악수를 거부했다. 그녀는 자신이 왜 악수를 거부하는지 모르면서도 그렇게 행동했다!
두뇌는 정보를 저장한다. 그 정보가 유용한지 그렇지 않은지 모르면서도 어쨌든 저장한다. 그리고 그것을 통해 우리 자신을 보호한다.

가끔 어떤 일에 대해 본능적인 반응을 보이면서도 자신이 왜 그랬는지 설명할 수 없을 때가 있다. 물론 일부 용감한(그러나 무지한) 사람들은 그런 반응을 무조건 무시하고 그들을 비논리적인 사람이라고 매도할 수 있을 것이다. 그러나 클라파레드가 만약 이런 생각을 가졌더라면 그녀는 평생 매일 손을 압정에 찔리며 살았을 것이다.

### 냄새의 중요성

냄새가 중요한 이유는 그것이 두뇌에 빨리 전달되기 때문이다. 다른 감각 정보는 모두 두뇌까지 전달되는 데 시간이 걸리지만(시상부, 피질, 그리고 변연계의 순서로 전달된다.), 냄새는 대뇌의 변연계에 곧바로 전달되었다가 피질로 넘어간다. 연구 결과 냄새가 기억을 강화한다는 것이 밝혀졌다. 한 연구에서는 학생들에게 이상한 냄새를 맡으면서 새로운 단어를 익히도록 했다. 이후 학생들에게 그 이상한 냄새를 다시 맡게 해주면서 공부한 단어를 떠올리도록 했다. 그 결과 냄새를 맡으며 단어를 공부한 그룹의 성공률이 그렇지 않은 그룹보다 20퍼센트가 더 높았다. 흥미로운 사실은 여성이 남성보다 냄새에 훨씬 더 민감했다는 사실이다.

### 행동

이제 벤은 아침에 레베카와 신경전을 벌인 다음에 출근하면 자신의 상태에 변화를 주어야 한다는 사실을 알게 되었다. 만약 그렇게 하지 않는다면 사실상 짜증을 내고, 쉽게 좌절하며, 제인 같은 동료들에게 모질게 대하겠다는 점화 자극을 안은 채 하루를 시작하는 셈이 된다. 벤은 아침 출근길 자동차에 오르자마자 가장 좋아하는 노래부터 틀어놓고 운전해야겠다고 결심했다. 회사에 도착하기 전까지는 향수도 뿌리지 않기로 했다. 운전 중에는 집에서의 일은 잊고 회사 일을 생각하면서, 업무에서 가장 좋아하는 부분과 프로젝트를 마무리했을 때의 만족감 등을 떠올리기로 했다.

### 벤의 실천 사항

벤은 몇 가지 간단한 사항에 집중하면 일이 잘된다는 것을 알게 되어, 다음과 같이 실천 사항을 정했다.

- 출근길 자동차에서 음악을 듣는다.
- 운전 중에는 업무 중에서 자신이 좋아하는 부분에 대해 생각한다.
- 회사에 도착해서 차를 주차한 후에 향수를 뿌린다.(또 하루를 새롭게 시작한다는 의미의 앵커링 효과를 기대한다.)

그리고 위의 실천 사항을 휴대폰에 저장해두고 매일 아침 확인했다. 그렇게 하면 이 습관을 완전히 몸에 익혀 자신의 의식 속에 담아둘 수 있다는 것을 알았기 때문이다.

### 부정적인 마음상태에 대처하는 두뇌 활용 팁

두뇌가 실제로 어떻게 작동하는지 이해하면 아래와 같은 최고의 방법을 찾아낼 수 있다.

- 나를 향한 다른 사람들의 감정적 반응을 진정으로 이해하려고 노력한다.
- 긍정적인 '배경 기분'을 경험하도록 스스로 점화 자극을 주입한다.
- '세포들은 함께 활성화됨으로써 서로 연결된다.'라는 사실을 명심하라. 따라서 자신의 평소 생각을 잘 인식해야 한다.
- 긍정적인 마음을 먹는 데 도움이 되는 냄새를 이용하여 긍정적 앵커링 효과를 노린다.(좋아하는 향수나 좋은 와인, 꽃 등을 이용한다.)
- 다른 사람을 보는 관점을 바꿔봄으로써 기존의 관점을 냉정히 분석한다. 이렇게 철저히 따져봤는데도 그런 관점이 정당화되는가? 선입견 없는 눈으로 그들의 자질에만 집중한다면 내 삶이 훨씬 편해지지 않을까?
- 부정적 앵커링 효과를 인식하고 그것을 바꿔본다.

### 두뇌 활용을 통해 부정적 상태에 대처할 때 얻는 유익

- 좀 더 충실한 인간관계가 형성되어 간다.
- 인생을 더 즐긴다.
- 사람들로부터 더 좋은 반응을 유도할 수 있다.
- 주변 상황을 더 잘 관리한다는 느낌을 받는다.

4장

# 모든 사람의 기대를 다 충족하기는 어렵다

차단의 유익

## 시간 관리, 숨겨진 깊이와 드러난 단순함

케이트는 이번 한 주를 감당할 자신이 없었다. 벌써 수요일이 되었건만 할 일은 아직도 태산같이 밀려있었다. 6개월 전에 시간 관리 강좌를 하나 수강했던 터라, 스튜어트에게 설명했다시피 그녀는 최소한 이론은 알고 있었다. '소중한 것을 먼저 하라'는 가르침을 처음 들었을 때 그녀는 마치 마법에 걸린 듯한 느낌을 받았다. 이거야말로 완벽한 진리이며 나도 분명히 할 수 있다는 생각이 진심으로 우러나왔다.

케이트는 자신의 사명 선언서를 작성했다. 그녀는 자신이 신봉하는 가치가 무엇인지, 올 한해 자신이 맡은 역할과 해야 할 가장 중요한 일이 무엇인지 알고 있었다. 그녀는 전날 밤에 미리 내일 할 일을 계획해 두었다가 다음 날 아침에 먼저 여러 가지 일을 생각한 다음에 업무를 시작하는 편이 좋다는 사실을 지난달에 깨달았다. 이번 주에는 일요일 밤에 한 주간 계획을 미리 작성해두려고 했었는데, 워낙 피곤했던 데다가 마침 친구로부터 전화가 와서 수다를 떠느라 한 시간이 훌쩍 지나버렸다. 통화를 끝내고 보니 밤이 너무 깊었고 이제는 자야 할 시간이라는 것을 알았다.

그녀는 월요일 아침에 이번 주 계획을 모두 작성해야겠다고 생각했다. 다이어리에는 분명히 가장 중요한 일들만(그녀가 맡은 모든 역할마다) 들어차 있었다. 그러나 예상치 못한 일이 분명히 끼어들 텐데 그럴 경우를 대비한 여유는 마련해두려고 했다. 그러나 현실은 꼭 그렇게만 흘러가지는 않았다. 케이트는 승진 면접 준비를 월요일 저녁에 하고, 월요일 일과 시간에는 중요한 두 가지 일을 처리하며, 화요일에는 약혼자와 점심을 같이 하겠다고 적어두었다. 그러나 이번 주에 할 일 중에서 그녀의 생각이 미친 범위는 여기까지 뿐이었다. 사실 완전한 계획이라고는 볼 수 없었다.

그래서 어떻게 되었느냐는 스튜어트의 질문에 케이트는 결국 월요일 저녁에 면접 준비를 못 했다고 답했다. 낮에 한 친구가 문자를 보내와서 곧 태어날 아기를 위해 방에 페인트를 칠할 건데 와서 도와줄 수 있냐고 물어봤기 때문이다. 케이트가 가장 어려워하는 일이 바로 사람들의 부탁을 거절하는 것이었다. 사람들이 뭘 도와달라고 부탁하거나 심지어 시간이 있느냐고 질문만 해도, 다른 사람을 만나느라 도저히 갈 수 없는 상황만 아니면 그녀의 대답은 무조건 예스였다. 케이트는 나머지 중요한 일 중 두 번째도 역시 하지 못했다. 화요일에 만나기로 되어있던 고객 관련 서류가 산더미처럼 쏟아지는 바람에 그 내용을 살펴봐야 했기 때문이다. 화요일에 약혼자와의 점심 약속은 지켰다. 그는 둘이서 계획했던 일을 그녀가 어기면 틀림없이 심술을 내는 사람이었기 때문이다.

그리고 이제 수요일이 되었다. 그녀는 심한 압박감을 느꼈고 '어차피 이번 주에는 다 못해'라고 생각하며 자포자기하는 심정이 되었다. 게다가 화요일 점심 이후에는 아무런 계획이 없었으므로 어차피 이제 모두 허사가 된 셈이었다. 한 업무에 집중해야겠다고 마음먹기가 무섭게 전화기가 울리고, 또 다른 메일이 도착했다. 둘 다 꺼둔다는 걸 깜박했기 때문이었다. 곧이어 누군가 그녀의 책상 머리에 나타나 질문을 하는가 하면, 친구에게서는 문자가 왔다. 그러다 보면 아직 마치지 못한 업무가 생각났다. 심지어 이것으로도 부족한 듯, 마음 한편에서는 하루하루 다가오는 결혼식을 준비할 생각이 문득문득 떠올랐다.

마침내 그녀는 스튜어트에게 평소에는 거론하지 않았지만, 이제는 말할 수 있겠다며 속내를 털어놓았다. 그녀는 운동 계획을 지키기가 무척 힘들다고 말했다. 운동이 중요하다는 것도 알고 자신의 신체에 자신감을 얻기를 간절히 원하기도 했으며, 일주일에 세 번씩 꼬박꼬박 체육관에 들를 때만 해도 실제로 자신감을 얻은 것이 사실이었다. 그러나 친구도 만나고, 약혼자와 데이트도 하며, 일도 열심히 하고, 거기에 또 시간을 따로 낸다는 것은 도저히 불가능한 일인 것 같았다.

### 현재 상황

케이트는 일련의 난관에 부딪힌 것으로 보인다. 그러면 수요일 오후 현재 케이트에게는 어떤 상황이 벌어지고 있는가? 스튜어트는 케이트와 자신 둘 다 시간 관리에 관한 몇 가지 중요한 요소를 명심해야 한다고 생각했다.

- 그녀는 일요일 저녁이 될 때까지 주간 계획을 작성하지 않았다.
- 그녀는 미리 계획했던 일을 해야 할 시간에 긴급한 일이 치고 들어와도 일정을 재조정하지 않고 그대로 방치했다.
- 그녀는 계획을 포기했다.
- 그녀는 자신의 계획대로 일하려는 책임감을 전혀 보이지 않았다.(계획이 저절로 이루어지는 마법은 존재하지 않는다.)
- 그녀에게 친구란 대단히 중요한 존재다. 그들을 만나야 한다면 모든 일을 뒤로 제쳐두는 것에서 이것을 알 수 있다.
- 여러 가지 일에 주의를 빼앗겨 일을 처리하는 속도가 느려진다.
- 꾸준히 운동하지 않는다.
- 그녀에게는 모든 일이 가능하다는 확신이 없다.

이 장에서는 이런 식으로 낭비되는 시간을 되찾음으로써 생산성과 통제력을 향상하는 법을 다룬다. 주의 분산을 최소화하고, 목표를 더 쉽게 달성하며, 자신감을 회복할 수 있는 전략이 무엇인지 살펴본다. 아울러 이를 통해 스스로 더욱 떳떳한 태도를 갖출 수 있을 것이다.

### 주의 분산 연구

뉴욕 소재 리서치 회사 바섹의 조사 결과에 따르면 직원들은 한 가지 업무를 시작한 지 평균 11분 만에 주의가 분산된다고 한다. 그 후 다시 원래 일에 주의를 집중하더라도 복귀에 필요한 시간은 무려 25분인 것으로 드러났다. 사람들은 한 가지 일을 3분 이상 지속하지 못했다. 전화를 걸거나, 다른 사람과 대화를 나누거나, 다른 기록을 검토하는 등의 일을 계속 바꿔가며 했다.

또 다른 연구에서는, 하루에 주의 분산으로 사라지는 시간이 평균 2.1시간으로 조사되었다. 이 데이터는 사람들의 생산성에 관한 주요 문제점을 지적한다. 매일 이 정도의 시간이 낭비되어 하루하루 쌓인다면 그 결과는 정말 심각할 것이다.

## 기회

스튜어트는 케이트의 전략이 반쪽짜리에 불과했다는 사실을 일깨워주면서, 이제는 전체 그림을 보여주고자 했다. 그녀는 '무엇을' 해야 하는지에 관한 이론을 알고 있었다. 시간 관리 강좌를 들었고, 그전에는 시간 관리에 관한 책도 읽었다. 문제는 무엇을 해야 하는지를 모른다는 것이었다. 우리가 해야 할 일을 하지 않을 때 나오는 가장 자연스러운 반응은 '해봐야 소용없어'라는 식의 태도다. 주간 계획을 작성하지 않는 자신을 합리화하는 가장 쉬운 방법은, 바로 그 방법이 효과가 없다고 생각하는 것이다.

배후, 즉 자신의 두뇌 속에서 어떤 일이 일어나는지를 이해한다면 케이트는 자신이 하려는 일에 대해 한 차원 높은 통찰을 얻게 될 것이다. 두뇌가 실제로 어떻게 작동하는지 이해할 수 있으니까 말이다. 오늘 케이트가 처한 상황에서 살펴봐야 할 가장 중요한 일은 세 가지이다. 그녀는 자신이 오늘 내린 결정이 총 여덟 가지 상황 중 다섯 가지에 근거한 것이었다고 말했다. 스튜어트는 평소였다면 케이트의 기억이 생생할 때 우선 이 내용부터 같이 살펴보자고 했을 것이다. 그러나 지금은 우선 케이트의 마음을 진정시키는 것이 급선무였다. 그래서 주의를 분산시키는 요소를 먼저 다루기로 했다. 그것은 그녀가 말한 여러 상황 중 한 가지에 불과했지만, 사실은 이것 때문에 막대한 시간이 낭비되고 있었다. 주의분산으로 저하되는 생산성은 하루 두 시간에 한주당 닷새를 곱해 일주일에 총 10시간, 한 달이면 40시간에 달하는 시간이었다. 케이트가 일하는 시간은 대략 하루에 10시간 정도였으므로, 무려 20퍼센트의 시간이 주의 분산으로 낭비된다는 결론이 나왔다.

### 주의 분산

이 문제와 관련된 가장 큰 문제는, 우리 두뇌가 너무나 주의를 빼앗기기 쉽게 되어있다는 사실이다. 우리 두뇌는 아주 작은 자극만으로도 원래 집중하기로 했던 생각과 전혀 다른 방향으로 벗어날 수 있는 구조를 띠고 있다. 마치 스파게티가 가득 담긴 큰 접시와 같아서, 모든 가닥이 다른 가닥과 이리저리 얽혀있는 모습에 비유할 수 있다. 신경세포가 서로 닿은 곳이면 어디서든 곧장 주의분산이 발생할 수 있다.

## 주위 환경 정리하기

최근 들어 사내 환경을 더욱 효율적으로 만들기 위해 시냅틱포텐셜에 도움을 청하는 조직이 부쩍 늘어나고 있다. 그저 근사하고 멋지게만 꾸며 놓으면 된다고 생각하던 시절은 지나갔다. 우리는 이제 외관 못지않게 생산성도 고려해야 한다고 정중하게 요청한다. 업무를 좀 더 집중적으로, 개인적으로, 그리고 분석적으로, 즉 대단히 의식적으로 수행하기 위해 가장 중요한 고려 요소는 다음과 같다.

1. 한 사람의 시야에 들어오는 주위 환경은 매우 중요하다.
2. 녹색 식물이 주변에 있으면 좋은 점이 많다.
3. 가능한 한 주변에 주의집중을 방해하는 요소를 제거하라.
4. 청각적 보호장치를 마련하라.
5. 명심하라. 남다른 성과를 원한다면 환경도 그에 걸맞게 차별화 해야 한다.

## 기본 신경 활동

두뇌는 항상 가동 상태에 있다. 여러 감각 기관(눈, 귀, 코, 피부, 미뢰 등)을 통해 데이터가 주입되면, 두뇌는 매 순간마다 수조 회에 걸쳐 그 정보를 처리, 변경, 연결한다. 이것을 '기본 신경 활동ambient neural activity'이라고 한다. 이런 사실을 아는 것이 중요하다. 주의 분산을 피하려면 반대로 주의를 집중해야 하기 때문이다. 그러지 않으면 이 기본 활동이 의식의 한 가운데를 차지하여 주의를 방해할 것이다.

주의 분산은 전전두엽 피질의 한정된 자원을 빼앗아간다. 속으로 '아, 이제 정신 차리고 일해야지.'라는 생각이 든 적이 있을 것이다. 이것은 중요한 회의 참석, 보고서 검토, 새로운 정보 습득, 서류 작성 등, 그 어떤 일을 하던 전전두엽 피질이 필요하다는 뜻이다. 끊임없이 전화와 이메일, 문자에 매달려 사는 습관은 밤새 한숨도 못 자는 것만큼이나 IQ를 떨어뜨린다.

### 주의 분산이 초래한 결과

그렇다면 두뇌가 온갖 자극에 고스란히 노출된 결과 실제로 어떤 일이 일어났는가? 케이트가 월요일에 하겠다고 계획을 세워 놓은 일이 있는데도 오후 6시까지 온갖 다른 일에 주의를 빼앗겼다면, 친구를 만나러 가고 싶다는 생각이 들어도 저녁 8시까지는 사무실을 떠나지 못하는 것이 정상이었을 것이다. 이런 이야기가 왠지 남의 일 같지 않다는 생각이 들지 않는가? 그런데 케이트는 월요일에 늦게까지 남아 일한 것이 아니라 원래하기로 했던 일 중 20퍼센트 정도를 덜 끝내고 말았다. 화요일에도 똑같은 일이 반복되었고, 그래서 한주의 절반이 지나고 보니 원래 계획했던 일 중 여섯 시간 정도 분량을 처리하지 못하게 된 것이었다.

그녀에게는 어떤 선택이 남아있을까? 그냥 포기하거나, 주어진 상황에 맞추는 수밖에 없다. 수요일 밤에 자정까지 남아 일해야만 하는 현실을 바라보는 그녀의 마음에, '시간 관리도 아무 소용이 없구나.'라는 생각이 든 것도 충분히 이해할 만한 일이었다.

### 차단의 유익

다행히 우리 두뇌에는 떠오르는 수많은 방해 요소를 일일이 쫓아다니지 않아도 되는 구조가 마련되어있다. 전전두엽 피질은 생각을 '차단하는' 역할을 맡고 있다. 즉 집중력이란 다른 데에 한눈을 파는 것뿐만 아니라 의식 속에 다른 생각이 들어오지 않도록 차단하는 것과도 연관된 문제다. 다른 생각을 차단하는 과정 자체에 많은 에너지가 소모되므로, 이런 일이 한번 일어날 때마다 잡념을 차단하는 능력도 점점 떨어지게 된다. 생각이 한번 탄력을 받기 전까지는 이렇게 잡념을 차단하는 과정이 꼭 필요하다. 이것은 우리가 이미 몸으로 터득하고 있는 자연스러운 과정이다. 아주 중요한 일에 집중하는 중인데, 갑자기 머릿속에 '오늘 점심 뭐 먹지?'라는 생각이 떠올랐던 적이 없었는가? 그때 바로 이 '차단' 과정이 작동했을 것이다.

혼잣말로 '그건 나중에 생각하자, 지금은 일단 여기에 집중해야 해.'라고 되뇌며 방금 떠오른 생각을 떨치는 순간, 그 생각은 두뇌 속 어딘가에 '저장된다.' 차단의 좋은 점은 여러 가지 일을 오가지 않고 한 번에 한 가지 일에 계속 집중함으로써 생산성을 높일 수 있다는 것이다.

**주의 분산에 대처하는 최고의 두뇌 활용 팁**

- 우선 생각을 정리한다. 떠오르는 생각은 적어두고 일단 머리를 비운다. 무슨 문제든 해결하기 위해 어떤 행동을 취할 것인지 정해둔다.
- 집중해야 할 일이 있을 때는 외부의 방해 요소를 제거한다.(가능하면 자신만의 의식을 마련할 필요도 있다. 이것이 앵커링 효과를 발휘하여 도움이 된다.)
- 우선순위 정하기는 매우 큰 에너지가 소모되는 일이므로 가장 정신이 맑을 때를 골라서 한다.
- 자신의 주위를 분산시키는 근원적인 요소를 정리하고 주의 분산의 요소(인간관계나 건강에 관한 걱정거리 등)를 제거해 간다.

- 생각을 차단하는 법을 연습한다. 쓸데없는 생각은 일단 중지하고 나중에 다시 생각할 수 있도록 '저장한다.'

### 교착상태

케이트는 해야 할 일을 모두 할 수 있을지 자신이 없어졌다. 이것은 큰 문제였다. 게다가 자신을 필요로 하는 친구도 포기할 수 없어서 친구를 만나러 가야 한다는 생각과 일을 마무리해야 한다는 생각 사이에서 이러지도 저러지도 못했다. 이것 또한 만만치 않은 문제였다. 두 가지 모두 두뇌 속의 서로 비슷한 원인에서 비롯된 문제였다. 우리는 이 근본 원인을 잠시 후 살펴볼 것이다.

그러나 케이트에 대해 먼저 짚고 넘어갈 일은, 친구를 중요시하는 것은 좋은 일이라는 사실이다. 친구가 필요로 할 때 곁에 있어 주고 싶다는 그녀의 생각은 전혀 잘못된 것이 아니다. 스튜어트가 강조한 것도 바로 이 내용이었다. 케이트가 마주한 상황은 두뇌에 기반한 해결책이 아니라 단지 전략적인 해법이 필요한 일일 뿐이었다. 케이트에게 필요한 것은 사이사이에 여유를 두는 방식으로 일정을 조정하는 전략적 사고였다. 그렇게 하면 친구와 급하게 혹은 예정에 없이 만날 일이 생겨도 계획된 업무를 다소 조정할 수 있다. 원래 월요일 밤에는 승진 준비를 하기로 계획했었는데 갑자기 친구가 페인트칠하는 것을 도와주러 가야겠다는 생각이 들었을 때도, 이렇게 간단한 전략적 일정 조정만으로 문제를 해결할 수 있었다. 계획을 짤 때 미리 일정에 여유를 좀 두었다면 월요일 밤에 할 승진 준비를 수요일 낮이나 저녁으로 옮길 수 있었을 것이다.

전략적 사고를 발휘하는 또 다른 방법은, 친구를 소중히 여기는 마음과 자신도 가고 싶다는 마음을 보여주면서도 친구의 청을 완곡하게 거절하는 것이다. 그녀가 승진 준비를 해야 하는 이유는 너무도 명백하며, 이것 역시 자신에게는 너무나 중요한 일이다. 승진 준비는 그 자체로 막대한 잠재적 유익이 있으며, 반대로 이 일을 하지 않으면 부정적인 결과가 예상된다. 가장 좋은 방법은 친구에게 이렇게 말하는 것이다. "페인트칠 도와달라고 불러줘서 정말 고마워. 나도 가서 돕고 싶고 너하고 좋은 시간 보내고 싶어. 그런데 너도 알다시피 이번에 드디어 승진 면접을 눈앞에 두고 있거든. 마침 오늘 밤에 면접 준비를 해야 하고 이번 주 내내 이 문제로 정신이 없어. 금요일까지는 저녁 시간을 낼 수가 없네. 혹시 토요일에 가면 안 되겠니? 그때까지 칠이 덜 끝났으면 내가 도와주면 되고, 아니라면 방에 들여놓을 가구를 좀 사거나 같이 만들면 안 될까? 어떻게 생각해?"

### 전략적 계획수립

케이트가 지금까지 주간 계획을 짜놓은 것을 보면 마치 총리의 일정표를 보는 것 같았다. 단 한 시간도 비어있는 법 없이 모두 빼곡히 채워져 있었다. 그녀는 시간이 비어있으면 마치 기회를 놓친다고 생각하는 것 같았다. 그러니까 친구 중 누구라도 연락을 해오면 바로 그 시간이 채워지곤 했다. 스튜어트의 목표는 일주일을 바라보는 케이트의 관점을 바꿔주는 것이었다.

케이트가 다음 사항을 실천하려면 최선을 다해 '소중한 것 먼저 하기'를 준수해야 했다.

- 소중한 사람과 함께 시간을 보낸다.
- 최적의 생산성을 발휘한다.
- 자신을 필요로 하는 사람을 위해 일한다.
- 뛰어난 업무 성과를 낸다.
- 한 주간을 보낸 후 뿌듯한 보람을 느낀다.

케이트의 생활방식을 고려하면 그녀는 어느 정도 일정에 여유를 둘 필요가 있다. 친구가 아플 때 문안하거나 중요한 일을 집에 가져가서 해야 할 때도 있기 때문이다. 미리 모든 시간을 빽빽이 채워버리면 이런 일이 일어날 때 도저히 대처할 수가 없다. 케이트는 자신이 아무리 똑똑해도 매일 모든 사람의 기대를 모두 충족할 수는 없다는 현실을 깨달아야 한다. 스튜어트는 케이트에게 너무 이래라저래라 하지 않으려고 애썼다. 그녀도 시간 관리 이론은 잘 알고 있고, 이제 직접 실천만 하면 된다.(나머지 코칭 시간의 목표도 바로 이것이었다.) 아울러 딱 하나 전략적 변화만 시작하면 될 일이었다. 한 주를 시작하기 전, 주간 계획을 짤 때 몇 군데 빈자리를 남겨두었다가 정말로 중요한 일이 일어났을 때만 그 시간을 이용하는 것이 바로 그 변화였다. 뜻하지 않게 자신의 역할이나 책임 중 그 주에 아직 하지 못한 부분을 할 수 있는 기회가 생겼다면, 그 일을 남아있는 빈 시간에 넣으면 된다. 만약 절대 놓칠 수 없는 기회, 예컨대 갑자기 친구들과 번개 모임이 생겼다면, 주말까지는 만회할 여유가 있다는 것을 알기 때문에 마음 놓고 모임에 나갈 수 있다. 즉 전략적 변화란, 미리 못 박아두는 일정을 좀 줄임으로써 결국 더 많은 일을 마무리하겠다는 것이다.

### 교착상태 탈출

어떤 문제에 전략적인 해법이 있든, 또 다른 해결책이 있든(가치관이나 신념의 변화 등), 결국 가장 중요한 과제는 그 해답을 찾아내는 지점에 어떻게 도착하느냐는 것이다. 정신적으로 가장 큰 시간 낭비는 이른바 교착상태에 빠지는 것이다. 교착상태란 말 그대로 어떠한 진전도 이루지 못하는 상황이라는 뜻이다. 뇌과학에서는 아무 해결책을 찾지도 못한 채 기존 관념에 사로잡힌 상황을 가리키는 말이다.

케이트가 처한 상황을 보면, 그녀의 마음 깊은 곳에는 친구를 중요시하는 가치관이 자리 잡고 있다. 그래서 그녀의 뇌리에는 '오늘 밤에 당장 가서 그녀를 도와야 좋은 친구라고 할 수 있지.'라는 생각이 떠나지 않는다.

#### 생과 사의 갈림길에서

틀에 박힌 사고방식을 벗어나지 못하면 치명적인 결과를 맞이할 수도 있다. 과학 작가 조나 레러Johah Lehrer의 책 〈결정적 순간The Decisive Moment〉에 이런 사례가 잘 나타나 있다. 와그너 다지라는 사람이 교착상태를 맞이하여 스스로 생명을 구하고, 나아가 화재 진압의 교범을 만들어냈다는 이야기다. 다지는 동시다발로 일어난 여러 화재 현장 중 한

군데인 맨 협곡 지역으로 출동한 소방관 팀의 리더였다. 이곳은 매우 특이한 지형을 가진 지역이었다. 약 5킬로미터에 걸쳐 로키산맥이 대평원과 만나는 지역으로, 소나무 숲과 대초원이 경계를 이루며 깎아지른 듯한 절벽이 있는 곳이기도 했다.
다지는 현장에 도착하자마자 즉시 팀원들을 데리고 미주리강 쪽으로 향했다. 불길이 언제 어느 곳으로 번질지 몰랐기에 최대한 물과 가까운 곳에 자리를 잡고 싶었다. 그는 화염이 나무 꼭대기까지 치솟아 오를 수 있다는 사실을 잘 알았다. 그렇게 되면 타다남은 잉걸불이 공중으로 흩어져 불길이 삽시간에 대평원으로 번져나가게 된다. 다지는 그 날이 하필이 지역에서 가장 높은 온도를 기록한 날이었으며, 그들의 손에는 지형지도도 없다는 사실도 알고 있었다. 설상가상으로 장비를 강하할 때 낙하산이 펴지지 않는 바람에 라디오조차 한 대도 없었다. 시계는 오후 다섯 시 정각을 가리켰다. 황혼의 바람 때문에 불길이 언제라도 바뀔 수 있는 위험천만한 시각이었다. 불길은 강에서 멀어지는 방향으로 불고 있었고, 팀원들은 반대쪽에 비교적 안전한 위치를 확보하고 있었는데, 갑자기 불이 진행 방향을 바꿨다. 불은 빠른 속도로 강을 건너와 초목을 태우며 시속 50킬로미터의 속도로 맹렬히 다가왔다. 불은 닿는 것마다 모두 태워버렸다. 소방관들은 절벽을 향해 달리기 시작했다. 불이 언덕을 지난 후에는 속도가 더 빨라진다는 것을 알았기 때문이다. 그들이 달리기 시작했을 때는 180미터 정도의 여유가 있었다. 그러나 지금은 불길이 겨우 45미터 차이로 바짝 뒤쫓고 있었고, 30초 뒤면 따라잡힌다는 것을 다지는 알고 있었다. 그래서 그는 달리기를 멈추고 그 자리에 서서 팀원들에게도 자신을 따라 하라고 소리쳤다. 그는 가장 원초적인 본능을 발휘해서 위험을 벗어나고자 안간힘을 썼다. 부하들은 그의 목소리를 듣지 못하거나 무시한 채 달리기를 멈추지 않았다. 그 순간 그의 머리에 한 가지 아이디어가 떠올랐다.
그는 성냥불을 켜서 주변 구역을 한 아름 태웠다. 그리고 타버린 땅에 납작 엎드린 채 손수건을 물에 적셔 입에 갖다 댔다. 그리고는 기다렸다. 몇 분 후 몸을 일으켰을 때, 그는 아무런 탈도 없이 온전한 상태였다. 그날 13명의 부하가 목숨을 잃었다. 다지가 위기를 탈출한 방법은 오늘날 진화작업의 표준이 되었다. 그날 부하들 대부분은 평소와 똑같은 사고를 벗어나지 못했다. 즉, 무조건 달려야겠다는 것이었다. 그들의 생존 본능은 전전두엽피질을 활용하여 냉철하게 사고하는 일을 오히려 방해하고 말았다.

다른 사람들의 통찰은 우리에게 대단히 소중한 의미를 던져준다. 다지의 경우, 그의 틀을 깨는 사고방식은 이후 수많은 사람의 생명을 건져내었다. 때로는 우리 자신의 통찰에 의지해야 할 필요가 있다. 케이트도 이 점을 깨닫기 시작했다. 친구의 부탁에 무조건 응하는 것 말고도 좋은 친구로 남는 방법은 여러 가지가 있다는 사실을 분명히 알았기 때문이다.

교착상태를 벗어나려면 냉철하게 사고해야 한다. 잘못된 생각(즉, 뻔한 기존 관념)을 고집하는 태도를 버려야 한다. 이것을 해내는 방법은 사람마다 다 다르다. 주의를 다른 데로 돌려 참신한 아이디어를 떠올릴 수도 있다. 또 다른 선택지가 무엇인지 부지런히 찾아 나서는 사람도 있다. 어떤 사람은 정반대의 해결책을 고려해본 후 다시 다른 선택지를 살펴보기도 한다. 그것도 하나의 전략이 될 수 있다.

통찰을 발휘하기 위해서는 미묘한 징후에 귀를 기울여야 한다. 그러는 동안 두뇌에서는 느슨한 연결고리가 형성되다가 마침내 뚜렷이 인식할 정도의 강한 신호로 발전한다. 온갖 잡다한 생각을 머릿속에 떠올리다 보면 그 미묘한 신호를 결코 감지할 수 없다. 마음이 편안하고 기분 좋을수록 영감을 얻기도 쉽다. 좋아하는 일을 하는 것, 예컨대 골프나 수영을 하거나, 좋은 음식을 먹거나, 스파에 가는 것이 업무에도 큰 도움이 된다는 이유가 바로 이것이다. 다른 방법으로는 찾아낼 수 없는 기가 막힌 아이디어를 떠올리기 위해 시간과 돈을 투자하는 것이야말로 그 어떤 것보다 훌륭한 투자였다는 사실이 머지않아 드러날 것이다. 단순히 케이트에게 "친구의 부탁을 무조건 들어주기만 한다고 좋은 친구가 되는 것은 아니야."라고만 말해서는 그녀의 마음에 그다지 큰 울림을 줄 수 없을 것이다. 그녀가 교착상태에서 빠져나오기 위해서는 스스로 새로운 연관성을 찾아내야만 한다. 이 대목에서 코치가 도와줄 수는 있지만, 그녀를 대신해서 해줄 수는 없다. 교착상태에서 더욱 잘 빠져나오는 방법을 아래에 정리하였다.

**교착상태에서 빠져나오는 최고의 두뇌 활용 팁**

- 일정에 어느 정도 빈틈을 두면 정말 급한 일이 생겼을 때 일정을 조정할 수 있다.(빈틈을 과연 어느 정도나 두면 좋은지 실험해보기를 권한다.)
- 친구를 얼마나 자주 만날 수 있는지 현실적으로 판단해야 한다. 1년에 한두 번인지, 한 달에 한 번인지, 매주 만나도 되는지 말이다. 만나서 정말 좋은 시간을 보내는 것 외에도, 그 사이사이에 다른 방법으로 교류를 이어가면 안 되는가? 기대치가 비현실적이면 당연히 죄책감을 느낄 가능성도 커진다.
- 즐길 만한 일을 한다. 예를 들면 갑자기 골프 약속을 잡거나, 그도 안 되면 골프 연습장에라도 나간다.
- 친구를 불러 펍에서 카드 게임을 하면서 밀린 수다를 떤다. 내가 가장 좋아하는 일(단, 너무 격렬한 활동은 피한다.)을 하는 동

안 두뇌는 잠시 쉴 수 있다.

- 압박감을 더는 방법을 찾아보라. 스트레스가 도움이 될 때도 물론 있다. 스트레스가 줄어들면 과연 두뇌가 긍정적인 반응을 보이는지 일단 실험해볼 필요가 있다.
- 휴식 시간을 규칙적으로 확보하여 두뇌를 맑은 상태로 유지한다.
- 하루 중 명상의 시간을 따로 내어 마음속에 특별히 주의를 기울여야 할 생각이 숨어있는지 살펴본다.
- 문제가 생기면 그 구성 요소를 크게 몇 가지로 나누어본다. 성급히 해결하려고 달려들기 전에 우선 각 요소 사이의 연관 관계와 경향 등을 살펴본다.
- 인식의 수준과 열린 마음을 함양한다.

### 의사결정

스튜어트가 의사결정에 관해 설명하려고 하자 케이트는 처음에 '그게 시간 관리와 무슨 상관이 있나요?'라는 반응을 보였다. 아주 좋은 질문이었다. 그들이 이 문제를 놓고 입씨름을 시작하기가 무섭게, 케이트는 의사결정이야말로 시간 관리의 기본이라는 점을 깨달았다.

전두엽이 과로에 시달릴 때도 이와 유사한 문제가 생긴다. 생각을 너무 많이 하거나 복잡한 인지 활동을 하느라 전두엽이 지친 상태에서는 자유 의지를 발휘하여 어떤 의사결정을 내리기가 무척 어렵다. 예컨대 힘든 일과를 마치고 장을 보러 마트에 가서는 저녁

찬거리로 무엇을 골라야 할지 모른 채 진열대를 멍하니 지켜보기만 할 때가 있다. 이럴 때는 도무지 신속한 의사결정을 내릴 수가 없다.

### 골드버그 박사의 실험

이 시대의 가장 뛰어난 학자 엘코논 골드버그Elkhonon Goldberg 박사를 소개하고자 한다. 현재 뉴욕 의과대학 교수인 그는 전두엽의 구조와 그것이 인간의 자유로운 의사결정에 미치는 역할에 관한 지식을 크게 증진해 왔다.

그는 한 실험에서, 피험자를 두 그룹으로 나누고 우선 기하학적 도안을 하나 보여준 다음, 두 가지 도안을 추가로 제시하여 셋 중에서 하나를 골라보라고 했다. 어떤 선택도 정답이나 오답이 아니라 단지 개인의 선택이라는 설명도 덧붙였다. 한 그룹은 건강이 양호한 사람들이었고, 나머지 한 그룹은 다양한 두뇌 손상을 안고 있던 사람들이었다.

충분히 짐작하다시피, 건강한 그룹에 속해있던 사람들은 아무 문제 없이 마음에 드는 도안을 골랐다. 그러나 다른 그룹에 속해있던 전두엽 손상 환자들은 결정을 내리는 데 큰 어려움을 겪었다.(전두엽이 아닌 두뇌 다른 부위에 손상을 입은 사람들도 선택에 불편함을 느끼지 않았다.) 그런 다음 질문을 좀 바꿔 '원래 도안과 가장 유사한' 디자인과 '가장 다른' 디자인을 골라보라고 했다. 그랬더니 모든 사람의 행동에 전혀 차이가 없었다. 전두엽에 문제를 안고 있는 사람도 의사결정을 내릴 수 있지만, 그것은 자유 의지를 발휘한 결정은 아니라는 것을 알 수 있었다.

## 두뇌의 정보처리 과정

케이트는 비로소 의사결정을 내릴 때 두뇌에서 어떤 일이 일어나는지 궁금해졌다. 도대체 무슨 일이 있었기에 일요일 저녁이 되도록 계획을 미뤘고 주중에는 급기야 모든 계획을 포기하게 되었는가? 이 질문에 답하기 위해서는 굉장히 복잡한 설명이 필요했으므로 스튜어트는 처음부터 다시 시작하기로 했다. 케이트가 의사결정의 과정을 이해하기만 하면 훨씬 더 철저한 자제력을 갖출 수 있을 것이다.

그럼 이제 배외측 전전두엽피질(dorsolateral prefrontal cortex, DLPFC)에 대해 알아보자. 이 용어를 처음 들어봤을 것이 분명하므로, 이 두뇌 영역에 관한 기본 사실을 아래에 소개한다.

- 전전두엽피질의 일부다.(뒤쪽 측면에 해당하는 부위다.)
- 계획을 수립하는 일을 담당한다.
- 의사결정도 이 부위가 담당한다.
- 여기에는 도파민(다양한 기능을 수행하는 신경전달물질)이 매우 중요한 역할을 한다.
- 배외측 전전두엽 피질DLPFC는 두뇌의 다른 영역과 매우 긴밀하게 연결되어있다.
- 작동 기억과 관련이 있다.
- 에너지를 많이 소모한다.
- 빨리 피로를 느낀다.

역사적으로 봐도, 우리가 인체 각부의 중요성과 그 역할을 가장 잘 알게 되는 계기는 바로 그 부위에 이상이 발생할 때다. 수십년 전만 해도 뇌수술을 통해 전전두엽피질을 다른 부위와 떼어놓는 것이 좋다고 생각하는 사람들이 있었다!

### 두뇌를 잘라내다

1935년 신경학자 에가스 모니스Egas Moniz는 전두엽 백질절단법 prefrontal leucotomy이라는 새로운 수술 분야를 개척했다. 그는 이 수술법을 창안한 공로로 1949년 노벨생리의학상을 공동 수상했고, 이 수술법은 이후 1950년 중반까지 사용되었다.

수술의 구체적 내용은 전전두엽 피질과 전두엽의 앞쪽 부분을 연결하는 신경을 몇 개 잘라내는 것이었다. 1948년 한 의학대학원 학술지에 게재된 논문에 따르면 이 수술을 통해 매우 고질적인 통증과 간질, 그리고 동성애 증세를 치료하는 데 탁월한 효능을 발휘했다고 한다!

또한 이 수술은 정서 장애와 정신 분열, 만성 우울 등의 심각한 이상증세를 발생하는 것으로 알려져 있다. 수술을 받은 환자 중 약 10퍼센트 정도가 발작을 일으켰다. 여기서 매우 흥미로운 대목을 발견할 수 있다. 1970년에 발간된 정신의학사전에는 다음과 같은 내용이 실려 있다.

"수술 후 나타나는 성격 둔감화, 무감각, 책임감 결여 등과 같은 증상은 예외 사항이 아니라 필연적인 결과다. 이 외에도 주의 산만과 어린애 같은 행동, 경박함, 요령 및 규율 결여, 무절제 등과 같은 부작용이 따른다."

기본적으로 전두엽의 백질에 손상을 입으면 감정과 기분이 달라지는데, 주로 감정을 크게 잃어버리는 결과를 낳는다. 또한 수술 전보다 창의성과 결단력이 저하되기도 한다. 이를 통해 전전두엽 피질과 전두엽이 우리 일상생활에 얼마나 중요한 역할을 하는지 알 수 있다.

오늘날에도 전전두엽에 손상을 입은 환자들은 의사결정에 어려움을 겪고 감정을 잃어버리는 모습을 볼 수 있다. 전전두엽 피질이 이성적인 사고와 의사결정에 그토록 결정적인 역할을 하는 이유는, 이 부위가 두뇌의 모든 신경 통로 및 화학 반응과 연결되어있기 때문이다. 전전두엽 피질은 심지어 자율신경계에 신호를 보내 감정과 관련된 화학 반응을 일으킬 수도 한다. 이 문제는 곧 다시 다루게 된다.

그러므로 전전두엽 피질을 건강하게 유지하는 것은 매우 중요한 일이다. 안타까운 일일 수도 있겠지만, 우리가 잘 아는 기초적인 사항들이 역시 가장 중요하다.

- 규칙적으로 운동한다(유산소 운동이 필요하다.).
- 깊이 잠든다.
- 규칙적인 휴식 시간을 확보한다.

### 입력 데이터 걸러내기

잘 알다시피 우리는 매일 매 순간마다 엄청난 양의 데이터를 접하며 살아간다. 이 모든 데이터는 걸러내는 과정을 거친 후에야 그 의미를 파악할 수 있고, 그것을 통해 의사결정을 내리거나 혹은 그저 지나쳐버릴 수도 있다. 전방 대상회(the anterior cingulated gyrus, ACG)는 가장 중요한 필터 역할을 하는 기관이다. 이것은 입력되는 데이터를 살펴본 뒤 거기에 우선순위를 부여하고 필요 없는 것은 버리는 일을 한다.

그러므로 우리가 뭔가에 집중할 일이 생길 때마다 이 부위가 활발하게 움직인다. 조현병 환자의 두뇌는 전방 대상회의 크기가 작은 경향을 보인다고 한다. 이런 현상은 이 질환의 여러 증상의 원인이 되는 과잉자극 이론과 관련되어있을 수도 있다. 전방 대상회가 정보를 걸러내는 역할을 제대로 하지 못하면 오히려 질병의

한 요인이 될 수 있는 것이다.

전방 대상회의 활동에 도움을 주는 한 가지 방법은 뚜렷한 의도를 품는 것이다. 내가 알고 싶은 것, 집중하고자 하는 대상을 생각하는 것만으로도 전방 대상회에 점화 자극을 줄 수 있다. 케이트는 사람들의 기분이 어떤지, 마음이 어떻게 바뀌는지에 대해 대단히 민감하다. 어떤 상황에 대해 누군가 불편한 기색을 보이면 케이트는 그것을 금방 알아차린다. 이것은 그녀가 필터를 통과하는 데이터에 잘 대응하고 있기 때문이다. 그러나 그녀에게 방금 지나쳐간 파란색 폭스바겐 파에톤과 파란색 롤스로이스 팬텀의 차이점이 뭔지 물어본다면 그녀는 아마 "글쎄요, 둘 다 파란색 자동차네요."라고 말할 것이다. 이 경우 그 둘 사이의 차이점은 그녀의 관점에서는 효과적으로 걸러진 것이다. 즉 그 내용은 걸러내어 버려졌다.

모든 사람은 각각 다른 필터를 가지고 있다. 사람들이 저지르는 실수는, 자신이 알아차리는 내용을 다른 사람도 똑같이 알 것으로 생각한다는 점이다. 나의 유전자 프로그램, 인생 경험, 가치, 그리고 욕구 등은 모두 나의 필터에 영향을 미칠 뿐 아니라, 앞으로도 평생토록 끊임없이 바뀌어나갈 것이다.

### 감정 영역

대뇌섬은 의사결정과 관련된 또 하나의 중요한 두뇌 영역이다. 이곳은 감정적 경험에 크게 관여하며, 그 경험은 다시 의식적인 느낌으로 해석되어 의사결정을 내리는 데 필요한 귀중한 정보가 된다. 아울러 인슐라는 신체의 모든 반응과 마음속의 깊은 느낌까지도 인지하며, 배가 고프면 먹어야 한다는 점을 일깨워주고, 사람들과의 교류, 욕망, 그리고 죄책감에도 관여한다.

이제 마지막으로 살펴볼 두뇌 영역은 편도체다. 편도체는 두뇌의 감정 영역에서 큰 역할을 차지하는 기관으로, 불확실함과 두려움, 좌절과 같은 느낌과 관련이 있다. 이런 두뇌 영역은 모두 우리가 의식적으로 인지하는 것보다 훨씬 더 많은 정보를 받아들이고 처리한다. 우리가 때로 어떤 일에 대해 모종의 느낌이 들면서도 왜 그런지를 모르겠다고 생각하는 것도 바로 이런 이유 때문이다. 고요하고 잠잠한 상태를 유지하며 마음에 귀를 기울이고 이런 느낌을 느껴보라. 그런 집중 상태에서 무의식이 알려주는 어떤 것을 감지할 수 있는지 시험해보라. 그런 시도를 통해 지금 막 의사결정을 내리려던 사안에 관해 매우 중요한 뭔가가 갑자기 떠오를지 누가 아는가.

### 화학물질

도파민은 의사결정에 관여하는 매우 중요한 신경전달물질이다. 이것은 두뇌의 보상시스템 및 주의력 시스템과 연결되어 결과적으로 의사결정 과정에 관여한다.

**도파민이 결정한다**

유니버시티 칼리지 런던(University College London, UCL)은 의사결정에 관한 흥미로운 실험을 몇 가지 수행했다. 첫 번째 실험에서는 영상기법을 통해 피험자의 두뇌에서 그가 특정 경험을 얼마나 즐거워했는지를 보여주는 신호를 감지했다. 그리고 그 신호를 통해 피험자가 앞으로 어떤 선택을 내릴지도 예측할 수 있다는 것이 밝혀졌다.
연구자들은 이 신호가 도파민일 것으로 추정하였고, 따라서 도파민 체계를 간섭하면 어떤 결과가 나타나는지 알아보기 위한 실험을 구상했다. 한 그룹의 피험자들에게 전 세계 80곳의 휴가 여행지 목록을 보여주고 그 목록에 1에서 6까지의 등급을 매겨보라고 했다. 그리고 가짜 약을 복용하게 한 뒤 전체 여행지의 절반(즉 40곳의 여행지)에 가 있다고 상상해보라고 했다.
그리고 그들에게 엘 도파(L-dopa)를 투약했다. 이것은 두뇌에 도파민을 증진하는 효과가 있으며 주로 파킨슨병 환자를 치료하는 목적으로 사용되는 약물이다. 그런 다음 그들에게 나머지 절반의 여행지에 도착한 장면을 상상하라고 했다. 그리고 전체 여행지에 다시 등급을 부여한 후, 그다음 날에는 실제로 휴가를 떠난다면 어디로 갈지 두 군데를 골라야 한다고 했다. 그 결과 피험자들은 도파민 성분이 증가한 후 상상한 곳, 즉 두 번째 목록에서 여행지를 고르는 비율이 더 높았다.
이 실험의 책임자 탈리 샤롯Tali Sharot 박사는 이렇게 말했다. "이 실험에서 얻은 결론은, 우리가 실제 생활에서 의사결정을 내리기 위해 여러 가지 대안을 모색할 때, 도파민은 미래에 있을 여러 가지 일 중에서 어떤 것이 즐거운 것인지에 관해 신호를 보낸다는 사실입니다. 그러면 우리는 그 신호를 바탕으로 선택을 내리는 것이죠."

그러므로 도파민 수치가 높을수록 우리는 어떤 대상을 우호적으로 평가하여 그것을 선택할 가능성이 크다. 그렇다면 이런 효과는 얼마나 폭넓게 적용될까?

### 즉각적인 만족감

UCL에서 수행한 실험은 이것 말고도 또 있다. 레이몬드 돌란Raymond Dolan 교수가 이끈 이 실험의 결론은, 도파민 함량이 증가하면 우리는 즉각적인 만족감을 추구하지, 더 유익한 보상이지만 얻는 데 시간이 걸리는 일에는 만족하지 않는다는 것이었다.
피험자들에게 가짜 약과 엘도파(두뇌의 도파민 수치를 높이는 약물)를 각각 투약한 후 실험을 진행했다. 실험의 내용은 '작지만, 당장' 얻는 것과 '크지만, 나중에' 얻는 것 사이에서 선택하는 것이었다. 예를 들면 2주 후에 2만 원을 받는 것과 6개월 후에 8만 원을 받는 것 중에 고르는 식이었다.
이 연구에 참여한 알렉스 파인Alex Pine 박사는 이렇게 말했다. "우리는 매일 두 가지 사이에서 결정을 내려야 합니다. 즉각적인 만족을 주는 일과, 시간은 걸리지만 더 중요한 보상을 얻는 일 사이에서 말이죠. 아이폰 신제품을 당장 살 것이냐, 가격이 내릴 때까지 6개월을 기다렸다 사느냐와 같은 문제죠. 다이어트를 할 것인가, 맛있게 보이는 케이크를 먹을 것인가도 마찬가지입니다. 책을 펴서 시험공부를 할 것인지, TV를 조금 더 볼 것인지도 똑같은 문제입니다."
돌란 박사의 실험을 통해, 두뇌에 도파민 수치가 증가된 피험자들은 '작지만, 당장' 얻을 수 있는 쪽을 선택하는 경향을 보인다는 결론을 얻었다. 연구자들에게는 희소식이었다. 그들로서야 6개월 후에 8만 원을 지출할 필요 없이 2주 후에 2만 원만 쓰면 되었기 때문이다!

그렇다면 케이트는 왜 이런 내용을 알아야 할까? 운동 스케줄을 꼬박꼬박 지키는 이유는 주로 장기적인 유익을 얻기 위한 것이다. 케이트가 '작지만, 당장' 얻을 수 있는 보상 대신 운동하러 가는 편을 꾸준히 선택하기 위해서는 사전준비 활동을 할 필요가 있다. 몸에 좋은 음식을 선택하는 것이나, 일을 미루지 않고 제때 하는 것을 포함, 모든 상황에서 '작지만, 당장' 대 '크지만, 나중에'의 대결 구도가 똑같이 적용되는 것이다.

현재 케이트가 운동을 바라보는 시각은 다음과 같다.

- 일단 체육관에 가면 즐겁게 운동한다.
- 3개월 안에 멋진 외모를 가꿀 수 있을 것이다.
- 장차 질병(예컨대 심장질환 등)을 예방할 수 있는 수단이다.
- 어쨌든 운동은 해야 한다.

그러나 이것만으로는 친구를 만나 케이크를 먹거나 소파에 털썩 누워 좋은 책을 읽는 것 대신 운동을 택하기란 여간 어려운 일이 아니다. 감각기관을 통해 전달되는 여러 유혹은 두뇌의 도파민 수치를 순간적으로 상승시키고, 이 때문에 우리는 좀 더 충동적으로 행동하게 된다. 퇴근길에 우연히 케이트의 눈에 띈 광고에 어떤 사람이 친구와 함께 소파에 편하게 앉아 따뜻한 난로불을 쬐며 와인을 한잔 마시는 장면이 있었다면, 그 난로불의 감각과 와인의 맛, 그리고 소파의 푹신한 촉감 등이 그녀의 두뇌 속에서 보상을 향한 기대로 바뀌어 도파민을 분비하게 된다. 그렇게 되면 우리 모두 알다시피 친구에게 전화해서 퇴근 후 한잔하면서 수다나 떨자는 유혹을 떨치기는 더욱 어려워진다.(운동은 어쩔 수 없이 포기해야 한다.)

그러나 이런 상황은 충분히 바뀔 수 있다. 운동하는 것을 친구와 만나 편하게 와인을 마시는 것과 똑같이 생각할 수 있다고 상상해보라.(혹은 도파민이 분비되는 일이라면 무엇이든 좋다. 예컨대 스포츠 경기를 관람하거나 컴퓨터 게임을 즐기는 것도 될 수 있다.) 운동하는 장면을 떠올리면 도파민이 분비되도록 두뇌 구조를 바꿀 수만 있다면, 운동을 결심하고 그대로 따르는 일이 훨씬 쉬워질 것이다. 케이트는 어떤 일이든 진도를 측정하기를 좋아했으므로, 운동측정기만 하나 장만해도 엄청난 차이가 있을 것이다.

### 행동

▶ 케이트의 실천 사항

- 운동하러 가는 것을 즐겁게 만들 수 있는 모든 수단을 동원한다.(가장 좋아하는 음악을 틀어놓고 운동하면 기분이 좋아질 거라고 스스로 되뇌인다.)
- 웨이트트레이닝을 할 때는 근육이 강해지는 감각을 느끼고, 트레드밀에서는 빠르게 달리는 다리에 집중하며, 윗몸 일으키기를 한 후에는 단단해진 복근을 느껴본다.(즉, 석달 후를 내다보며 기다리기보다는 운동하러 갈 때마다 달라지는 몸 상태를 확인하는 것이다.)
- 신나고 흥분한 상태에서는 항상 운동하는 장면을 생각한다.
- 신나는 기분과 운동에 관한 생각을 서로 연결하는 방법이 있다. 그런 생각을 하는 동안 밝은 분위기의 노래를 듣거나 운동 전용 탈취제(체육관에 가기 전에만 사용하려고 아껴둔 것이었다.)를 뿌리는 것이다.

이런 전략을 어떤 일에나 적용할 수 있다. 운동보다 와인을 생각하는 것이 더 즐거운 일이라고 처음부터 우리 두뇌에 정해져 있는 것은 아니다. 진화론적으로 보면 사실은 정반대의 상황이 진실에 가깝다고 할 수 있다. 그것을 오늘의 상황에 대응할 수 있도록 조정해온 것뿐이다. 그렇다면 이제 시간 관리를 더 쉽게 할 수 있도록 그 조건을 다시 조정하면 되는 것이다.

**현명한 의사결정을 위한 최고의 두뇌 활용 팁**

- 업무 환경을 깔끔하게 정돈한 상태로 유지하라.
- 규칙적인 휴식 시간을 통해 전전두엽 피질을 쉬게 해주어야 한다.
- 무의식을 통해 전달되는 느낌을 신뢰하고 두뇌가 나에게 말하고자 하는 바에 귀 기울이는 법을 연습한다.
- 결정한 후에는 꼭 후회하는 것이 무엇인지 살펴본다.(주중에 과음한다거나, 운동을 빼먹는다는 등)
- 미리 계획해놓고도 막상 때가 되면 계획대로 결정하지 못하는 이유를 파악한다. 지금부터는 훨씬 더 쉽게 그 편을 선택할 수 있도록 하는 방안을 실천한다.

**두뇌를 활용하여 현명한 의사결정을 내릴 때 얻는 최고의 유익**

- 스스로 설정한 목표를 달성할 수 있다. 달성에 필요한 행동을 하기 때문이다.
- 스스로 말한 내용을 실천하기 때문에 자신감이 커진다.
- 다른 사람들이 나를 책임감 있는 사람으로 보기 때문에 인간관계도 좋아질 뿐 아니라 다른 사람에 대한 나의 영향력과 리더십도 향상된다.
- 별로 힘들이지 않고도 올바른 결정을 내릴 수 있으므로 하루하루의 삶이 훨씬 쉬워진다.

5장

# 바쁜 뇌는 영리한 뇌인가?

## 새로운 것을 배우고 그 과정을 최적화하는 방법

### 새로운 지식을 잘 배우는 방법은?

제시는 새로 배워야 할 일이 생겼다. 의료계에 몸담은 이래, 그녀는 항상 시험을 앞두고 사는 생활에 익숙해졌다. 그녀는 언제나 뭔가를 배우며 살아온 기억밖에 없었다. 그러나 지금은 의대 재학 시절과는 사정이 달라졌다. 사업을 운영하는 그녀의 학습은 일을 통해 이루어졌으며, 그 내용도 그리 간단하지만은 않았다. 그녀는 사업이라는 도전에 대응하기 위해 전혀 새로운 접근방법을 궁리해야 했다. 사업 운영은 그녀에게는 낯선, 전혀 다른 법률체계가 작동되는 세계였다. 다시 말해 새로운 고객들과 함께 일해야만 한다는 뜻이었다. 그녀는 일상생활에서 사용하지도 않는 정보를 어떻게 배우며 또 그것을 어떻게 기억할 수 있을지 걱정이 태산 같았다. 그녀도 이제는 나이가 들었고 그만큼 새로운 것을 배우기도 어렵다고 스튜어트에게 하소연했다.

최근에 제시는 한 교육과정에서 지역공동체 이익회사의 구체적인 내용을 설명한 적이 있었다. 그런데 그 과정이 끝난 후에 생각해보니 오히려 그 내용을 훨씬 더 많이 잊어버렸다는 것을 깨닫고 크게 좌절했다. 그녀가 남몰래 걱정하는 점은, 새로운 내용을 아무리 더 배워도 잊어버리는 기존 지식이 더 많다는 사실이었다. 마치 머리가 꽉 차버렸다는 느낌마저 들었다.

알아두면 좋을 새로운 지식은 언제나 나타났다. 인터넷에는 영감을 던져주는 다른 회사와 배울 점이 있는 사람들의 이야기로 가득 차 있었지만, 문제는 그것을 배울 시간을 내기가 어렵다는 점이었다. 어느 날 밤에는 어떤 훌륭한 조직의 웹사이트를 살피다 보니 어느덧 새벽 1시 반이 되었던 적이 있었다. 그런가 하면 지루하게 이어지는 회의 시간에는 눈만 간신히 뜨고 있지, 회의석상에서 거론되는 정보를 파악하는 것조차 힘겨워한 적도 있었다.

### 현재 상황

스튜어트는 기억을 되짚어 제시가 걱정하는 핵심 내용을 다음과 같이 정리했다.

- 사업상 중요한 새로운 내용을 배우는 데 어려움을 겪고 있다.
- 필요한 정보를 제때 파악하지 못할까봐 걱정하고 있다.
- 아울러 그는 그녀가 업무와 관련된 일에 상당한 시간을 할애하고 있다는 점을 주목했다.

이 장에서는 새로운 내용을 배우는 가장 좋은 방법을 살펴보고, 왜 이 방법이 삶의 균형과 기쁨을 되찾는 길인지 그 이유를 이해해본다.

## 두뇌의 활동

두뇌는 실로 놀라운 존재다. 마이크로 단위에서 살펴보면 두뇌는 서로 정보를 주고받는 수백만 개의 세포로 구성되어있다. 세포는 끊임없이 서로 연락한다. 심지어 우리가 잠을 잘 때도 쉬지 않는다. 신경세포들 사이의 이런 의사소통은 특히 학습과 기억에 관해 생각할 때 매우 중요한 의미를 띤다.

두뇌는 다채로운 패턴을 형성한다. 패턴이란 정보의 구성단위를 말하는 것으로 다른 말로는 스키마(schema, 개요 또는 윤곽)라고도 한다. 이것은 뉴런들이 서로 연락을 주고받는 과정에서 마치 통로와 같은 것을 형성한 결과물이다. 이렇게 형성된 특정 경로, 즉 스키마는 다른 스키마와 연결되어 또 다른 스키마를 형성할 수 있다. 예를 들어 제시가 지금까지 몰랐던 새로운 법률체계를 배우려고 할 때는, 기존의 스키마에 새로운 정보를 추가하여 새로운 스키마를 형성하게 된다. 그녀는 다른 법률체계의 특징과 그것이 낳을 결과에 대해서는 알고 있었다. 그녀는 여기에 아주 익숙했다. 이 분야에 관한 한 그녀의 두뇌에는 강력한 스키마가 형성되어 있었다. 두뇌로서는 이 스키마에 새로운 특징을 추가하여 새로운 스키마를 만드는 것이 훨씬 쉬우며, 처음부터 새로 시작하는 것보다 더 효율적인 일임은 말할 필요도 없다.

두뇌는 효율을 추구한다. 따라서 일을 쉽게 할 수 있는 방법이 나타나면 어떻게든 그쪽을 선택한다. 스튜어트는 제시가 새로운 학습법을 터득할 수 있다는 자신감을 얻는 것이 중요하다는 사실을 알았다. 그녀가 문제를 해결할 수 있느냐의 여부는 바로 여기에 달려있었다. 스튜어트는 확신했다. 그녀가 새로운 것을 배우려고 할 때 실제로 어떤 일이 일어나는지에 조금만 더 집중한다면, 이 학습 과정으로부터 더 힘을 얻을 수 있다는 것을 말이다.

### 헤비안 학습을 아십니까

1940년대에 캐나다의 신경심리학자 도널드 헵Donald Hepp은 학습과 기억에 관한 새로운 이론을 제시했다. 시냅스의 전달과정에 기초한 그 이론은 오늘날 헤비안 학습Hebbian learning을 비롯한 여러 이름으로 불리고 있다. 앞에서 설명한 바와 같이, 두뇌 세포들이 서로 의사소통하는 과정은 한 세포의 말단(시냅스)에서 다른 세포의 말단(시냅스)으로 신호를 전달함으로써 이루어진다. 축색 돌기라고 부르는 이 세포 말단들은 서로 미세하게 떨어져 있는데, 이것을 '시냅스 간격'이라고 한다. 따라서 헵은 사실상 '세포들이 함께 활성화됨으로써 서로 연결된다.'는 사실을 발견한 것이다.

세포는 서로 활발하게 연락을 주고받는다. 바로 지금도 수천 개의 두뇌 세포가 활성화되어 또 다른 수많은 세포를 깨우고 있다. 이들 중에는 과거에도 여러 차례 연락을 주고받은 세포들이 있으므로, 이 과정은 더욱 빠르고, 쉽게, 또 더욱 효율적으로 진행된다.

헵의 발견은 우리에게 여러모로 도움이 된다. 제시는 새로운 지식을 머리에 담아두거나 실제로 사용할 때 그 정보를 더 깊이 각인할 수 있다. 그녀가 이런 원리를 아는 것이 중요하다. 그녀가 두뇌 세포를 더 많이 활성화할수록 그 세포들은 더욱 강하게 각인될 것이다. 강하게 각인된다는 말은 앞으로 그 정보를 더 쉽게 기억해낼 수 있다는 뜻이다. 제시는 자신의 두뇌가 얼마나 유연하며, 얼마나 자신의 편에 서 있는 존재인지 알아야 한다.

### 한쪽 귀로 듣고 한쪽 귀로 흘린다

사실 제시는 여러 교육 강좌를 들으면서도 그 내용을 기억해내기가 너무 어려웠다. 최근에 등록한 한 강좌는 수업 진도가 어찌나 빠르던지 노트 필기도 제대로 하지 못했다. 하루 일정이 끝날 때쯤이면 아침에 들었던 내용은 기억조차 나지 않았다. 그녀가 꼭 알아야 할 법률 및 재무 관련 내용은 머릿속에서 온데간데없이 사라져버려 공연히 시간만 낭비했다는 기분이 들곤 했다.

기억이란 복잡한 것이다. 기억에도 여러 종류가 있으며 각각은 저마다 다른 방식으로 작동한다. 제시가 이번 교육 강좌에서 사용하고 싶었던 기억은 '의미 기억semantic memory'이라는 것이었다. 즉 그녀는 경험보다는 개념 중심의 기억력을 더 갖추고 싶었다. 그녀는 법률이나 재무에 관한 경험이 전혀 없었으므로 경험 중심의 기억력은 아무 소용이 없었다.

순전히 개념적인 지식을 딱 한 번 접한 것만으로 장기간 기억하기는 매우 어려운 일이다. 예를 들어 처음 만난 사람의 전화번호나 이메일 주소를 외워야 할 경우, 오로지 한 가지 감각(내용을 계속해서 되뇌는 방법을 택한다면 청각)에 의지할 수밖에 없다. 물론 종이에 적어두면 더 오래 기억할 수 있겠지만, 당장 그날 저녁만 되어도 전화번호나 이메일 주소를 떠올리기가 그리 쉽지만은 않을 것이다. 이것이 바로 두뇌 속에 아직 강력한 신경망이 구축되지 않았기 때문에 일어나는 일이다.

### 무엇이 뚜렷한 기억을 만드는가

새로운 개념을 접했을 때 그 핵심을 파악하고 그와 관련된 경험을 만들어낼 수 있다면, 예컨대 그 개념이 현실에 적용되는 과정이나 그것을 누군가에게 설명하는 장면을 상상한다면, 그에 따른 감정과 의미가 생생히 전달되어 보다 강력한 신경망을 구축할 수 있다. 이 기억을 떠올리는 노력을 정기적으로 반복한다면(매일, 매주, 매달 한 번씩으로 이어간다. 이 기법을 '간격 학습법spaced learning'이라고 한다.) 신경망은 마침내 더욱 확고한 자리를 잡을 수 있다. 이렇게 되면 필요할 때마다 훨씬 더 쉽게 그 기억과 정보를 떠올리거나 써먹을 수 있다. 여기서 무엇보다 중요한 점은 떠올리는 법을 연습하는 것이다. 그저 적어놓은 것을 다시 읽기보다는 가능한 한 모든 내용을 떠올리는 법을 연습해야 한다. 소도구를 이용하면 연습이 한결 더 쉬워진다.

### 두뇌 용량 초과?

제시의 또 다른 두려움은 자신의 머리가 꽉 찬 것이 아닌가 하는 생각이었다. 오랫동안 새로운 지식을 학습하려 애써오는 동안,

그녀는 새것을 배우면 이미 알던 내용이 두뇌에서 빠져나가는 것이 아닐까 하고 걱정하곤 했다. 스튜어트는 그녀에게 신경과학 평생공로상 여성 부문 수상자의 말을 들려주면 좋겠다고 생각했다. 레슬리 웅거라이더 박사의 연구에 따르면 사람들이 새로운 기술을 연습할 때는 그 기술을 담당하는 신경망에 새로운 뉴런들이 모여든다고 한다. 웅거라이더 박사는 손가락 동작을 배우는 사람들을 대상으로 실험을 수행했다. 초기에는 이 일을 담당하는 뉴런이 소수에 불과했지만, 연습을 거듭할수록 점점 더 많은 뉴런이 이 임무에 합세했다. 그런데 더욱 흥미로운 점은 더 이상 연습을 하지 않아도 두뇌에서는 계속 변화가 일어나는 것이 관찰되었다는 사실이다. 다시 말해 새로운 내용을 배우는 초기에는 소수의 뉴런만이 그 내용을 기억하는 일을 담당한다. 그러나 연습을 반복하면서 시간이 지날수록 더 많은 뉴런이 이 일에 참여한다. 안심하라. 새로운 내용을 공부하는 데 도움을 줄 뉴런의 수는 충분하며, 그들은 언제든지 훌륭한 팀을 구성할 준비가 되어있다.

제시는 비로소 지금 업무 현장에서 겪는 일들이 매우 자연스러운 과정이며, 정보를 사용하지 않은 지 5년이나 지났다면 그 내용이 즉각 떠오르지 않는 것도 당연하다는 사실을 깨닫기 시작했다. 왜냐하면 도무지 그럴 필요가 없기 때문이었다. 지금 그 정보가 다시 필요하다면 새로 배워야 한다. 그러나 예전에 생성된 신경망이 아직 그 자리에 있을 것이므로 전보다는 훨씬 쉽게 배울 수 있다. 그녀는 이 사실을 알고 안심이 되었다. 사실은 그녀도 가족이 있는 인도에 갈 때마다 이런 원리를 직접 체험한 적이 있어서 이미 알고 있었다. 그녀의 녹슨 펀자브어 실력을 갑자기 되살려내야만 했기 때문이다. 사람들이 하는 말을 과연 알아들을 수 있을까 걱정하면서 비행기에서 벼락치기 공부를 하곤 했지만, 막상 부딪쳐 보면 생각했던 것보다 훨씬 더 많은 기억이 되살아난 적이 많았다.

### 풍성한 환경을 조성하라

지난번 코칭 시간에 제시는 한 달에 하나씩 새로운 일을 시도해보겠다고 약속했고, 그에 따라 요가 수업을 시작했다. 스튜어트는 이번 한 번에 그치지 말고 앞으로도 이것을 습관화해야 한다고 강조했다. 나아가 제시가 한 차원 더 큰 뜻을 품고 평생에 걸쳐 최고의 학습자로 성장하는 계기가 되기를 바랐다.

1장에서 살펴본 바대로, 케이트는 빌 그리너의 연구로부터 좌절감을 효과적으로 극복하고 또 그것을 오랫동안 유지하는 데 환경이 얼마나 큰 영향을 미치는지를 배웠다. 빌의 실험에서 쥐들은, 그들로서는 디즈니랜드에 비길 만한 환경에서 살았다는 것을 기억할 것이다. 실험 결과, 이 쥐들은 상대적으로 가난하고 외로운 환경에서 산 쥐보다 시냅스의 양이 25퍼센트나 증가했다는 것이 밝혀졌다.

#### 쥐에게 배우는 날씬하게 오래 사는 법

이런 종류의 실험은 오랜 세월에 걸쳐 여러 차례나 수행되어왔다. 그리고 그 결과도 모두 비슷했다. 그중 한 실험에서는 쥐를 세 그룹으로 나누고 각각 세 가지 다른 환경에서 살게 했다. 첫 번째 그룹의 쥐는 다른 쥐와 어울리지 못하게 독방에 가두어놓고 외부 자극을 최소화하며 먹이와

물도 부족한 환경을 부여했다. 두 번째 그룹에는 다른 쥐 두 마리를 친구 삼아 같이 있게 하고 쳇바퀴도 설치해주었다. 세 번째 그룹에 주어진 환경은 피실험 쥐의 형제와 새끼들도 같이 있고 여러 가지 장난감도 갖춰진 곳이었다. 각각의 쥐를 이런 환경에서 수개월 동안 지내게 한 후 그들의 두뇌 상태를 진단해보았다.

세 번째 그룹에 속한 쥐의 두뇌는 나머지 두 그룹보다 크기가 훨씬 더 커졌으며, 뉴런과 신경전달물질의 양도 모두 증가했다. 이 쥐는 수명도 길어졌고 체내의 지방 비율도 낮아졌다. 이 결과는 학습의 원리와 직결되는 중요한 시사점을 던져준다. 이 쥐는 심지어 척추 수상돌기의 양도 증가한 것을 알 수 있었다. 이 기관은 다른 신경세포와의 연결점 역할을 한다.

즉 이 쥐는 두뇌의 크기도 더 커졌고, 뉴런의 양과 연결점도 늘어난 결과 더욱 활발한 학습 성향을 띠게 되었다. 다양한 경험을 더 많이 할수록 우리의 신경은 더 많은 연결점을 확보하여 새로운 기억이 서로 연결되기에 더욱 유리한 조건을 조성한다.

제시는 이제 더욱 많은 경험을 쌓으며 훌륭한 학습자로 변모하고 있다. 일주일에 6일간 아침 8시부터 저녁 8시까지 사무실에만 갇혀 살다가 나머지 하루는 또 집에서 연예 잡지나 읽고 있었다면, 풍성한 환경을 조성할 수는 없었을 것이다. 그랬다면 풍요롭고 다채로운 삶을 살아가는 사람의 습관, 즉 새로운 일을 배우는 일이 그리 쉽지만은 않았을 것이다.

### 아는 것을 실천하라

스튜어트는 제시가 어떤 어려운 상황을 맞이하더라도 그럴 때 실제로 어떤 일이 일어나는지만 이해하면 그 도전에 충분히 대처할 수 있다는 것을 알았다. 그녀는 매주 새로운 내용을 배워야 했는데 그 내용 중에는 분명히 전에 한번 어디선가 본 적이 있는 것 같은데 도무지 기억이 나지 않아 좌절에 빠질 때가 있었다. 머리에 들어있던 정보들이 온통 빠져나가 버린다고 느낀 적이 한두 번이 아니었다.

### 기억하기

뉴런들이 시냅스 접점에서 서로 만나 동시에 활성화되는 일(새로운 내용을 배우거나 경험하는 등)이 계속해서 반복되면 해당 세포와 시냅스 간격 모두 화학적 변화를 일으킨다. 이렇게 되면 이후 한 뉴런이 활성화되면 다른 뉴런도 더 강하게 활성화된다는 의미다. 다시 말해 이 두 뉴런은 이제 한 쌍이 되어 어떤 계기로 그중 하나가 활성화되면 나머지 하나도 곧바로 그 뒤를 따르게 된다.

예를 들어 여러분이 만약 '순록'이라는 말을 듣는다면 빨간 코의 루돌프 사슴이 생각나지, 핀란드의 고급요리를 떠올리지는 않을 것이다. 마찬가지로 벤과 제리라는 이름을 듣는 순간 사람들은 모두 아이스크림을 연상할 것이다.('벤앤제리'는 미국의 유명한 아이스크림 상표명이다.—옮긴이). 한발 더 나아가 이 아이스크림에 익숙한 사람이라면 그중에서도 '피쉬푸드' 제품이 머리에 떠오르면서, 한 스푼 입에 넣고 씹으면서 나는 소리가 들릴 것 같고, 마시멜로와 캐러멜을 더 퍼낼 때 스푼에 전달되는 묵직한 감촉이 느껴지는 것 같을 것이다.(적어도 필자는 이 느낌을 잘 안다.)

신경세포와 시냅스에서 일어나는 이 화학적 변화를 장기강화작용long-term potentiation이라고 한다. 신경망들이 서로 장기적 관계를 맺게 되는 것이다. 우리는 이런 현상을 가리켜 '머리에 박힌다'라는 표현을 쓰는 경향이 있다. 그러나 우리가 이런 작용을 통해 기억을 쉽게 하거나 새로운 내용을 배우는 것은 사실이지만, 그렇다고 이것이 머리에 박히는 것은 아니다. 수십 년간이나 서로 붙어 다니던 신경망도 떼어놓거나 다른 신경망과 새로 연결하는 일이 가능하기 때문이다.

제시는 할머니로부터 "표범의 점무늬는 결코 다른 것으로 바뀌지 않는다."라는 말을 틈날 때마다 들은 탓인지, 이런 생각이 머릿속 깊숙이 자리하고 있었다. 또 어떤 선생님이 "제시야, 뭔가를 성취하려면 열심히 일해야 한단다."라고 한 말도 오랫동안 그녀의 머리에 계속 남아있었다. 그녀 자신도 이제 뭔가를 성취하는 것에 관해 생각만 하면, 열심히 일하는 장면이 무의식중에 떠오른다는 것을 알고 있었다.

열심히 일하는 것은 좋은 일이다. 그리고 제시도 대개는 열심히 일하는 편이었다. 그러나 그녀는 때때로 열심히 일하지 않는 자신을 볼 때마다 심하게 자책했다. 예를 들면 다른 일 때문에 바빠 미처 준비를 제대로 하지 못한 채 새로운 고객을 만나 상담할 때가 있었다. 또 운동하러 가지 못하는 대신 여러 회의에 참석하느라 엄청난 거리를 걷는 것으로 때워 넘길 때는 마음속으로 이건 반칙이라는 생각이 들기도 했다. 그러면서도 정말 열심히 일할 때는 웨이트트레이닝을 일주일에 두 번으로 늘리기도 했다. 새로운 사람을 만나고 새 친구를 사귀어야 하는 일은 늘 있었지만, 힘든 하루를 보낸 후에는 밖에 나가 사람들을 만날 생각이 싹 사라질 때가 있었다. 이럴 때면 그냥 집으로 돌아와 침대에 몸을 집어 던질 힘밖에 남아있지 않았다.

제시는 이런 이야기를 털어놓다 보니 열심히 일하지 않을 때마다 자신에게 하는 말이 정해져 있다는 것을 알게 되었다. "나는 게을러빠졌어," "노력하지 않으면 아무것도 얻을 수 없어," 그리고 "난 안될 거야."와 같은 말이었다. 그녀는 자신을 너무 가혹하게 몰아붙일 때가 있다는 사실을 미처 깨닫지 못하고 있었다. 성취를 위해 열심히 일하는 모습의 이면에 감춰진 생각을 선생님 덕분에 적나라하게 살펴본 후, 그녀는 몇 가지 교훈을 얻었다. 그 중에는 마음에 들지 않는 것도 있었다.

### 표범도 점박이를 벗어날 수 있다

생각이란 한순간에 달라질 수도 있다. 제시는 원래 크리스마스 분위기를 내는 모든 것을 좋아했다. 그래서 루돌프도 좋아했고, 순록이 등장하는 영화도 재미있게 보는 편이었다. 그러던 어느 날 제시는 학생 의료인 자격으로 한 중년남성의 치료에 관여하게 되었다. 그는 얼마 전에 코에 가벼운 부상을 당했는데, 크게 신경은 쓰지 않고 있었다. 그는 어쩌다 제시가 일하는 병동으로 오게 되었다. 제시가 아직 그의 진료를 맡은 것은 아니었으며, 그저 같은 병동에서 자주 마주치는 루돌프 코 아저씨 정도로 친근하게 생각했다.(그의 코는 빨갛게 부풀어 올라있었다.)

그 후 다른 병동으로 근무지를 옮긴 그녀는 어느 날 루돌프 아저씨가 있던 병동의 간호사 1명을 만나러 다시 들렀다. 그리고 그녀는 그 아저씨를 보는 순간 큰 충격을 받았다. 그의 코가 대부분 사라지고 없었기 때문이다. 그 부상으로 세포염에 걸려 해당 부위가 모든 약물에 거부반응을 보였기 때문에 그의 목숨을 지키기 위해 어쩔 수 없이 코를 절단할 수밖에 없었다는 것이 간호사의 설명이었다. 그 순간 루돌프라는 단어는 그녀에게 전혀 다른 의미로 변해버렸다.

행동 역시 순식간에 바뀔 수 있다. 제시가 담당한 첫 번째 환자는 글렌다라는 이름의 24세 여성으로, 피부암을 앓고 있었다. 제시는 진단을 위해 혈액을 채취하는 동안 환자의 주의를 다른 데로 돌리려고 주말에 좋은 계획이 있느냐고 물었다. 글렌다는 지난번에 몰디브에 갔을 때 좋았다면서 이번 주말에 또 갈 거라고 대답했다. 순간 제시는 마음속으로 당황스러워 어쩔 줄을 몰랐다. 피부암 환자가 햇볕에 노출되면 지극히 위험하다는 사실을 의사로서 분명히 주지할 의무가 있었기 때문이다. 그러나 한편으로 혈액 채취 도중에 글렌다의 마음을 편하게 해주어야하는 것도 분명한 사실이었다. 그녀가 갑자기 움직이기라도 했다가는 엉망이 되어버릴 상황이었기 때문이다.

제시는 그녀에게 요즘 햇볕을 쬐면 기분이 어떠냐고 조심스럽게 물어봤다. 그랬더니 글렌다가 펄쩍 뛰면서 내가 일광욕을 할 리가 있겠느냐고 거의 소리를 지르다시피 했다. 글렌다는 피부암 판정을 받은 이후로는 치료가 훌륭하게 진행되고 있음에도 얼굴과 피부 전체에 자외선차단제를 바르지 않고는 결코 밖에 나가지 않았다. 몰디브에 갔을 때도 마찬가지였다. 그녀가 지갑에서 꺼내 제시에게 자랑스레 보여준 사진 속의 그녀는, 몸 전체를 뒤덮는 잠수복 같은 옷을 입고 모자를 쓴 채 거의 언제나 햇볕을 피해 지내는 모습이었다. 한창 패션에 신경 쓸 나이인 여성이 자신에게 훨씬 중요한 일로 인해 행동이 완전히 달라진 것이다.

### 장기간의 고된 노동

스튜어트는 제시 스스로 자신의 두뇌가 얼마나 놀라운 존재인지 깨닫게 해주고 싶었다. 두뇌는 유연하다. 필요한 경우에는 언제든지 변화하고 적응하며 성장하는 것이 바로 두뇌다. 그녀는 이제 새로운 것을 배우기에는 너무 나이가 들어서 무엇을 배워도 금방 잊어먹는 것일지도 모른다고 생각한다. 그래서 그는 아무리 어려운 상황에서도 배우는 일은 언제든 가능하다는 사실을 꼭 알려줘야겠다고 생각했다.

**신체는 두뇌를 움직여**
**우리가 불가능하다고 생각하는 일도 이루어낸다**

니콜이라는 여성이 뇌졸중에 걸렸다. 그녀의 한쪽 몸이 마비되었다. 이런 경우 보통 2주 안에 몸동작이 회복되지 않으면 영영 마비 상태에 빠진다는 것이 정설이었다. 신체의 마비된 쪽의 동작과 감각을 담당하는 두뇌 영역이 사실상 죽은 것이기 때문이다.
에드워드 톱Edward Taub 박사의 치료로 이 환자는 회복되었다. 그는 환자가 굳어버린 팔을 어떻게든 움직이도록 애썼다. 톱 박사는 환자의 팔이 다시 거동하기 위해 아주 미세한 동작부터 시도하도록 했다. 즉 두뇌 속에 새로운 뉴런을 활성화하여 뇌졸중으로 죽은 뉴런의 역할을 대신 떠맡도록 한 것이다. 2주간의 맹연습 끝에 니콜은 다시는 단추를 잠글 수 없다고 생각했던 상태에서, 환자복의 단추를 잠갔다가 다시 푸는 일을 빠르게 해치우는 단계에까지 도달했다. 그녀는 이렇게 말했다. "마음 자세를 완전히 뒤바꾸면 무슨 일이든 할 수 있습니다."
톱 박사가 시도한 전략의 큰 틀은 예전에 원숭이를 대상으로 한 실험에서 온 것이었다. 그 실험에서 얻은 결론은 원숭이가 먹이를 찾아내면 보상을 준다는 '조건화'만으로는 아무런 진전이 없다는 사실이었다.

대신 먹이를 찾아가는 극히 미세한 노력과 진전에도 상을 주는 식으로 아주 조금씩 그 행동을 '형성'해갔을 때, 비로소 성공에 도달할 수 있었다.

## 학습 문화

필자가 존경하는 조직내 학습개발(Learning & Development, L&D) 전문가 한 분이 최근 미국의 한 글로벌 기업으로 옮겨서 경험한 일을 이야기해주었다. 우리는 과거에 학습개발에 관한 신경과학연구를 함께 수행했으므로 그녀가 얼마나 열정적인 사람인지 나는 분명히 알고 있었다. 그녀는 그 회사에 들어가서 충격을 받았다. 그것은 바로 학습을 일종의 개선책으로 바라보는 관점 때문이었다. 그 회사 사람들은 뭔가 문제가 생기면 교육 강좌에 등록했다. 업무 성과가 기대치를 밑돌면 경영 코치를 받았다. 더 자세히 살펴보면 다른 배경이 있을지도 몰랐지만, 최소한 그런 관점은 분명히 느껴졌다.

사람들이 교육에 무관심한 것은 흔히 있는 일이다. 그러나 회사 문화 자체가 잘못되었다면?

그녀가 이끄는 팀의 노력 덕분에 그들은 변화하기 시작했다. 그들은 학습은 조직이 아니라 개인의 책임이라는 점에 주목했다. 사람들이 자신의 경력 관리에 신경을 쓸 수 있는 환경을 조성했다. 사람들이 학습에 노력을 기울이고 성장에 힘쓸 수 있도록 보상 체계를 정비했다. 능력 평가 과정에서도 학습을 중요한 요소로 거론했다. 가장 먼저 학습 전담 부서를 마련하고 그 팀의 소신대로 기능을 발휘하도록 했다. 해당 팀이 만들어가는 교육과정과 구조, 절차 등에는 다시 이런 사고방식이 반영되었고 이를 통해 점점 더 발전, 진화해갔다.

조직이 제공하는 기회에 참여하는 비율은 엄청나게 증대되었다. 물론 그 조직은 아직도 개선의 여지가 있고 여전히 배우는 단계에 있지만, 이런 근본적인 변화와 강력한 교육과정은 실로 획기적인 일이었다.

### 실현 가능성

우리는 우리가 가능하다고 생각하는 범위에 갇혀 사는 경우가 많다. 수많은 연구기관은 우리의 믿음의 대상이 철저한 근거를 지닌 대상에서 듣기 좋고 가벼운 메시지로 옮겨갈 때 일어날 일을 경고하고 있다.

예컨대 '마음만 먹으면 무슨 일이든 할 수 있다.'라는 메시지만 들으면 공허한 느낌이 들뿐 아니라 현실적인 근거도 전혀 찾을 수 없다. 다음 사례는 고도의 집중력과 연습을 통해 기억의 달인이 된 사람의 이야기다.

**집중 연습**

스웨덴의 심리학자 앤더스 에릭슨K Anders Ericsson 박사는 뛰어난 성과를 올리는 사람들을 연구했다. 그는 이 연구 분야가 발전하는 데 크게 기여한 매우 흥미로운 인물이었다. 그가 한 어떤 실험은 평범하고 정상적인 학생을 대상으로 한 것이었다. 'SF'라고 불린 이 학생에게 먼저 어떤 숫자를 떠올려보라고 한 다음, 다시 한번 그 숫자를 기억해보라고 했다. 그 학생은 일곱 자리까지 문제 없이 해냈다. 아주 정상적인 수준이었다.

SF는 열정적인 크로스컨트리 종목 달리기 선수였다. 숫자 358은 그에게 매우 빠른 속도를 의미했다. 1마일을 3분 58초에 달리는 것은 4분보나 조금 더 빠른 속도였다. 3으로 시작하는 숫자를 말해보라고 하자 SF는 나머지 뒷자리에 초와 10분의 1초 단위를 채워 넣었다. 예컨대 3493은 3분 49.3초를 말하는 것이었다. 230시간 동안 실험실에서 연습한 후, 그는 79자릿수를 암기할 수 있었다. 이는 '사진처럼 정확한 기억력'을 자랑하던 과거 그 어떤 사람보다 더 나은 기록이었다. 그가 선보인 기억력은 이전 사람들이 평생을 쏟은 끝에 겨우 달성할 수 있었던 수준이었다.

에릭슨은 그저 평균 수준의 능력을 지닌 학생을 선택해서 어떤 일에나 뛰어난 성과를 올리는 수준까지 끌어낼 수 있었다. 위 사례에서는 그것이 숫자를 기억하는 일이었을 뿐이다. 그는 2006년 철자 맞추기 대회National Spelling Bee 결승 진출자들을 연구한 후 이렇게 말했다. "연구의 핵심 결론은 독학에 의한 학습량이 성공을 가늠하는 가장 중요한 지표라는 사실입니다."

제시는 그렇다면 이제부터는 잠잘 시간을 과연 낼 수나 있을까 하는 의문이 들어서, 상담 중에 이런 생각을 꺼내놓았다. 스튜어트는 그녀가 자신이 하는 모든 일에서 가치를 발견하고자 애쓰며, '더 많은 일을 완수'하기 위해서라면 기꺼이 잠도 포기하는 사람이라는 것을 알고 있었다. 그래서 이번에는 수면이 학습에 얼마나 중요한 역할을 하는지 알려주기로 했다.

수면에 관한 매슈 워커Matthew Walker의 연구로부터, 우리는 잠을 중요한 학습 전략으로 삼을 수 있다는 강력한 힌트를 얻을 수 있다. 그는 특정 기술을 연습하거나 교육 강좌를 듣는 사이사이에 수면을 취함으로써 학습 효과를 높일 수 있다는 사실을 발견했다. 수면은 학습에 필요한 두뇌 회로를 회복하고, 강화하며, 새로이 활기를 불어넣는다. 잠을 자면서 방금 학습한 내용을 '연습'한다는 증거도 있다. 그는 2017년에 〈우리는 왜 잠을 자야 할까Why We Sleep〉라는 책을 출간했다. 오늘날 수면에 관한 훌륭한 책을 많이 찾아볼 수 있다.

### 소중한 꿈

벨기에 리에주대학교University of Liege의 피에르 마쿠엣Pierre Maquet 교수는 비디오 게임을 즐기는 남성들의 두뇌 활동을 추적 조사했다. 게임의 내용은 가상의 도시를 탐험하는 과정이었다. 게임을 하는 동안 그들의 두뇌에서는 해마(공간을 탐색하는 데 매우 중요한 역할을 하는 두뇌 영역)가 활성화되고 있었다. 그리고 게임이 끝난 후 집으로 돌아가 잠을 잘 때에도 이 영역은 활성화된 상태를 그대로 유지한다는 사실을 관찰했다.

수면과 관련하여 이와 유사한 또 다른 실험이 있었는데, 이번에는 테트리스 게임을 하는 사람들이 그 대상이었다. 그날 밤 그들의 꿈에 나타난 것은 위에서 아래로 떨어지는 형상들이었다.

매슈 워커는 낮 동안 학습량이 많을수록 밤새 꿈에서 떠올리는 장면도 많아진다는 사실도 발견했다. 워커도 비디오 게임을 한 사람들을 연구했다. 그는 '밤에 해마가 온라인 세상을 얼마나 떠올렸느냐에 따라 다음 날 비디오 게임 성적이 결정된다.'는 사실을 발견했다. 그는 "두뇌가 학습한 양이 많을수록, 밤에 자면서 하는 일도 많아진다."고 말했다.

따라서 제시가 학습의 효과를 최대한 누리기 위해서는 무엇보다 밤에 잠을 푹 자는 것이 중요하다. 사실 제시는 지금껏 자신의 몸을 세심히 살피는 일 자체를 한 적이 없었다.

### 꿀맛 같은 낮잠

직원들이 우수한 성과를 올리도록 하고 싶다는 조직에게 우리가 해줄 수 있는 조언을 모두 통틀어 한마디로 표현한다면 바로 낮잠을 잘 수 있는 공간을 마련해주라는 것이다.

구글은 사내에 에너지팟EnergyPod이라는 낮잠 전용 기구를 설치했다. 부동산과 직장 환경 서비스를 제공하는 회사의 부사장인 데이비드 레드클리프David Radcliff는 "낮잠 기구가 없는 직장은 온전한 곳이라고 볼 수 없다."고 말했다. 신경과학자들도 이 말에 동의할 것이다. 아리아나 허핑턴Ariana Huffington은 수면 부족이 자신에게 미친 부정적 영향을 지적하는 말에 적극 동의하여 결국 〈허핑턴포스트Huffington Post〉 본사에 낮잠 기구를 도입했다. 이런 과학적 결론을 수용하리라고 전혀 예상하지 못한(전형적인 조직 문화 때문에) 조직으로는 워싱턴에 소재한 국제법률회사 화이트앤케이스White & Case를 들 수 있다. 다른 조직, 예컨대 NASA와 같은 곳에도 머지않아 이런 흐름이 대세로 자리 잡을 것으로 보인다.
필자의 부친도 한때 로펌을 운영하신 적이 있다. 당시 동료분들은 점심시간에 아버지의 방문이 닫혀 있으면, 그가 책상 옆 바닥에 누워 깊은 잠에 빠져 있다는 것을 다들 알았다고 한다. 그게 벌써 20년 전 일이다!

### 학습을 위한 최고의 두뇌 활용 팁

- 교육과정이 시작되기 전에 미리 목표를 뚜렷하게 세운다. 해답을 얻고 싶은 질문 목록이나 교육이 끝날 때까지 꼭 알고 싶은 핵심 사항을 미리 정리해둔다.
- 요점 노트를 작성해두고 이를 꾸준히 복습하여 필요하면 언제든지 쉽게 떠올릴 수 있도록 한다.
- 새롭게 배운 내용을 아무 때고 수시로 떠올리는 연습을 한다. 예를 들면 기차를 기다리는 동안도 좋다. 머릿속으로 최대한 떠올려본 후, 그래도 기억나지 않는 내용은 나중에 다시 찾아본다.
- 학습 목표를 뚜렷하게 세운다. 오로지 학습에만 쓸 수 있는 시간을 따로 낸다.
- 하루 여덟 시간 수면을 실천하고 그 결과를 체험해본다.

**학습법을 터득할 때 얻는 두뇌 활용의 유익**

- 배움의 기회를 최대한 활용한다. 배운 것을 적용할 수 있을 때 나에게 힘이 된다.
- 경쟁자들이 모르는 중요한 내용을 습득하여 그들을 앞설 수 있다.
- 필요한 지식을 습득하여 내가 속한 업계에서 남과 차별화한다.
- 이런 노력을 기울이되 건강하고 균형 잡힌 생활을 유지하는 것도 중요하다. 하루에 16시간씩 책상 앞에 묶여 사는 것은 결코 바람직한 삶이 아니다.

6장

# 힘은 덜 들이고 일은 더 쉽게

## 나쁜 습관을 좋은 습관으로 바꾸는 법

### 효율적 습관을 몸에 익혀 더 중요한 것을 성취하는 법

벤은 지난번 상담을 통해 도출된 실천 사항을 행동에 옮기는 중이었다. 작고 간단한 일은 실천하기가 쉬웠다. 그러나 큰 틀에서 보면, 그는 아직도 제인에게 잔소리를 멈추지 못했고, 그녀의 생산성은 이 험한 바닥을 헤쳐가기에는 턱없이 부족했다. 그는 그녀가 좀 더 분발하지 않는다면 아무래도 내보내는 수밖에 없겠다고 스튜어트에게 말했다.

스튜어트는 벤이 평소보다 약간 피곤한 것 같아서 지금 컨디션이 어떠냐고 물어보았다. 벤은 어젯밤에 또 아내와 말다툼을 하고 말았다고 고백했다. 그가 항상 일에만 매달려있는 데다가, 그

나마 이따금 쉴 때 아내와 함께 하는 일조차 그녀에게 미리 물어보지도 않고 덜컥 일정을 잡아버린 탓에 아내가 화를 냈다는 것이다. 벤은 도저히 어찌해야 할지 모르겠다는 생각이 들었다. 그는 자신이 일정을 미리 준비해놓으면 아내가 좋아할 줄 알았다. 그녀는 남편이 마련해놓은 일정 자체를 싫어하는 눈치는 아니었다. 단지 자신도 직접 참여하고 싶었던 것뿐이다.

스튜어트는 벤이 이런 어려움과 압박을 마주했을 때 과연 자신을 얼마나 보살폈다고 생각하는지 물었다. 벤은 별로 그러지 못했다고 실토했다. 그는 일과 중에 잠을 쫓으려 커피를 달고 살았고, 활기를 되찾는 가장 쉽고 빠른 방법이라는 핑계로 초콜릿도 마구 먹었다. 그러다 보니 원래 누구 못지않게 탄탄하고 건강했던 몸이었는데 어느새 체중이 늘어나 당황스러울 뿐이었다. 그는 이런 습관은 언제든 마음만 먹으면 멈출 수 있다고 생각했지만, 생각보다 그리 만만한 일이 아니었다. 전체적으로 볼 때 그는 지금 뭔가 일이 잘못되고 있다는 생각에 마음이 약간 불안했다. 그는 모든 일을 바로잡고 싶었다. 그는 자신이 어떤 사람이 되고 싶은지 잘 알고 있었지만, 요즘 들어서는 그것이 점점 더 어려워진다는 느낌이 들었다. 신경 써야 할 일은 너무 많았고 자신도 모르는 사이에 잘못되어가는 일도 많아진 것 같았다.

### 현재 상황

스튜어트는 벤 자신도 알고, 바꾸려는 의지도 있는 습관들을 다음과 같이 요약했다.

- 제인을 매몰차게 대한다.
- 스트레스 때문에 단 음식을 먹는다.
- 활력을 되찾는다며 커피를 마신다.
- 아내와 미리 상의도 없이 일정을 잡아버린다.
- 일을 미루는 습관이 있다.

이 장의 목적은 힘은 덜 들이면서 일을 더 쉽게 할 수 있는 특별한 비법을 터득하는 것이다. 즉 습관의 이면에 자리한 신경과학의 원리를 이해하고, 두뇌에 숨겨진 또 다른 영역과 에너지를 일깨워 힘겨운 과업을 해결하는 즐거움을 맛보려는 것이다. 또, 업무 효율과 생산성이 증대되면 여유롭고 재미있게 즐길 시간까지 확보할 수 있다!

### 신경과학으로 이해하는 습관의 비밀

습관은 유전적 프로그램의 일부이므로 우리는 그것을 따를 수밖에 없다고 생각하는 사람이 있다. 그러나 스튜어트는 어떤 습관이라도 우리가 통제할 수 있다는 사실을 벤에게 깨우쳐주고자 했다.

습관의 실체는 결국 신경회로라고 할 수 있다. 3장에서 벤이 알게 된 것처럼 시냅스는 서로 연락을 주고받으며 연결망을 형성하는데, 습관이 형성되는 과정도 이와 똑같다. 5장에서 제시가 새로운 지식을 학습할 때도 역시 같은 일이 일어난다. 우리가 새로운 정보를 학습할 때마다 새로운 시냅스 연결망이 만들어진다. 그리고 그 회로를 계속해서 이용하는 과정에서 '습관'이 형성된다. 지금부터 이 내용을 조금 더 깊이 살펴보기 전에, 한 가지 주의사항이 있다. 두뇌 과학의 전문 용어가 등장한다는 것이다!

기저핵basal ganglia은 습관이 차근차근 형성되는 과정에 핵심적인 역할을 한다. 기저핵은 두뇌에서 의사결정을 관장하는 영역(전뇌), 그리고 동작을 제어하는 영역(중뇌)과 연결된다. 습관과 관련된 기저핵의 주요 영역을 선조체striatum, 혹은 줄무늬체라고 한다.

선조체는 도파민을 함유한 뉴런으로부터 신호를 접수한다. 선조체는 특정 상황에서 우리가 하는 행동에 보상 회로를 제공함으로써 습관을 형성한다. 다시 말해 다음번에는 그 상황에서 똑같은 행동을 하기가 더 쉬워진다는 뜻이다. 예를 들어 벤이 혼자 일에 집중하고 싶은 차에 제인이 다가와서 이것저것 질문을 던졌는데 그가 쌀쌀맞게 대해서 그녀가 떠나버렸다면, 그는 하던 일을 계속할 수 있다. 이런 일이 생기면 무의식중에 도파민이 분비되어 나중에 제인이 또다시 많은 질문을 던질 때 같은 반응을 보이기가 쉬워진다.

주어진 임무를 위해 의미 있는 정보들끼리 연관 지어 기억하는 것, 즉 청킹chunking은 습관의 형성에 큰 역할을 하는 것으로 알려져 있다. 시간이 지나면서 이런 일이 점점 반복되면 습관이 된다. 그런데 여기에서 일의 순서가 바뀌면 습관의 형성 과정이 방해받을 수도 있다. 마찬가지로, 습관이 형성되기 시작하는 맨 첫 단계부터 중단되면 역시 습관은 완성되지 못한다.

### 초콜릿 먹는 습관의 실체

습관이 형성되는 이유는 대개 우리 자신을 보호하기 위한 것이다. 벤이 스트레스를 받을 때마다 초콜릿에 손이 가는 습관을 생각해보자. 초콜릿을 섭취하면 엔도르핀(흔히 '행복 호르몬'이라고 불린다.) 분비가 촉진된다. 엔도르핀은 고통과 스트레스를 줄이는 작용을 한다. 벤은 누군가로부터 퇴짜를 맞았다고 느낄 때, 예컨대 맡은 프로젝트가 제대로 되지 않았거나 아내가 자신에게 화를 냈을 때, 초콜릿을 먹으면 기분이 한결 나아지는 것을 느낄 수 있다.

초콜릿을 섭취하면 체내에 페닐에틸아민phenylethylamine 성분이 증대된다. 이 성분이 신체에 미치는 효과는 마치 아주 느린 속도로 흥분과 각성을 경험하는 것과 같다. 벤이 활력과 집중력을 되찾아야겠다는 생각이 들 때마다 초콜릿에 손이 가는 이유도 바로 이것 때문이다. 초콜릿에는 도파민 생산 수용체를 활성화하는 성분들이 포함되어 있는데, 이것 역시 사람의 기분을 좋게 만들고 때로는 집중력을 강화하기도 한다. 그러나 이 성분들은 보상 회로와 연결되어있으므로 초콜릿 먹는 습관을 더욱 강화할 수 있다! 또 다른 성분인 아난다미드anandamide의 구조는 마리화나에 함유된 화학물질과 매우 유사하다. 그러나 초콜릿을 먹고 마리화나와 같은 수준의 환각 작용이 일어나려면 섭취량이 최소한 11킬로그램 정도는 되어야 한다. 벤의 업무 시간만 따져봐도 그런 걱정은 할 필요가 없다는 것을 알 수 있다.

정신 차리고 힘내야겠다는 생각으로 초콜릿에 손이 가는 또 하나의 이유는 테오브로민이라는 성분 때문이다. 이것은 커피에

함유된 카페인처럼 일종의 각성제 역할을 한다. 그러므로 이제 벤이 초콜릿을 먹는 것이 유익한 이유가 분명해졌다. 그러나 여기에는 부정적인 효과도 있는 것이 사실이다.(체중이 늘고, 감정을 주체할 수 없으며, 치아가 손상될 가능성도 있다!) 게다가 그 효과도 결코 오래 가지 않고, 당이 떨어지면 곧 기분이 나빠진다. 긍정적인 생각을 지니고 살다보면 습관은 저절로 형성되는 경우가 많다는 사실을 알면 도움이 된다.

벤은 이대로는 안 되겠다고 생각했다. 컨디션 저하, 퇴짜 맞은 기분, 스트레스, 무기력감, 그리고 머리가 멍한 상태에 머물러있을 때가 아니었다. 습관이 형성되는 이유를 파악하는 과정은 분명히 도움이 된다. 왜냐하면 새로운 습관을 형성하는 데 치러야 할 대가는 아무것도 없는데 얻는 이점은 그와 똑같거나 더 크기 때문이다.

변화가 필요하다고 결심한 이상, 남은 것은 습관을 바꾸는 일이 과연 가능할까라는 문제다.

### 습관의 변화

오늘날 이 주제에 관한 책은 수없이 찾아볼 수 있는데, 그 내용은 대부분 습관을 바꾸기 위한 심리학적 방법에 초점을 맞추고 있다. 습관의 변화에는 몇 가지 요소가 있다. 가장 먼저 알아야 할 사실은 '세포는 함께 활성화됨으로써 서로 연결'되므로 우리는 당연히 이 원리를 이용해야 한다는 것이다. 이미 구축된 신경회로는 한두 번밖에 사용하지 않은 새 신경회로보다 훨씬 더 강력하다.

지금까지 기운을 차려야겠다는 생각이 들 때마다 초콜릿을 집어 드는 것이 몸에 배어 있다가, 어느 날 갑자기 초콜릿을 포기하고 코미디 프로그램을 본다는 것은 너무나 힘든 일이다. 웃기는 장면을 보고 힘을 낸 경험이 과거에 전혀 없었다면 더욱 그럴 것이다. 따라서 습관을 바꾸고 싶다면 가장 먼저 기존 습관 대신 하려는 행동에 먼저 친숙해져야 한다. 벤이 초콜릿을 끊고 싶다면 우선 하루에 2분이라도 코미디 프로그램을 보는 것부터 시작해야 한다.(코미디를 처음 보기 시작하면 도파민 분비가 촉진되고, 이를 계기로 벤은 자신의 행동에 더욱 흥미를 느끼게 될 것이다.)

제프리 슈워츠는 강박장애OCD 환자들을 치료하여 이들이 습관을 바꿀 수 있도록 한 것으로 유명한 인물이다. 강박장애OCD는 뇌신경에 대단히 깊게 뿌리 내린 습관이다. 강박장애OCD 환자는 예컨대 방에서 꼭 나가야 하는 상황에서 극심한 스트레스를 느껴 전등 스위치를 27번이나 껐다 켰다를 반복하는 행동을 보인다. 또 다른 예로는 손을 씻은 지 15분만 지나도 다시 씻으려 하고, 그러지 못하면 엄청난 불안에 시달리는 환자도 있다. 이런 습관은 거의 충동에 가까운 수준이다. 이에 비하면 벤이 제인을 차갑게 대하는 태도는 아무것도 아니라고 할 정도다. 그런데 그가 느끼기에는 그것이 충동적인 본능이라고 여겨지는 것이다.

그렇다면 이제 슈워츠 박사가 발견한 내용이 무엇인지, 그리고 환자들은 어떻게 이를 통해 원하지 않는 충동을 벗어던질 수 있었는지 좀 더 자세히 살펴볼 차례다. 여러분은 이 내용에서 도출한 핵심 원리를 이용하면 원치 않는 어떤 습관도 바꿀 수 있다.

**강박**

두뇌 단층촬영 기법을 통해 우리는 두뇌에서 강박과 관련된 영역이 세 군데라는 것을 알게 되었다. 그중 첫 번째는 눈 뒤쪽, 두뇌 바로 아래에 있는 영역으로 이를 안와전두피질orbital prefrontal cortex이라고 한다. 강박관념에 시달리는 정도가 심할수록 이 부위가 더욱 활성화되는 것은 틀림없는 사실이다. 우리가 실수를 깨닫는 순간, 이 피질의 가장 깊숙한 곳에 자리한 대상회cingulated gyrus에 신호가 전달된다. 우리는 앞서 이 대상회의 앞쪽 부분, 즉 전방 대상회가 가장 중요한 필터라는 것을 배웠다.

대상회는 심장과 소화기관에 신호를 보내고, 이로써 두려운 느낌이 만들어진다. 이때가 되면 사람은 이런 기분을 떨쳐버리기 위해 뭐든지 해야겠다는 강한 욕구를 느낀다. 미상핵caudate nucleus은 보통 생각이 자연스럽게 이곳저곳 흘러 다니게 하는 역할을 한다. 그러나 강박장애OCD 환자들의 경우, 생각이 한곳에 갇힌 채 흐르지 못하게 된다. 강박장애OCD 환자들은 두뇌의 이 세 영역이 모두 과민 상태에 빠지게 된다.

여러분도 가끔 머릿속이 어떤 생각이나 행동에 사로잡혀 도저히 떨칠 수 없을 때가 있었을 것이다. 벤은 제인이 곁에 있으면 신경이 온통 그녀의 느려터진 일솜씨에 쏠리는 것을 느끼곤 했다. 자신이 그녀의 사소한 동작 하나하나에까지 집착하고 있다는 생각이 들고, 그런 압박감이 차오르다 보면 마침내 그녀에게 가혹한 말을 터뜨리고 만다. 그럴 때면 스스로도 도저히 어쩔 수 없다는 기분에 휩싸인다.

## 잘못된 신경회로를 고치는 법

강박장애OCD의 가장 심각한 문제는 미상핵이 고착된다는 사실이다. 다시 말해 새로운 생각의 흐름을 차단하여 부정적인 기분을 해소할 수 없게 된다. 슈워츠 박사는 처음에 그리 호응을 얻지 못했던 개념을 사실로 입증했다. 그는 미상핵을 인위적으로 옮길 수 있다는 것을 증명해냈다. 그는 사람들에게 어떻게 하면 '한 곳에 사로잡힌 생각'을 이겨내고 충동에 매이지 않는 행동을 할 수 있는지를 보여주었다. 그의 발견은 4단계의 방법으로 요약할 수 있다. 즉, 1) 딱지 붙이기(Relabel:이건 강박사고야.), 2) 전가하기(Reattribute:이건 내가 아니야. 강박증상일 뿐이야.), 3) 전환하기(Refocus:생산적이고 유쾌한 말로 전환하기.), 그리고 4) 재평가하기(Revalue:주의를 기울일 가치가 없다는 것 깨닫기.)다.

그는 환자들에게 강박증에 빠졌다고 생각될 때마다 이 4단계를 따르도록 했고, 그 결과 수천 명의 환자가 속박에서 벗어났다. 이것은 엄청난 진전이었다. 과거에는 사람들이 이런 상태에 빠지면 도저히 손 쓸 도리가 없다고 생각했다. 벤의 경우에 비추어 이것이 어떤 의미가 있는지 곧 살펴볼 것이다.

슈와츠 박사의 방법을 따르다 보면 새로운 신경 경로가 형성되어 도파민 분비를 촉발하고(그 과정이 즐겁기 때문이다.), 그로 인해 긍정적인 피드백 작용이 일어나 새로운 행동에 대한 보상이 이루어진다. 이렇게 해서 전체 회로가 더욱 강화된다. 이것이 반복되면서 시간이 흐르면 새롭게 형성된 이 회로는 점점 강력해져서 기존 신경회로에 대해 경쟁우위를 확보한다.

투어렛 증후군Tourettes, 즉 간헐적 틱장애 역시 신경과학적으로 보면 강박장애OCD와 매우 유사하다. 투어렛 환자는 모호한 불편함을 호소하며, 갑자기 격한 동작이나 욕설을 내뱉는 행동을 보인다. 안타깝게도 그들의 이런 행동은 억누르려고 애쓸수록 더 심해질 뿐이다. 이런 충동을 한번 발산하고 나면 해방감을 맛본다. 그들이 느끼는 충동은 강박장애OCD 환자들이 느끼는 것과 매우 유사하다.

이 두 질환 모두 피질과 기저핵 사이를 연결하는 회로가 막힌 결과이다. 기저핵은 하나의 행동에서 다음으로 전환하는 데에 매우 중요한 스위치 역할을 한다. 이 기관이 제대로 작동하지 않으면 충동이나 틱이 충분히 발생할 수 있다.

### 투어렛 증상의 억제

투어렛 환자가 증상을 억제하려고 애쓰면 어떻게 될까? 예일대학교의 브래드 피터슨과 짐 로크먼이 이끄는 연구진은 투어렛 환자를 fMRI 단층촬영기(이 장비는 혈류의 변화를 관측하여 두뇌의 어느 부위가 활성화되는지를 보여준다.)로 관찰하여 그 결과를 알아냈다. 환자들에게는 40초 동안 틱 증상을 마음껏 발산한 후, 40초 내로 이를 억제해야 한다고 말했다. 환자들이 틱을 참으려고 애쓰는 동안 두뇌의 다음 영역이 활성화 수준에 변화를 일으켰다.

- 전전두엽피질
- 전방 대상회
- 기저핵
- 시상부

이것은 강박장애OCD 증상이 발생하고 습관이 형성될 때 활성화되는 것과 똑같은 회로에 해당한다.

강박장애OCD 환자와 투어렛 환자를 치료하는 전략 사이에는 매우 유사한 점이 있다. 이런 사실을 바탕으로 바람직하지 못한 습관을 바꾸는 최고의 방법이 무엇일까라는 고민을 시작해볼 수 있다.

### 가능한 일

**마비된 곳을 다시 움직이다**

뉴욕의 한 병원에서 몇몇 연구자들이 신체 마비 환자들이 다시 움직일 수 있게 하려고 노력했다. 만약 성공한다면 엄청난 위업이 될 터였다. 피험자들은 뇌졸중으로 마비를 겪고 있는 환자들이었다. 그들이 먼저 환자들에게 어떤 일이 가능한지 알려주어야 했다. 연구자들은 환자의 두뇌에 새로운 정보를 주입하여 신경회로가 패턴을 형성하게 만드는 과정을 시작했다. 그리고 환자들은 모니터에 표시되는 뇌파의 움직임을 확인하면서 자신의 생각에 따라 두뇌의 반응이 어떻게 달라지는지를 지켜봤다. 그들은 뇌파의 형태를 지켜보면서 건강한 팔을 움직이는 데 온 신경을 집중했다.(뇌졸중이 오면 대개 신체의 한쪽에만 마비가 일어난다.) 그들은 두뇌에서 일어나는 무의식 과정과 건강한 팔의 움직임을 서로 연결하는 일을 계속했다.

그들은 이 연습을 계속 반복하면서 어느 순간부터는 성한 팔을 움직이려고 마음먹을 수 있게 되었다.(실제로 움직이지는 않았다.) 그리고 마침내 그런 의도적인 결정을 마비된 팔에 적용할 줄도 알게 되었다. 그 결과 마비된 팔도 움직일 수 있었다. 여기서 중요한 요소는 그들이 두뇌의 움직임을 실시간으로 지켜보면서 스크린으로 시각적 피드백을 얻었다는 사실이다. 자신이 제대로 움직이고 있는지, 아니면 생각을 어떻게든 바꿔야 하는지 직접 확인할 수 있었다.

가능성의 한계를 아는 것이 중요한 이유가 바로 이것이다.

- 사람들이 겪는 문제의 원인은 대부분 자신의 한계를 스스로 정하는 데 있다.

- 누구나 자신이 겪는 어려움은 극복하기에 너무 버겁다고 생각한다.
- 제한된 신념은 발전을 저해한다.
- 인간의 정신력은 우리가 상상하는 것 이상이다. 심지어 우리는 옳다고 믿는 것을 창조해낼 수도 있다.
- 관점이 바뀌면 변화는 훨씬 쉬워진다.

### 신경 가소성과 습관

약 30년 전까지만 해도 두뇌는 거의 바뀌지 않는다는 것이 정설로 통했다. 한 사람의 성격은 평생이 지나도 변하지 않는다고 생각했다. 한번 실패한 사람은 영원히 거기에서 벗어나지 못한다고도 생각했다. 그러나 오늘날에 와서는 두뇌가 변화할 수 있다는 사실이 밝혀졌다. 심지어 두뇌 세포는 일정한 나이를 지나면서 죽어가는 것만이 아니라, 새롭게 만들어지기도 한다는 사실을 알게 되었다. 새로운 두뇌 세포가 만들어지는 과정, 즉 신경발생Neurogenesis은 매우 자연스럽고 유익한 현상이다.

신경가소성이라는 말이 유행하게 된 역사만 간단히 살펴봐도 이런 흐름이 얼마나 짧은 시간 동안 형성되었는지 알 수 있다. 이 분야의 개척자인 마이클 머제니치가 두뇌 세포는 변화할 수 있음을 증명했다고 말했을 당시, 노벨상 수상 경력의 학계 전문가들조차 모두 그를 비웃었다. 머제니치는 이렇게 말한다. "1990년대 초 신경과학자들을 대상으로 설문조사를 진행했다면 성인의 두뇌에서 신경가소성이 발견된다고 답한 사람은 10에서 15퍼센트 정도에 머물렀을 것이다. 최근 10년 사이에만 해도 그 비율은 대략 50 대 50 정도에 머물렀을 뿐이다." 그러나 이제 신경가소성의 존재를 의심하는 사람은 아무도 없으며, 나아가 이 원리를 활용하면 누구나 삶의 질을 최대한 끌어올릴 수 있다는 것이 상식이 되었다.

### 바이올린 연주자의 편향된 두뇌

필자의 친구 중에 바이올린 연주자가 있다. 그녀는 매우 뛰어난 실력을 자랑한다. 필자가 결혼식 신부 입장을 하던 순간에 바이올린을 연주한 사람도 바로 그녀였다. 지금껏 많은 바이올리니스트에게 그랬듯이, 그녀의 두뇌를 단층 촬영해본다면 대단히 흥미로운 점을 발견하게 될 것이다. 그녀의 두뇌 중 체성감각피질somatosensory cortex이라고 불리는, 촉감을 관장하는 부위가 크게 발달되어 있을 것이 틀림없다. 그리고 그 중에서도 왼손가락 동작을 담당하는 쪽의 크기만 커져 있을 것이다. 왜냐하면 가장 중요한 현을 다루는 것은 왼손이며, 오른손이 다루는 활의 역할은 상대적으로 중요성이 떨어지기 때문이다.

통계적으로 보면 그녀의 청각피질 중 음악에만 전념하는 영역의 크기도 보통 사람보다 25퍼센트 정도 더 클 것이다.

그렇다면 지금까지 살펴본 내용이 뜻하는 바는 무엇인가? 그것은 바로 우리 두뇌가 매일 변화하고 적응해간다는 사실이다. 우리가 매일매일 선택하는 모든 행동은 두뇌의 해당 영역을 강화하고, 그럼으로써 그 행동은 더욱 쉽고, 편해진다. 진화의 관점에서 보더라도 우리가 최대한 효율적인 방향을 선택해서 행동하는 것은 당연한 일이다. 악기를 연주하다가 그만둔 지 몇 년이 지난 후에 다시 꺼내든 경우, 며칠간 간단한 손동작만 연습해도 두뇌 속 해당 영역의 부피가 커진다는 연구 결과가 있다.

다시 말해 별로 익숙하지 않은 일이라 하더라도 제대로 마음먹고 매일 꾸준히 계속하다 보면 두뇌는 그 일을 해내기 위해 점점 더 강력하고 능숙하게 변모한다는 뜻이다. 우리는 아마 자녀들에게 심한 말을 하거나 지나친 음주에 빠질 때가 있을 것이다. 또 찬찬히 집중해야 할 일을 서둘러 몰아치기도 하고, 나의 진면목을 발휘하지 못한다고 스스로 질책할 때도 있다. 때로는 그저 상황이 달라지기를 기다릴 수밖에 없다고 생각할 수도 있다. 예를 들어 정신없이 바쁘게 지낼 때는 정말 다른 일은 아무것도 생각조차 하고 싶지 않다. 그러나 두뇌는 이런 반복된 생각과 습관을 차곡차곡 쌓아두고 있다는 것을 알아야 한다. 내가 하기 싫다고 생각하는 동안에도 두뇌는 점점 그 일에 능숙해지고 있는 것이다.

### 어렸을 때 입은 '손상'

성장 단계에서 너무나 중요한 시기인 어린 시절에 힘든 일을 겪고 나면, 당시와 비슷한 상황이 올 때마다 그때 형성된 습관이 되살아나 다시 어려움을 겪게 된다고 생각하는 사람이 있다. 예를 들어 부모님이 생계를 위해 오랜 시간 일하시느라 자녀에게 관심을 기울이기 힘든 경우, 그 아이는 떼를 써야만 그분들의 관심과 시간을 차지할 수 있다는 것을 체득한다. 아이의 이런 행동은 청소년기까지 이어진다. 이럴 때 그의 행동은 어린 시절의 경험에서 비롯된 것이라는 설명이 가능해진다. 물론 이것은 매우 힘겨운 상황이지만, 뇌과학에 따르면 아이가 자신의 행동을 바꾸는 것은 분명히 가능한 일이다.

현재 겪고 있는 힘든 상황을 과거의 경험 탓으로만 돌린다면 한 걸음도 앞으로 나아갈 수 없다. 그것은 아무 소용없는 일이다. 과거가 현재에 영향을 미친다는 사실을 겸허히 인정하지만, 그 속에서도 희망은 존재한다. 사람은 분명히 바뀔 수 있다는 것을 보여주는 연구 결과로부터 우리는 힘을 얻을 수 있다.

극심한 간질 증상에 대해, 두뇌의 일부를 절제하여 치료하는 경우가 있다. 심지어 좌우 반구 중 한쪽을 통째로 들어낼 경우도 있다. 어린아이가 이런 수술을 통해 멀쩡히 회복된 사례는 충분히 입증되어있다. 그들의 경우, 단지 가벼운 육체적, 정신적 장애만 남았을 뿐, 나머지 한쪽 두뇌로 충분히 잘 살아갈 수 있었다.

두뇌의 절반을 제거해도 회복할 수 있었다면, 그들이 어린 시절의 아픈 기억도 극복할 수 있다고 보는 것이 타당하다. 세상에는 과거를 훌륭히 극복하고 몸소 가능성의 멋진 본보기가 된 사람들이 너무나 많다.

### 한 소년의 회복

여러 조직을 방문해서 강연을 마치고 나면, 다른 사람들이 다 듣는 자리에서는 차마 꺼내지 못한 질문을 들고 따로 찾아오는 사람들이 꼭 있게 마련이다. 한번은 아름다운 변호사 한 분이 다가오더니 아들의 어린 시절 이야기를 해준 적이 있었다. 그녀는 참으로 평온한 태도로 말했지만, 그 속에는 아들에 대한 진정 어린 걱정이 담겨있었다. 사연을 듣고 나면 누구라도 그녀의 두려움에 공감할 것이다.

아들은 어릴 때부터 건강에 여러 가지 문제를 안고 있었다. 그 때문에 여러 병원을 전전하며 고생했다. 그러는 동안 겪게 된 의료 시술은 어린 아들에게 두려움과 충격, 강압으로 다가왔다. 아들이 집에 있을 때는 이 불쾌한 시술을 엄마가 대신 할 수밖에 없었다. 엄마는 여러모로 이건 아닌데 라는 생각에 마음이 저며왔다. 시술을 싫어하는 아들을 잡아두기 위해 이웃의 도움을 받을 때도 있었다. 그러나 아들의 생명을 살리려면 어쩔 수 없었다. 이 어려운 시술을 해낸 그녀의 선택은 결단코 옳은 일이었다.

나는 이제 여섯 살이 된 아들이 병원에 훨씬 더 잘 적응하게 되었다는 말을 듣고서야 겨우 안심이 되었다. 더 어렸을 적에는 병원에 들어서는 것조차 싫어해서 건물 안으로 한번 들어가려면 한바탕 전쟁을 치러야 했다고 한다. 지금은 그런 일은 전혀 없다. 어린아이들이 훌륭한 회복력을 가졌다는 소아과 의사들의 말을 듣고 보면, 정말 그런 것 같다.

## 신경 다윈주의

벤은 경쟁에 익숙하다. 그는 학창 시절에 경쟁을 거쳐 크리켓팀에 들어갔다. 학급에서는 매주 치르는 시험에서 하위 10퍼센트를 벗어나기 위해 경쟁했다. 대학 시절에도 자신의 위치를 확보하기 위해 경쟁해야 했다. 회계법인에 근무할 때는 대학원 진학을 위해 경쟁했고, 승진을 앞두고도 당연히 경쟁이 필요했다. 사실 아내의 마음을 사로잡은 것도 알고 보면 경쟁이었다.

스튜어트는 벤이 경쟁에 익숙한 점을 이용, 그의 두뇌에서 항상 일어나는 일을 여기에 빗대 설명했다. 노벨상을 수상한 미국의 생물학자 제럴드 에델만은 '신경 다윈주의'라는 용어를 창안했다.

이 용어의 개념은 간단하다. 벤의 두뇌 속에 들어있는 시냅스들이 서로 경쟁한다는 것이다. 경쟁에서 도태되는 시냅스는 힘을 잃고 기존에 맺고 있던 연결고리도 매우 약해진다. 그리고 경쟁에서 이기는 시냅스는 점점 더 강해진다.

이것은 벤이 태어나는 순간부터 지금까지 계속되어온 일이다.

어머니 배 속에 있을 때 그는 분당 25만 개의 속도로 뉴런을 생성해냈다. 태어난 후에는 세포사멸(미리 정해진 대량 자살)이 시작되었다. 뉴런은 생존 경쟁에 나선다. 그들은 살아남기 위해 자신이 유용한 회로의 일원이라는 사실을 증명해야 한다. 뉴런이 신경전달물질을 통해 다른 뉴런과 의사소통하는 것 자체가 생존의 수단이다.

### 경쟁적 가소성

벤이 스튜어트에게 의식적으로 평소와 다르게 행동하는 것을 얼마나 자주 해야 새로운 습관이 무의식적으로 나올 수 있느냐고 물었다. 이 질문은 결국 경쟁적 가소성에 관한 질문이다. 하나의 신경회로를 얼마나 사용해야 그 자원을 다른 회로에 빼앗기지 않을까? 나쁜 습관은 분명히 없앨 수 있다. 그런데 그러기 위해서는 새로운 습관이 기존 습관에 대해 경쟁우위를 확보해야 한다.

자기 계발 분야에서는 습관이 바뀌는 기간을 30일, 60일, 90일 등 여러 가지로 주장하고 있다. 한 달, 두 달, 혹은 석 달 등의 각각 다른 주장이 난무하는 것만 보아도 이 분야의 학문적 기초가 얼마나 허술한지 알 수 있다. 새로운 습관이 특정 단계를 넘어 정착하기까지는 도대체 얼마나 많은 시간이 소요되는가. 이것은 고려해야 할 요소가 너무 많은 문제라는 것이 필자의 생각이다. 어떤 사람은 자신이 임신한 것을 알게 된 바로 그 순간 담배를 끊고 다음부터는 절대 다시 피우지 않기도 한다. 그런데 한 편으로는, 90일간 고기 끊기를 무사히 실천해놓고도 마지막에 와서 햄버거가 먹고 싶어 도저히 참을 수 없는 사람도 있다. 단 하나의 요소를 꼽으라고 하면 그것은 바로 시간이다. 시범 삼아 기간을 정해보면 도움이 된다. 새로운 습관이 자리 잡는데 예컨대 30일 정도가 필요하다는 말을 듣는 것 자체가 점화 자극이 될 수 있다. 그런 말을 들었기 때문에 마음속에 새로운 습관이 나날이 확고해진다는 신념을 더욱 강하게 품을 수 있다. 그러나 사람들마다 마음속에서 어떤 일이 일어나는지 알 수 없으므로, 이 분야에 대한 종합적인 이해 없이 시간만 지나면 습관이 바뀔 것으로 철석같이 믿는 것이 가장 좋은 방법이라고 볼 수는 없다. 만약 실제로 새로운 습관이 정착되지 않는다면 오히려 해로운 결과가 빚어질 것이다.

### 새로운 습관을 만드는 방법

이런 일에 관해서는 세상에 멋지고 훌륭한 방법이 너무나 많다. 그러나 우리에게 필요한 것은 어디까지나 진정한 나 자신에 더욱 충실해지는 방법이다. 우리는 저마다 다 다른 독특한 존재이며, 나에게 동기를 부여하는 일은 나한테만 맞는 게 따로 있는 법이다. 동기부여를 얻기 위해 포괄적인 전략을 사용한다는 것은 너무 확률이 떨어지는 일이다.

새로운 습관을 만드는 과정의 기초적인 내용을 신경과학적 지식을 빌려 표현한다면, 바로 두뇌 속에 강력한 신경망을 새롭게 만든다는 것이다. 이것은 누구에게나 똑같이 적용된다. 그러나 구체적인 실행방법은 새롭게 만들고자 하는 습관이 무엇이냐에 따라 몇 가지로 나뉜다.

첫 단계는 기존에 형성된 강력한 신경회로를 이용하는 것이다.

이것은 새롭게 만들고자 하는 습관이 기존 습관과 논리적으로 연결되어있을 때 매우 훌륭한 전략이 될 수 있다. 예를 들어 벤이 원치 않는 야근을 하는 습관에 손을 대려고 하는 경우 말이다. 그렇다면 스튜어트는 벤에게 혹시 퇴근 시간을 정확히 지킬 때도 있느냐고 물어볼 것이다. 그리고 또 벤은 잠시 생각해보다가 누군가와 약속이 있을 때는 정시 퇴근을 한다는 사실을 떠올린다. 이런 습관은 이미 강력한 신경회로를 형성하고 있으며, 제때 퇴근하는 새로운 습관을 좀 더 쉽게 만드는 일과 이것을 연결 지을 수 있다. 몇 시에 집에서 '약속'이 있다고 미리 다이어리에 적어둔 다음(평소 회사 밖에서 다른 약속이 있을 때 늘 하는 것처럼), 그 약속을 지킬 만큼 여유 있게 사무실을 뜨면 되는 것이다. 이렇게 하면 전혀 새로운 신경회로가 형성된다. 여기에는 훈련과 한발 앞선 의사결정이 필요하다. 벤은 컨디션이 나쁠 때 에너지를 회복하기 위해 늘 커피를 마신다. 이런 경우 벤은 새로운 습관을 만들기 위해 아무것도 없는 밑바닥에서 시작할 가능성이 크다. 그러나 좀 더 쉬운 방법이 있다. 기존에 커피 말고 힘을 북돋아 준 것이 무엇이었는지 생각해 보는 것이다. 혹시 5분 동안 눈을 감고 있으면 기분이 상쾌해졌는가? 1, 2분 정도 심호흡을 하는 것이 도움이 되었는가? 아니면 30초 정도 경쾌한 음악을 듣는 방법이 있었는가? 그에게 효과가 있었거나, 그럴 것 같다고 생각되는 일은 무엇이든 새 습관을 만드는 데 써먹을 수 있다.

이 첫 단계가 새로운 습관을 만들지는 않지만, 다음으로 넘어가는 데에는 매우 중요한 역할을 한다. 새로운 신경회로를 만들기 위해 어떤 방법을 쓸지를 알면, 두 번째 단계로 넘어갈 수 있다. 이를 위해 먼저 새로운 습관을 반복적으로 실천하는 방법을 알아내거나 배워야 한다. 신경회로가 강해지는 것은 바로 반복을 통해서다.('세포들은 함께 활성화됨으로써 서로 연결된다.') 나에게만 동기부여가 되는 일을 이루려면 내가 시행착오를 거쳐 그 일에 전문가가 되는 수밖에 없다. 그저 3단계 계획만 착실하게 따른다고 저절로 되는 일이 아니다. 어떤 3단계 계획이 있어서 그것으로 개인적인 동기부여를 끌어낼 수 있다 하더라도 그것이 나에게 들어맞기 위해서는 반드시 시행착오가 필요하다!

벤에게 커피를 마시지 말고 다른 무엇을 하라고 스튜어트가 말해줄 수는 없다. 벤이 이 일을 시작하는 것이 그토록 중요한 근본적 이유도 그는 말할 수 없다. 스튜어트는 단지 다른 사람이 이것을 왜 중요하게 생각하는지 제안해줄 수 있을 뿐이고, 벤이 어떤 결심을 하는지는 오로지 벤에게 달린 문제다. 마지막으로, 벤이 새로운 습관이 될 수 있는 낯선 행동으로 무엇을 선택하여 처음과 두 번째로 실천할지, 그리고 그것을 몇 번이나 시도할지도 스튜어트가 할 수 있는 일은 아니다. 그것은 오로지 벤의 몫이다.

내면에 숨은 동기는 가장 빠르게 새로운 습관을 만들 수 있는 강력한 도구다. 새로운 습관에서 즐거움을 누릴 수 있다면 그 습관은 오래 갈 가능성이 크다. 내면의 동기가 훌륭한 사람들은 그에 따른 훈련도 멋지게 해내는 것 같다.

### 새로운 습관을 향한 방향 설정

인식은 습관에서 매우 중요한 요소다. 내가 만들고, 행하고, 생각하고자 하는 이상을 뚜렷하게 정하면 실제의 내 모습도 그대로 된다. 강한 의지로 수행하는 정신 활동은 두뇌의 구조를 실제로 바꿀 수 있다. 이것이 바로 벤이 습관을 의식으로 끌어올려 자기 인생의 구성 요소를 직접 선택할 수 있도록 하는 것이 그토록 중요한 이유다. 여기서 코칭은 신경가소성을 자신이 직접 이끌어가는 과정을 옆에서 도와주는 것뿐이다. 벤은 자신의 두뇌를 어떻게 재구성하고 싶은지를 스스로 선택했고, 스튜어트는 옆에서 그를 돕고 있다. 벤은 자신의 정신력에 올바른 방향을 설정하기 위해 엄청난 노력을 기울인다. 스튜어트는 그가 자신을 다른 관점으로 볼 수 있도록 돕는다.

### 새 습관을 지키는 법

기존의 습관을 인지하고, 가장 합리적인 새 습관이 행동으로 배어 나오도록 하겠다고 결심했다면, 그 행동을 믿고 의지할 정도가 될 때까지 지켜내야 한다.

두뇌의 작동 원리는 자석과 쇳가루에 비유하여 설명할 수 있다. 책상 위 한쪽에 쇳가루를 모아놓고 반대편에 자석을 올려두었다고 해보자. 자석에 전기를 약하게 흘리면, 아무 일도 일어나지 않는다. 그러나 강한 전기를 흘려주는 순간, 쇳가루가 모두 자석을 향해 맹렬히 달려가 붙는다. 두뇌에서도 이와 유사한 일이 일어난다. 시냅스 연결이 그리 강력하지 않을 때는 뉴런들 사이에 서로 끌어당기는 힘도 강하지 않다. 그런데 연결이 강해지면, 뉴런은 새로운 뉴런을 끌어당겨 회로를 더욱 강하게 지탱한다. 뉴런은 전기화학적 활동이 감지되는 쪽으로 저절로 끌려 들어간다.

즉, 새로운 신경회로를 활성화하는 빈도가 높을수록 회로의 강도도 더 높아진다는 것이다. 두뇌는 회로가 가동될 때 그것이 현실인지 가상인지 구분할 수 없다. 벤은 책상에 앉아 있다가 피곤을 느끼면 즉각 아래층으로 내려가, 사무실을 벗어나 심호흡을 한 다음, 다시 원기를 회복하고 사무실로 돌아올 것이다. 머릿속으로 이런 상상만 해도 신경회로가 활성화된다. 그리고 이런 심리적 연습은 다른 뉴런을 여기에 끌어들여 좋은 새 습관을 더 쉽게 '선택'하게 만들어, 이것이 기존의 습관보다 더 강력해지도록 하는 데 도움이 된다.

계속된 학습을 통해 새로운 신경회로를 강화하는 과정에서, 기존 신경회로의 약화 과정도 함께 진행된다. 신경회로 내에서 뉴런의 활동이 줄어들면 결국 그 뉴런은 힘을 잃게 된다는 증거가 있다. 이것이 실제로 의미하는 바는 점차 기존의 습관을 의식하지 못하게 된다는 뜻이다. 벤의 머리에 기존 습관이 떠오르면 그것을 무시하고 다른 일을 생각하는 편이 좋다. 기존 습관을 계속 머리에서 생각하면, 그것이 비록 '나 이제 그거 안 할 거야.'라는 내용이라고 해도 결국 기존 신경회로를 강화하게 되므로 별로 좋은 일이라고 볼 수 없다.

## 나쁜 습관이 되살아나는 이유

**파블로프의 쥐**

감정적인 기억은 사람의 뇌리에서 완전히 사라지는 법이 없다고 알려져 있다. 단지 겉으로 드러나지 않게 깊이 숨어있다고 보는 편이 더 정확하다. 파블로프Pavlov가 쥐를 대상으로 실험한 결과도 이런 사실을 입증하는 것으로, 아무리 새 습관이 자리를 잡아도 가끔 기존 습관이 되살아나는 이유를 설명해준다.

파블로프는 시간이 흐른 후에도 과거에 사라졌던 반응이 저절로 되살아나는 현상을 발견했다. 그의 실험에서, 쥐를 어떤 상자에 두고 특정한 어조의 목소리를 들려줄 때마다 전기 충격을 준 다음, 그 쥐를 다른 상자로 옮기면 두려움의 반응이 '사라진다'는 것을 확인했다. 쥐를 원래 상자에 다시 데려다 놓고 같은 어조의 목소리를 들려주면 다시 두려워하는 반응을 보였다.

이것을 벤에게 적용하면, 마치 그가 휴가를 떠난 2주 동안은 초콜릿을 하나도 먹지 않고 커피도 전혀 마시지 않다가, 다시 업무에 복귀하면 옛날 습관이 되살아나는 것과 같다.

아울러 스트레스도 과거에 사라진 반응을 되살려내는 역할을 한다는 사실이 밝혀졌다. 다시 말해 벤이 초콜릿 먹는 습관을 바꾸는 데 성공했더라도 스트레스를 받으면 언제든지 그 습관이 되살아난다는 뜻이다. 벤이 이런 사실을 아는 것은, 바람직한 새 습관 외에 다른 행동을 택하는 일을 미리 예방하는 데 도움이 될 것이다.

### 행동

파블로프의 쥐 실험은 새로운 습관을 끊임없이 반복해서 마치 원래 그랬던 것처럼 자연스레 몸에서 배어 나오게 해야 하는 이유를 잘 보여준다. 즉 과거에 하던 행동이 낯설게 여겨질 정도로 자기 정체성을 완전히 뒤바꿔놓겠다는 목표를 세워야 한다. 새로운 습관을 정착하기 위해서는 만만치 않은 자기통제가 필요하므로,

많아 봐야 한 달에 한두 가지에 그쳐야만 성공 가능성을 높일 수 있다.

특히 현재 극심한 스트레스를 겪는 중이라면, 가장 먼저 할 일은 바로 이 점을 인식하는 것이다. 그다음에는 바람직하지 못한 선택을 하지 않도록 계획을 세워야 한다. 예컨대 벤은 초콜릿을 먹지 않겠다면서 팝콘이나 건과일 같은 간식을 먹을 수도 있다는 것이다. 따라서 일과를 시작할 때 60초만 시간을 내서 그날 하루 원기가 떨어질 때 어떻게 할 것인지 미리 생각해보는 것이 좋다. 심지어 일을 시작하기 전에 미리 휴식법에 관한 강좌를 듣거나 긴장을 풀어주는 소리를 들어서 스트레스를 줄이는 방법도 있다.

### 벤의 실천 사항

- 집에 도착할 시간을 약속 시간이라고 다이어리에 적어놓고, 그렇게 생각하도록 계속 연습한다. 그리고 실제로 약속 시간에 맞출 수 있도록 여유 있게 퇴근한다.
- 열흘 연속으로 정시 퇴근을 실천한 다음에는, 일하다가 지친다 싶으면 아이팟을 들고 5분간 사무실을 벗어나 경쾌한 음악을 들으면서 신선한 공기를 쐰다.
- 마침내 원기를 회복하는 새로운 방법을 찾아냈다면, 이번에는 제인을 호되게 질책하는 습관을 고쳐본다. 제인과 허심탄회하게 이 문제로 대화를 나눠본다.

### 습관에 관한 최고의 두뇌 활용 팁

- 내가 못 바꿀 일은 거의 아무것도 없다는 사실을 인식한다.
- 새로운 습관을 만들기 위해서는 그 행동을 연습하고 상상하는 등, 많은 에너지를 쏟아야 한다.
- 상당한 자기통제가 필요한 일이므로, 한 번에 한두 가지 습관에만 전력을 쏟는다.
- 새로운 습관을 만들기 위해서는 이미 형성된 강력한 신경망을 이용하는 것이 훨씬 쉬운 방법이다.

### 두뇌를 활용하여 습관을 다스릴 때 얻는 최고의 유익

- 효율과 효과, 생산성이 증대됨을 느낄 수 있다.
- 내 삶을 점검한 결과 올바른 길로 들어서게 되었으므로, 성취감을 맛본다.
- 인지과정에 필요한 여유와 에너지를 확충함으로써, 나의 발전을 위해 정말 중요한 일에 에너지를 집중할 수 있다.

# 2부

# 관계

## 뇌는 어떻게 타인과 효과적으로 협력하는가?

어떤 직업인도 오로지 혼자서만 일할 수는 없다. 그들 대부분은 매일매일 동료나 고객과 협력하면서 일한다. 나의 두뇌가 어떻게 작동하는지 이해해야 하는 이유는, 기본적으로 그 원리가 동료나 고객에게도 똑같이 적용되기 때문이다! 거꾸로 우리가 잘못해서 어떤 문제에 부딪혔다면, 비슷한 상황에서 다른 사람도 똑같이 행동할 가능성이 있다는 뜻이 된다. 지금 스튜어트가 상담하는 케이트와 제시, 벤이 겪는 문제도 결국 어떻게든 다른 사람과 연관되어 있다. 다른 사람과 효과적으로 협력할 수 있다면 인생을 살아가는 일이 훨씬 쉬워진다. 사람들이 직장을 떠나는 가장 큰 이유도 바로 다른 사람과의 관계에서 오는 어려움 때문이다.

7장

# 두뇌는 원래 균형을 추구한다

## 균형 잡힌 삶을 계획하고 실천하는 법

### 케이트는 지쳤다

그녀는 원래 밝고 쾌활한 사람으로, 심지어 있는 힘을 다 짜내어 노력할 때조차 주변 사람들이 그녀의 빛나는 본성을 다 느낄 수 있는 그런 사람이었다. 그러나 스튜어트는 지금 주변 상황이 그녀를 얼마나 힘들게 하는지 알고 있었다. 케이트는 결코 엄살을 부리는 성격이 아니었으므로 처음에는 자신이 얼마나 지쳐있는지 스튜어트에게 말하지 않았다. 그녀는 현재 상황에 워낙 시달린 나머지, 한발 뒤로 물러나 모든 상황을 균형 있게 바라볼 여유가 전혀 없었다.

케이트로서는 일과 삶의 균형을 거론하기조차 민망할 지경이었다. 왜냐하면 최근에 자신이 기획한 교육과정의 내용이 바로 이 주제였기 때문이다. 그러면서도 정작 자신은 이 주제에 진심으로 공감하지 못했다. 최근에 이 용어가 주변에서 부쩍 많이 들리고, 사람들이 이구동성으로 꼭 필요하다고 말한다는 것도 알았지만, 그녀의 귀에는 약해빠진 사람들에게나 어울리는 소리로 들리는 것이 사실이었다.

교육 내용은 일반적인 이야기를 모두 다루고 있었다. 예컨대 충분히 자고, 휴일을 즐겨라, 식사를 거르지 마라, 친구 및 가족과 좋은 시간을 보내라, 그래서 다시 활기차게 업무에 복귀해라 등과 같은 내용이었다. 그러나 강사를 외부에서 모셔오다 보니 기업 현장의 현실과 동떨어진 강의가 이루어졌다는 것이 전반적인 평이었다. 강사들이 제시한 결론과 기준은 직장이나 가정 어느 곳의 현실도 제대로 반영하지 못한 뜬구름 잡는 내용일 뿐이었다.

케이트는 특히 '신경을 끈다는' 것이 강사들 말처럼 쉬운 일이 아닌데 너무 부풀려지는 것 같아 영 마음이 편치 않았다. 그녀가 보기에는 TV 앞에 앉아 아무 생각 없이 다큐멘터리나 보는 것은 그저 시간 낭비일 뿐이라는 생각이 들었다. 그녀는 '긴장을 풀어야' 한다는 말만 들어도 짜증이 밀려왔다.

최근에 부쩍 상사가 그녀에게 맡기는 업무나 기대하는 성과가 늘어났지만, 이런 요구에 응한다고 해서 그것이 장기적으로 그녀에게 이익이 될지에 관해서는 확신이 서지 않았다. 그녀는 이런 생각 때문에 더욱 스트레스를 받았을 뿐 아니라, 당장 눈앞에 할 일을 두고도 마음속에서 갈등이 심해졌다.

### 현재 상황

스튜어트는 케이트가 이 주제를 거론하는 것조차 불편해한다는 것을 눈치채고, 자신이 그녀의 상황을 제대로 이해했는지 확인하고자 좀 더 보편적인 수준의 개념을 살펴보기로 했다. 이 방법은 케이트가 자신의 고민거리를 좀 더 편한 마음으로 언급하는 데 도움이 되었다. 즉 그는 그녀가 이야기해준 내용을 바탕으로 과연 그녀가 한 주간을 가장 효율적으로 보냈는지 확인하는 방법을 알아보자고 제안했다.

이 장에서는 균형 잡힌 삶을 계획하고 실천하는 법을 알아본다. 여기서 말하는 균형 잡힌 삶이란 다른 누가 말해주는 것이 아니라 오로지 내 기준에서 판단하는 것이다. 그리고 우리 삶에 균형을 이룰 수 있다면 다른 사람들과의 갈등도 줄일 수 있다.

### 일과 삶의 균형

일과 삶의 균형(work life balance, 워라벨)이라는 용어는 일반적으로 업무와 사적인 생활 사이의 균형을 일컫는 말이다. 그런데 사람들은 이것을 둘 사이의 시간을 구분하는 문제로만 생각하는 것이 현실이다. 예컨대 어떤 사람이 오전 7시에 출근해서 오후 7시에 퇴근하더라도, 저녁 8시 반부터 밤 10시까지 전화나 이메일로 사람들의 질문에 대답한다면, 그에게 일과 삶의 균형은 형편없는 수준일 뿐이라고 생각한다.

지난 세월 동안 업무 시간에 관한 생각이 어떻게 변해왔는지를 살펴보면 매우 흥미로운 점을 발견할 수 있다. 한때 사람들은 여가를 많이 누릴수록 행복한 삶을 산다고 생각했다. 또, 많은 것을 소유할수록 성취감을 느낄 수 있다는 점이 강조된 시기도 있었다.

과연 어떤 것이 일과 삶의 균형을 성취하는 것인가라는 질문에 대한 유일한 정답은 존재하지 않는다. 사실 사람들은 세월이 흐르면서 다양한 상황을 맞이할 때마다 각각 다른 선호를 보이며 대응해왔다. 그러나 한 가지 분명한 사실은, 훌륭한 조직일수록 사람들을 종일 일만 하도록 몰아세우는 것은 어리석은 일이라는 사실을 잘 알고 있다는 점이다.

오늘날 여성이 가사 노동 외의 직업 활동에 참여하는 비율은 그 어느 때보다 높으며, 따라서 여성이 겪는 스트레스의 가장 큰 원인도 바로 일과 가정생활 사이의 균형을 맞추는 문제에 있다.

### 온화한 부모의 이미지

커디Cuddy와 피스케Fiske, 글릭Glick의 연구(2004)는 몇 가지 흥미로운 사실을 제시하였다.

* 직업 활동을 하는 여성이 어머니가 되면, 직장인으로서 능력 있는 모습을 포기하고서라도 온화한 이미지를 추구하는 경향이 있다.

* 이런 현상은 아버지가 된 직장 남성에게서는 찾아볼 수 없었다. 그들은 기존의 능력자 이미지를 그대로 고수하면서 온화한 이미지를 덧붙이려고 했다.

* 사람들은 아기가 없는 여성이나 직장 남성과는 달리 유독 직장에 다니는 어머니에 대해서는 고용이나 승진, 교육 문제'에 무서울 정도로 무관심한 태도를 보였다.

이런 관점과 현실은 직장을 다니는 어머니들에게 심대한 영향을 끼친다. 케이트로서는 직장에서 중견 간부로 인정받기 위해서는 오랜 시간을 직장에 머물러야 한다고 느낄 수밖에 없었다. 아울러 그녀는 딸들이 커갈수록 여러모로 자신의 도움은 필요가 없어지겠지만, 딸들과 같이 지내는 것은 오히려 자신에게 더 중요한 일이라는 생각이 들었다. 그녀는 그래서 더욱 마음이 아팠다.

이제 균형이라는 말의 원래 의미를 살펴보자. 그것은 서로 충돌하는 두 힘이 바람직한 지점에 머무르는 상태를 말한다. 우리가 워라벨을 고려하는 배경에는 애초에 업무와 사적 생활이 서로 대립 관계에 있다는 사실이 전제되어 있다! 안타깝지만 이것이 바로 우리가 살아가는 현실이다. 만약 그렇다면 하루속히 이를 바로잡는 편이 가장 좋다.

그렇다면 과연 완벽한 균형이란 존재하는 것일까? 업무에만 쓸 수 있는 시간과 그 밖의 모든 일에 쓸 수 있는 시간이 따로 있어서 그것만 지키면 균형 있고 행복하면서도 충만한 생활이 보장되는 것일까? 전혀 그렇지 않다. 예를 들어 프로스포츠 선수가 경기에 완전히 몰입해서 보내는 한 시간과 일에 지친 변호사가 경험하는 한 시간 사이에는 비교조차 할 수 없는 차이가 있다. 마찬가지로 같은 변호사라도 10시간 동안 몰입한 상태에서 충실하게 일한다면, 그렇지 못한 상태로 8시간 교대 근무한 서커스 곡예사보다 훨씬 더 큰 열정을 발휘할 수 있다.

일과 삶이란 용어가 의미하는 바는 사람마다 다르다. 그 결과도 제각각이며, 따라서 둘 사이의 균형을 이룬다는 것도 사람마다 그 의미가 다 다를 수밖에 없다. 누구에게나 무슨 일을 하면서 하루를 보내는지가 매우 중요하다. 지금까지 케이트는 여러 약속을 쫓아다니며 살아왔다. 물론 그녀는 사람들과 함께 어울리는 것이 좋았지만, 그녀의 활동은 거의 모두 비슷했다.(사람들의 말을 경청하고 그들을 도우려고 애쓰는 것이었다.) 그녀가 일과 삶의 균형을 위해 할 수 있는 가장 쉬운 일은 바로 친구와 함께 하는 모든 활동일 것이다. 친구와 함께 요가 강좌를 들으면서 각자 다른 방식으로 몸과 마음을 단련하거나 일주일에 한 번씩 새로운 언어를 배우러 같이 어학 강좌를 듣는다면, 여태까지 한 번도 사용하지 않았던 두뇌 영역을 활성화할 수 있을 것이다.

카렌의 팀원 중 어떤 사람은 매주 수요일마다 일찍 퇴근해서 아버지와 함께 골프를 치는 것이 균형을 의미할 수도 있다. 단지 그것 하나만으로도 '일과 삶의 균형'에 대한 생각 자체가 한 차원 더 풍요로워질 수도 있다.

### 요구, 그들과 나의 차이

그런데 일과 삶의 균형이 무엇인지를 결정하고 그것을 성취해 내는 주체는 과연 누구인가? 사람들은 대체로 이 문제에 책임이 있는 사람이 주로 자신의 상사, 즉 고용주라고 생각한다. 회사가 자신에게 요구하는 일이 너무 많다고 불평하는 사람이 있는가 하면, 외부인들이 자신의 업무 현실을 잘 모른 채 무리한 요구를 한다고 하소연하는 사람도 있다. 이럴 때 가장 중요한 일이 바로 의사소통과 교육이다.

이상적인 경우라면 어떤 직장에 들어가기 전부터 그 회사와 상사, 그리고 내가 속할 팀에 대해 정상적인 모습과 그렇지 못한 모습, 그리고 회사가 나에게 요구하는 시간과 에너지의 수준 등을 미리 파악해두는 것이 좋을 것이다. 나아가 그 회사는 직원의 업무 외적인 삶에 대해 어떤 생각을 하고 있는지도 알아야 한다. 사내 교류와 자기 계발을 위해, 궁극적으로 회사에 도움이 되는 직원이 되기 위해서라도 사적 생활을 존중하고 격려하는 분위기인가, 아니면 별 관심이 없는 편인가? 이런 내용이 입사하기 전에 잘 파악되지 않았다면 이제라도 기회를 만들어 자세히 연구해볼 가치가 있다. 두뇌가 오로지 일에만 몰두하는 것보다는 다양한 경험을 통해 최고의 성과를 발휘하는 이유가 무엇인지 알아보는 것도 좋다. 이것이야말로 회사에 가장 도움이 되는 것이 무엇인지에 관해 대화를 시작하는 좋은 방법일지도 모른다.

### 현실적인 채용?

채용박람회에서의 포장된 환상과 채용된 직원이 직장에 들어와 직접 겪는 일 사이에 불일치가 존재한다는 사실을 이제 조직들은 눈치채기 시작했다. 여러 기업 중에는 '유연근무'나 '원격근무' 등을 내세우며 우수한 인재를 유치하려 애쓰는 곳도 있다. 실제로 많은 사람이 이런 근무환경에 매력을 느낀다. 그러나 자신이 맡은 업무가 성격상 그런 조건에 해당하지 않는다는 것을 미처 모르는 사람도 많다. 알고 보면 외근이 잦다거나 장시간 근무해야 하는 경우가 비일비재하다. 이런 조건이야말로 삶의 방식에 가장 큰 영향을 미치는 요소가 된다.
현실과 동떨어진 환상은 치명적인 결과를 낳는다. 조직을 향한 부정적인 감정이 크게 자라나기 때문이다. 이렇게 해로운 생각일수록 쉽게 전염되어, 원래 일과 삶의 균형을 중시하는 기업문화에 꽤 만족했던 사람에게조차 옮아갈 수 있다.

케이트에게 지금 필요한 일은 바로 설계자와 감시자가 되는 것이다. 우선 그녀는 다음과 같은 질문을 반영하여 자신의 삶을 설계해야 한다.

- 매일 언제 업무를 시작하고 끝마칠 것인지,
- 직장에서 어떤 종류의 일을 하고 싶은지,
- 1년에 휴가는 며칠이나 즐기고 싶은지,
- 일하지 않을 때는 무엇을 하고 싶은지,
- 친구를 몇 명 정도, 얼마나 자주 만나고 싶은지,
- 가족과 보내는 시간은 어느 정도이며, 만나면 무엇을 하는지,
- 업무 외에 어떤 특기를 연마하고 싶은지,

이상은 케이트가 주의 깊게 인식해야 할 기본적인 요소를 예시한 것이다. 이렇게 설계 작업을 마친 다음에는 감시자가 되어 이 모든 요소가 잘 맞아들어 가는지를 살펴야 한다.

감시자는 호기심과 꼼꼼함을 발휘하여 모든 일이 서로 어울리도록 상황을 관리하는 사람이다. 물론 어느 정도 시간이 필요한 것도 사실이다. 시행착오를 거치며 체득한 데이터는 결국 이 모든 요소를 조율하는 데 요긴하게 사용된다. 처음에는 일단 최대한의 근사치로 시작한다. 한 달간의 이상적인 활동 목록을 시범 삼아 작성해보는 것이다. 그리고 시행착오를 통해 배운 점을 시범 목록에 반영하면서 쓰임새를 점점 개선해나가면 된다. 감시자로서 해야 할 또 하나의 중요한 일은, 나의 이런 계획을 주변 사람들에게

효과적으로 알릴 방법을 고민하는 것이다. 내가 일하는 방식을 주변 동료들에게 알려야 하며, 그것이 그들에게 어떤 점에서, 왜 이로운지를 이해시켜야 한다. 그들을 끈기 있게 찬찬히 설득하는 일은 오로지 나에게 달린 문제다.

### 갈등

사람들이 내 계획을 이해하지 못하면 갈등이 일어날 수도 있다. 그런데 더 심한 갈등은 나조차 내 계획을 이해하지 못할 때 일어난다. 그 원인이야, 애초에 계획을 세우지 않았기 때문일 경우가 많다. 친한 친구 8명이 있는데, 그들 모두 기혼 여성이라고 생각해 보자. 친구들이 아직 독신일 때는 자주 만나서 어울렸다. 예컨대 한 달에 한 번씩은 꼭 말이다.(즉 평균 일주일에 이틀은 친구 만나는 데 저녁 시간을 썼다는 말이다.) 거기에다 그 모두가 모이는 자리도 한 달에 한두 번은 늘 있었다. 그런데 친구들이 속속 애인이 생기기 시작하면서 자연스럽게 그들 커플과 만날 기회가 늘어났지만, 한편으로는 친구와 따로 만나고 싶은 생각도 당연히 들었다.

그러다가 시간이 지나면서 나도 애인이 생겼다. 이제 커플들이 모이는 저녁 약속도 생기고(각자 애인들끼리도 서로 인사를 트게 되어 다들 친분이 돈독해진다.), 여자들끼리만 만나는 모임도 그대로 계속된다. 물론 애인과 따로 데이트도 해야 한다. 그리고 친구들은 지금과 같은 관계를 내가 저버리지 않기를 무의식중에 바라고 있다. 즉, 일주일에 두 번 정도이던 약속이 다섯 번으로 늘어난다는 소리다. 그러고서도 정작 내 애인과 데이트하는 시간은 일주일에 한 번뿐이다. 연락이 오는데도 계속 거절하거나 내가 먼저 연락하는 일이 뜸해지면, 문제를 터놓고 이야기하지 않는 한 서로가 금세 섭섭해지게 된다. 따라서 이럴 때 가장 중요한 것은 내가 그들과의 관계를 소중히 여긴다는 사실을 알려주는 일이다. 비록 전처럼 자주 볼 수는 없어도 여전히 우정을 이어갈 수 있는 다른 방법을 찾아야 한다. 사람들은 남의 사정을 제대로 모를 때는(심지어 명확하게 설명해주어도) 겉으로 드러나는 일의 의미를 자기 맘대로 해석해버린다. 그러므로 생활패턴을 바꿀 때는 주변 사람들이 소외감을 느끼지 않도록 최대한 노력해야 한다. 그러기 위해서는 그들에게 계속해서 내 사정을 분명하게 설명해주는 수밖에 없다.

다음으로 살펴봐야 할 또 다른 중요한 갈등은 바로 내면의 정신적 갈등이다. 내 생활에 대한 가장 이상적인 설계안을 마련하지 못했다면 갈등을 느끼기 쉽다. 새로운 프로젝트를 맡아 추진할 기회가 다가왔는데, 애인이 집안 수리하는 것을 도와주겠다고 이미 약속했거나 여름이 되기 전에 골프 실력을 키워야겠다고 결심한 경우를 생각해보라. 연간 분기별 '예상 시나리오'와 우선순위 목록을 만들어두면 마냥 어렵게만 보이던 여러 일을 한결 쉽게 결정할 수 있다.

### 피로의 원인

피로는 한 사람의 심신이 온통 균형을 잃고 있음을 보여주는 지표로 알려져 있다. 그렇다면 그 원인은 무엇일까?

**피로**

잠에서 깨어나 두뇌가 움직이는 순간부터, 아데노신adenosine이라는 화학물질이 기저전뇌basal forebrain라는 영역에 쌓이기 시작한다. 그러다가 아데노신이 일정량에 도달하면 그곳에 있는 특수한 수용체에 달라붙는다. 이렇게 되면 뉴런의 활동이 억제된다.(즉 뉴런의 활성화를 방해해서 서로 연락을 주고받지 못하게 만든다.) 즉 이때 우리는 더욱 피로를 느끼게 된다. 재미있는 사실은, 카페인이 지닌 각성 효과가 이 아데노신을 차단함으로써 발휘된다는 것이다. 카페인 성분은 아데노신이 달라붙는 바로 그 수용체에 달라붙는다.

주의력이 떨어지고 피로가 몰려올 때 일어나는 일은 또 있다. 예를 들어 두뇌가 깨어서 활발히 움직이기 위해서는 에너지원인 글루코스glucose가 필요하다. 이 성분의 수치가 떨어지면 그에 따른 연쇄반응으로 역시 피로가 가중된다.

아래에 우리의 에너지를 빼앗아가 피로를 안겨주는 여러 원인을 열거하였다. 모두 우리가 이미 잘 알고 있는 내용이다.

- 운동 과다 혹은 운동 부족.
- 과식 또는 영양 부족
- 수면 과다 혹은 수면 결핍
- 장시간, 또는 부족한 정신 활동
- 똑같은 일을 너무 많이 하거나, 너무나 다양한 일을 하는 것
- 과도한 근심 걱정

한 마디로 적당한 것이 가장 좋다는 말이다!

### 시간이냐, 에너지냐

케이트는 자신이 다이어리를 오직 어떤 일을 할 수 있느냐 여부를 결정하는 용도로만 쓰고 있다는 사실을 문득 깨달았다. 시간 관리의 핵심은 바로 의사결정을 어떻게 내리느냐에 달려있음을 지난번 코칭 때 배웠다면, 오늘은 의사결정이 삶의 균형 문제에서도 마찬가지 역할을 한다는 점을 알게 되었다. 지금까지는 예컨대 일과 중에 친구로부터 오늘 저녁에 차나 한 잔 하는 게 어떠냐고 묻는 문자를 받았을 때, 그녀는 늘 다이어리를 확인해보곤 했다. 그럴 시간이 있다는 것을 확인하면 그녀는 늘 알겠다고 답신했다. 그러고는 점심도 거르고 일하거나, 친구와 만나 칵테일까지 마신 후에도 그 일을 집에까지 가져가거나, 아니면 아침에 일찍 일어나서라도 남은 일을 마무리했다.

이런 식으로 살면서도 그녀는 스스로 만족했다. 왜냐하면 그것이야말로 시간이 나는 한 언제든지 친구와 함께 있겠다는 자신의 가치관에 부합하는 행동이었기 때문이다. 그러나 이런 방침의 단점은 장기적인 관점을 고려하지 못한다는 것이었다. 이런 생활방식이 일주일에 그칠 때는 아무 문제가 없겠지만, 그 이상 계속된다면 케이트가 발휘할 수 있는 에너지에 악영향을 미치기 시작한다. 그것은 바로 의사결정 과정이라는 요소를 고려하지 않았기 때문이다.

지난 시간에도 비슷한 개념을 다루어봤으므로, 스튜어트는 케이트가 이미 알고 있는 지식을 활용해 자신의 행동을 어떻게 바꿀 수 있는지 생각해보기를 권했다. 그렇게 해야 자신이 직접 생각해내고 그 생각에 책임을 질 수 있을 테니 말이다.

케이트가 내놓은 답은 다음과 같다.

- 평소 자신의 활력이 어느 정도인지 한 주간 기록하면서, 원기를 떨어뜨리는 원인은 주로 어떤 것인지 확인한다.(여기에는 사람들과 어울리는 일에 얼마나 참석하는지, 그 자리에서 누구를 만나는지, 어떤 운동을 하는지, 어떤 음식을 먹는지, 업무상 발생하는 주요 사항은 무엇인지 등이 모두 포함된다.) 물론 이것이 과학 실험은 아니지만, 이를 통해 어떤 방향성은 파악할 수 있을 것 같다는 생각이 든다.
- 친구가 필요할 때 함께 있겠다는 가치관을 자신에게 가장 알맞은 형태로 재조정한다. 즉 자신이 지쳐 쓰러질 지경인데도 친구를 위해 시간을 내는 일은 현실적이지 않다는 뜻이다. 그렇다고 이것이 절대 변할 수 없는 원칙은 아니다. 사람들과 함께 있으면 오히려 힘을 얻을 때도 분명히 있기 때문이다. 누구를 만나 무엇을 하느냐에 달린 문제다.
- 자신의 기력을 온통 소진하는 사람과 만난 후에 다시 원기를 회복하는 방법이 무엇인지 생각해보고, 이를 시험해본다.

똑같은 원칙이 일에도 적용된다. 추가 업무가 생기고, 누군가 그 일을 맡아야 할 상황이면 지금까지는 주로 케이트가 앞장서서 맡아왔다. 그녀는 자신이 동료들에게 팀워크를 중시하고 열심히 일하는 사람으로 비치고 싶었고, 그래서 응당 이렇게 하는 것뿐이라고 생각했다. 문제는 케이트가 평소에도 자신의 최대치를 짜내어가며 일하고 있었으므로, 여기에 추가 업무까지 맡으면 드디어 과로 상태에 빠지게 된다는 것이었다. 이렇게 되면 결국 그녀의 역량이 소진되므로, 중장기적으로 보면 동료들에게도 결코 좋은 일이 될 수 없었다.

## 통제력의 중요성

통제력은 신경과학의 관점에서 볼 때 인간이 가진 가장 중요한 능력 중 하나다. 내가 하는 일이나 나에게 일어나는 일을 통제하고자 하는 것은 너무나 자연스럽고 논리적인 일이다. 우리는 주변 일이 통제 불능이라는 생각이 들면 마음이 매우 불안해지고, 몸과 마음에 위협에 대한 반응 신호가 켜지면서 방어적인 태도를 보이게 된다. 13장에서는 위협 반응에 대한 신경과학적 설명에 대해 알아본다.

케이트가 상사로부터 새로 지시받은 일을 '요구'라고 지칭하는 대목에서 우리는 많은 사실을 감지할 수 있다. 우선 그녀는 통제력을 빼앗기고 있다고 생각한다는 것을 알 수 있다. 이것 자체가 케이트에게 스트레스를 안겨준다. 물론 상사가 요구하는 그 일을 자신도 원하고 있고, 앞으로의 경력과 삶에도 도움이 된다고 생각하지만, 그것을 요구로 받아들인다는 사실 자체만으로도 큰 문제가 아닐 수 없다.

이런 요구사항이 가진 또 다른 문제점은 그녀가 그 일을 하고 싶은지 확실치 않다는 것이다. 똑같은 일이라도 요청의 형태로 제시되었다면 그녀는 거절할 재량권이 있다고 생각했을 것이다. 케이트의 다음 행동은 평소 상사와의 인간관계나 자신의 의사소통 역량에 따라 얼마든지 달라질 수 있다. 가장 좋기로는 그녀가 상사와 대화를 통해 모든 사람을 위해 가장 좋은 방안을 모색하는 것이다. 이런 종류의 관계, 그리고 이 정도 수준의 의사소통이 이루어지기까지는 시간이 필요하다. 그녀는 우선 한발 물러나 상황을 객관적으로 바라보면서 생각의 틀을 바꿀 필요가 있다. 과연 이 일을 하고 싶은가, 그렇지 않은가? 사람들은 종종 주어진 일은 꼭 해야 한다는 고정관념에 사로잡히기도 한다. 케이트가 어떤 일을 꼭 해야 한다는 법은 없다. 물론 그 일을 하지 않는 데 따르는 대가가 있겠지만, 그것은 다른 어떤 직장에서든 마찬가지다. 그러나 그녀는 그 일을 하지 않는 편을 선택하거나, 아니면 의사소통을 통해 모든 사람에게 도움이 되는 다른 방안을 찾을 수 있다.

업무 현장에서 통제력을 회복한다는 이야기가 때로는 현실과 동떨어진 소리로 들릴 수도 있지만, 이것은 실제로 대단히 중요한 일이다. 현실의 상황에서 우리에게는 아무 선택권도, 통제권도 없는 것처럼 느낄 수 있다. 그러나 한발만 뒤로 떨어져 상황을 바라보면 우리에게는 분명히 선택의 여지가 주어져 있다. 이것은 현실일 뿐만 아니라, 상황을 살펴보는 가장 좋은 방법이기도 하다. 인생을 살다보면 아무런 선택권도 없고 상황을 통제할 권한도 없다고 느낄 때가 있다. 이럴 때일수록 아주 작더라도 통제권을 행사하는 방법을 찾아내는 것이 무엇보다 중요하다.

### 빅터 프랭클의 자유

빅터 프랭클Viktor Frankle은 자신의 저서 〈죽음의 수용소에서Man's Search for Meaning〉(1946)를 통해 개인의 자유에 관한 놀라운 통찰을 우리에게 보여주었다. 그는 전쟁포로가 되었던 자신의 경험으로부터, 어떠한 순간에라도 선택의 자유는 있으며 이것이야말로 인간에게 가장 중요한 자유라고 갈파했다. 그는 이렇게 말했다고 한다. "인간이 가진 모든 것을 빼앗아갈 수 있지만 마지막까지 절대로 뺏을 수 없는 것이 있다. 그것은 바로 인간의 자유다. 어떠한 환경에서도 자신의 태도를 결정할 수 있는 자유, 자신의 길을 택할 수 있는 자유 말이다."

그는 삶의 균형에 관해서도 조언했다. "사람에게 정말 필요한 것은 그저 편안히 있는 상태가 아니라 분투와 고난을 거치면서 가치 있는 목표를 추구해가는 과정이다. 우리에게 중요한 것은 어떤 대가를 치러서라도 긴장 상태를 벗어나는 것이 아니다. 내가 이룰 만한 의미 있는 소명을 찾는 일이 훨씬 더 중요하다."

일과 삶 속에서 우리에게 의미와 도전을 부여하고 실제로도 달성할 수 있는 목표를 선택한다면, 우리가 하는 일에 견고한 기초를 마련한 것과 다름없다. 내가 하는 일의 가장 중요한 기초를 확보한 이상, 일과 삶의 균형을 추구하는 그 어려운 결정도 훨씬 더 쉬워질 것이다.

### 나쁜 상사

시간 관리나 일과 삶의 균형 문제에서, 나쁜 상사는 가장 흔히 볼 수 있는 걸림돌이다. 다소 직설적으로 말해보자. 급한 일을 잔뜩 던져주는 것은 그야말로 최악의 관리자들이나 하는 행동이다. 관리 체계의 어딘가에서 분명히 문제가 생긴 것이다. 대다수 조직은 업무 성과를 미리미리 계획하여 갑자기 급한 업무가 발생하지 않도록 관리할 수 있다. 이렇게 하면 원치 않는 벼락치기 업무를 엄청나게 줄일 수 있다.

### 정신을 가장 효율적으로 가동하는 법

두뇌는 원래 균형을 추구한다. 다음은 두뇌가 좋아하는 것들이다.

- 뚜렷한 기대치
- 제대로 수립된 달성 가능한 목표
- 도전
- 휴식과 여유
- 다양성

이런 내용대로 살기 위해서는 계획과 지속적인 감시가 꼭 필요하다.

### 행동

내 생활의 설계와 구현 과정을 점검한다는 것은 너무나 중요한 일이므로 월간 단위로 지속할만한 가치가 충분하다. 이렇게 하면 나도 모르는 사이에 몇 년이 훌쩍 지나버렸다든가 하는 일은 없을 것이다. 이제 매달 감사하는 마음으로 지낼 수 있고, 계획대로 되지 않을 때는 금방 알아차려 잘못을 바로잡을 수 있다. 그리고 20년쯤 지난 후에 돌아보며 '너무 일만 하느라 애들이 훌쩍 커버린 것도 몰랐네.'라든가 '조금만 더 똑똑하게 일했더라면 훨씬 더 많은 업적을 남길 수도 있었을 텐데.'라며 후회하는 일은 없을 것이다.

### 일과 삶의 균형을 위한 최고의 두뇌 활용 팁

- 나에게 일과 삶의 균형이란 어떤 의미인지 확실하게 파악한다.
- 일과 삶의 균형을 어떻게 실현할 것인지 계획을 수립한다.
- 주변 사람들에게 그 계획을 분명하게, 꾸준히 알린다.
- 정기적으로 내 생활을 점검한다.
- 무엇보다 내면을 다스리는 데서 출발한다.

### 일과 삶의 균형을 달성할 때 얻는 최고의 유익

- 매일의 의사결정이 더 쉬워지면서 더욱 효율적인 삶을 살 수 있다.
- 다른 사람들이 나에게 거는 기대치가 뚜렷해져 갈등의 요인이 줄어든다.
- 20년 후, 그때까지 내린 결정과 살아온 삶에 자부심을 느끼리라는 것을 확신할 수 있다.

8장

# 한 번에 한 발자국씩 당신의 삶 업그레이드시키기

**신경과학자들의 1급 비밀**

## 목표 점검

오늘 스튜어트는 제시와의 상담을 앞두고 몇 가지 준비한 생각이 있었다. 제시가 혹시 마음에 부담을 느끼고 있는 것이 있는지, 아니면 그녀의 목표를 같이 살펴보는 것이 좋은지 알아보려고 했다.

제시는 할 일이 너무 많다는 생각이 들 때가 많았다. 회사를 운영한다는 것은 회사에서 일어나는 모든 일에 책임을 진다는 뜻이었다. 전혀 생각도 못 한 문제가 발생해도 그것은 자신의 잘못일 뿐이었다. 여태껏 이루어낸 일이 아무것도 없어도 그 또한 오로지 그녀의 책임이었다. 다시 말해 그녀는 거의 언제나 여러 가지 일을 동시에 해내고 있었다. 그리고 그 모두를 항상 효율적으로 파악하고 있지도 못했다. 혹 어떤 사항을 기억하고 못 하고는 그저 운일 뿐이라는 생각이 들 때도 있었다.

지금이야말로 그녀의 역량을 확대해야 할 시기였다. 그녀가 감당해야 할 일이 너무나 많았으므로 대신 처리해줄 훌륭한 인재들이 필요했다. 실제로 그녀는 이 훌륭한 팀에 속한 몇몇 사람에게 더 많은 책임을 부여할 생각이 있었다. 그들을 교육하여 더 중요한 일을 맡길 준비를 하는 것은 오로지 그녀에게 달린 일이었다. 위임이란 단어가 요즘 한창 유행어처럼 퍼지고 있다는 것도 알았지만, 그녀는 그것을 실행에 옮길 시간조차 없다는 생각이 들었다.

지금 그녀의 가장 큰 목표는 사내에 사회적 기업 사업부를 설립하는 것이었다. 이런 기업을 공동체 이익기업(community interest company, CIC)이라고 한다. CIC가 되면 회사가 그런 측면에서 정확히 어떤 일을 하는지, 그리고 자신이 할 수 있는 일과 얻을 수 있는 이익은 무엇인지 이해하는 사람이 더 많아질 것이 분명했다.

최근에 제시는 어떤 저녁 약속에 나갔는데 그 자리에는 평소 친분이 그리 깊지 않았던 사람도 있었고, 심지어 생전 처음 보는 사람도 있었다. 사실 거의 거절할 뻔하다가, 예전부터 자신의 멘토가 되어주었던 어떤 분의 현명한 말이 떠올라 겨우 나간 자리였다. 즉 "거절보다는 승낙을 많이 하는 것이 좋다."는 것이었다. 결국 어떤 대기업 오너 옆자리에 앉았는데 그가 그녀의 사업 내용에 관심을 보였다. 그리고 추가 미팅을 잡았고, 지금은 그녀의 가장 큰 고객이 되었다. 이제는 이런 기회를 다시 만들어낼 방법을 고민할 정도다.

### 현재 상황

목표를 제대로 이해한다면 제시는 동료나 고객과 훨씬 더 쉽게 협력할 수 있을 것이다. 그녀는 더 큰 성취감을 맛볼 것이다. 자신의 기대치와 행동을 정렬함으로써 더욱 일관된 삶을 살 수 있기 때문이다. 그녀가 구체적으로 행동에 옮긴 일은 다음과 같다.

- 지금 하는 모든 일의 진행 상황을 끝까지 추적, 확인한다.
- 팀원들이 더 큰 책임을 맡을 수 있도록 육성한다.
- 중요한 전략 목표를 집중적으로 추진한다.
- 비슷한 기회를 다시 포착할 방법을 찾는다.

이 장에서는 목표를 달성하는 법과 관련해, 두뇌 활동을 전반적으로 나에게 맞게 정렬하면서도 사고력을 발산하여 다른 일에 집중할 수 있도록 하는 한편, 다른 사람들이 나를 더 신뢰하도록 만들고, 스스로 자신감도 얻는 법을 살펴본다. 아울러 이런 자신감을 바탕으로 더욱 복잡한 목표에 도전할 여유도 얻게 된다.

### 두뇌는 어떻게 일을 마무리하는가

인간의 정신은 엄청난 위력을 발휘한다. 지금까지 있었던 다양한 연구를 근거로 사람들은 이 위력을 더욱 깊이 탐구해왔다.

#### 정신력이 생사를 가른다

스탠퍼드대학교 데이비드 스피겔David Spiegel 박사팀은 유방암이 상당히 진행되어 다른 곳까지 전이된 86명의 여성 환자를 살펴보았다. 우선 이들을 두 그룹으로 나누었다. 두 그룹 모두 정상적인 암 치료를 받아왔다. 그런데 한 쪽은 치료에 도움이 될 것이라는 기대를 안고 심리치료까지 병행해온 그룹이었다.

심리치료를 받은 환자들이 암 진단을 받은 후 생존한 기간은 평균 37개월이었다. 반면 심리치료를 받지 않은 그룹은 19개월에 그쳤다.

UCLA 의과대학원의 포지Fawzy 박사는 이 분야에서 수많은 연구를 수행해온 인물이다. 그중에서도 악성 흑색종 피부암 환자들을 연구한 사례가 있었다. 조사 대상이 된 환자들의 50퍼센트는 90분짜리 교육 강좌에 참가한 후 6주간에 걸친 지원 모임에 참여했다. 그 결과 이 그룹은 다른 그룹에 비해 피로와 우울을 적게 느꼈고 질환에 대한 대항력도 더 우수했다. 6년이 지난 시점에서 이 그룹에 속한 환자 중 사망한 사람은 3명이었는데, 다른 그룹에서는 10명의 사망자가 발생했다.

일어나기를 바라는 일에 두뇌를 쓰는 것은 너무나 중요하다. 우리는 늘 어떤 일이 일어나기를 바라는 한, 계속해서 할 수 있다고 생각했다. 나 혼자만의 힘으로 도저히 불가능한 일은 나도 어쩔 수 없다. 그리고 아직도 이렇게 생각하는 사람도 많다. 그러나 정신력은 실제로 강력한 힘이며, 현실적인 변화를 창출할 수 있다고 믿는 사람이 점점 늘어나고 있다. 스튜어트는 제시에게 세 가지 실험을 소개해준 다음 목표에 관해 집중적으로 설명해주기로 했다. 언뜻 보면 이 세 가지 실험들은 서로 아무런 관련이 없는 것 같지만, 사실 이 모두는 정신의 강력한 위력을 보여준다. 목표를 달성하는 데 자신의 두뇌가 큰 역할을 한다는 사실을 제시가 확신하기 전에는 목표에 관해 아무리 떠들어봐야 소용이 없다. 그녀가 성취할 수 있는 것은 자신이 가진 역량의 극히 일부일 뿐이기 때문이다.

## 신체 운동과 마음 운동

구앙 유이Guang Yue 박사와 켈리 콜Kelly Cole 박사는 근육을 단련하는 상상만 해도 실제로 근육이 강화된다는 사실을 입증했다. 그들의 실험에서 한 피험자 그룹은 실제로 운동했고, 나머지 한 그룹은 운동하는 상상만 했다. 운동 내용은 두 그룹 모두 손가락을 움직이는 간단한 것이었다. 운동 순서는 엄격히 지켜야 했다. 최대한의 힘으로 손가락을 15번씩 구부리되, 한번 구부릴 때마다 20초간 쉬기를 반복했다. 이 운동을 월요일부터 금요일까지 매일 하면서 4주간 계속했다. 상상만으로 운동하는 그룹은 똑같은 운동을 그저 머릿속으로만 떠올렸다. 한 가지 덧붙인 것이 있다면 누군가가 자신에게 '더 세게, 더 세게, 더 세게!'라고 외친다고 상상하는 것이었다.

실제로 힘들게 운동한 그룹은 20퍼센트의 근육 강화 효과를 얻었다. 그런데 마음으로 운동한 그룹은 22퍼센트라는 성과를 얻었다. 몇 년 전까지만 해도 이런 결과는 도저히 불가능한 일로 여겨졌을 것이다.

이제 우리는 '손가락 근육에 힘을 주라'는 명령을 두뇌에 내리면 실제로 그런 행동을 하지 않아도 뉴런이 활성화되어 신경회로가 강화된다는 사실을 안다.

제시는 이런 사실을 알고 깜짝 놀라 자신의 목표를 좀 더 쉽게 달성하는 데 이 원리를 어떻게 적용할지 즉각 고민에 나섰다. 생각이 신체에 강력한 영향을 미친다는 것을 알게 된 이상, 이제는 하루를 시작할 때마다 되뇌는 혼잣말처럼 간단한 행동도 결코 허투루 넘길 수 없게 되었다. 최근에는 입버릇처럼 '할 일이 너무 많아.'라고 중얼거렸는데, 그럴 때마다 몸이 약간 불편한 것 같기도 했다. 적어도 의욕이 차오른다는 느낌은 전혀 없었으며 오히려 좌절감이 밀려온 것이 사실이었다. 그녀는 즉시 이제부터 그런 말은 입에 올리지도 말자고 결심했다. 옳은 생각이었다. 그러나 그런 생각에 매달리는 것 자체가 별로 좋은 일이 아니다. 그녀는 이렇게 생각하기로 마음먹었다. "소중한 일을 이루어나가는 게 즐겁잖아."
마침내 그녀는 이 모든 내용을 팀원들에게도 알려 자신이 터득한 유익을 다 함께 나누면 좋겠다고 생각했다.

### 이미 사라진 고통이 낫다

팔이나 다리를 절단한 사람들에게 가장 문제가 되는 것이 이른바 환각지 현상이다. 팔다리가 절단되어도 두뇌에는 여전히 그에 해당하는 신경지도가 남아있다. 두뇌는 아직 팔다리가 있다고 생각하는 것이다. 즉, 그 사람에게는 안된 일이지만 이미 사라지고 없는 팔다리에 여전히 고통을 느낄 수 있다는 것이다. 라마찬드란V S Ramachandran은 이런 고통에 시달리는 사람들을 위해 해결책을 찾아낸 훌륭한 인물이다.
방법은 간단하다. 아직 남아있는 건강한 팔다리 앞에 거울을 하나 두는 것이다. 그렇게 해서 사라지고 없는 팔다리가 마치 지금도 눈앞에 있는 것 같은 착각을 불러일으킨다. 환자는 그 가상의 팔다리로 기지개를 켤 수도, 운동을 할 수도 있고, 심지어 긁을 수도 있다. 오늘날 이 방법은 팔다리 절단 환자들의 치료 목적으로 널리 이용되고 있다.
아직 거울 치료로도 효과를 볼 수 없는 사람들이 있다. 호주의 과학자 모슬리G L Moseley는 환자들이 이 치료를 받을 수 있도록 미리 훈련하려고 애썼다. 모슬리는 환자의 두뇌에 절단된 팔에 해당하는 운동 지도를 구축하면 상황이 달라질 수 있다고 생각했다. 그는 아픈 팔을 움직인다고 상상하도록 환자를 훈련했다. 이렇게 해서 꼭 필요한 두뇌 신경망이 활성화되었다. 아울러 그들에게 오른손과 왼손의 사진을 여러 장 보여주었다. 사진에 보이는 손이 오른손과 왼손 중 어느 것인지 재빨리 알아보고 운동 피질을 정확히 활성화할 수 있도록 하려는 목적이었다. 그들은 심지어 매일 15분간 세 번씩 다양한 손동작을 취하는 상상을 하는 연습도 했다.
이 요법에 거울 치료를 병행하며 12주간 지속한 결과, 프로그램에 참여한 환자의 50퍼센트가 고통이 사라지는 것을 경험했다.

두뇌가 최적의 조건을 갖출 수만 있다면 사람은 놀라운 일을 성취할 수 있다. 제시는 이제야 자신의 두뇌에 어떤 프로그램을 입력할까를 생각하며 마음이 설레기 시작했다. 스튜어트는 목표 문제로 넘어가기 전에 마지막으로 한 가지 실험만 더 살펴보기로 했다.

예상치 못한 기회가 찾아올 가능성에 마음을 열어두는 것은 비즈니스에서 대단히 중요한 일이다. 특히 창업가형 조직에서라면 더 말할 나위도 없다. 제시는 지난번 만찬 모임에서와 같은 기회를 놓치기라도 한다면 수개월의 시간을 허비해야만 한다. 반면 그런 기회를 붙잡는다면 그녀의 사업은 결정적인 도약의 계기를 훨씬 더 빨리 마련할 수 있다.

### 고양이의 눈

콜린 블레이크모어와 그랜트 쿠퍼는 케임브리지대학교 심리학연구실에 있던 시절, 고양이의 시각 환경에 관한 실험을 했다. 그들은 두 그룹의 새끼고양이에게 각각 다른 환경을 부여했다. 한쪽은 고양이의 눈에 보이는 것이라고는 오로지 수평선밖에 없는 환경이었고, 다른 한쪽은 수직선뿐인 곳이었다.
이런 환경은 새끼고양이의 감각 수용체가 형성되는 시기에 특정 형태의 제한을 두는 효과를 발휘했다. '수평선' 환경을 경험한 고양이는 수직 형태의 물체를 볼 수 없었다. 고양이를 정상적인 환경, 예를 들어 의자 곁에 두자, 이 고양이는 의자 다리가 눈앞에 있는데도 마치 그것이 보이지 않는 것처럼 그쪽을 향해 곧장 걸어갔다. '수직선' 환경에 노출되었던 고양이는 테이블 위로 뛰어오르지 않거나, 올려놓아도 떨어지는 줄도 모르고 무작정 앞으로 걸어가는 행동을 보였다.

사람도 마찬가지다. 우리는 스스로 보겠다고 두뇌에 입력한 대로만 '볼 수' 있다. 제시가 기회를 놓치지 않겠다고 마음먹었다면 그 기회를 알아볼 수 있게 두뇌를 프로그래밍해야 한다. 어떻게 이렇게 할 수 있는지 곧 알아볼 것이다.

### 목표 달성을 관장하는 두뇌 영역

목표를 달성하는 능력은 우리 자신의 행동, 그리고 주변 사람들의 행동을 인지하는 능력과 밀접하게 연관되어있다. 이런 과정은 전두엽에서 일어나는 일이다. 구체적으로는 전두엽의 일부인 전전두엽 피질이 목표를 달성하는 데 핵심적인 역할을 한다. 목표를 설정하는 것과 그 목적을 이루는 데 필요한 실행 계획을 세우는 것 모두 중요한 일이다. 이 과정에는 계획을 실천하는 데 필요한 인지적 기술을 파악하고, 그 기술을 조율하며, 또 그것을 올바른 방법으로 사용하는 것 등이 포함된다.

목표 달성을 위한 계획을 수립하고 그것을 추진하는 전체 과정이 끝난 후, 전전두엽 피질은 자신이 한 일을 평가한다. 행동의 결과를 가늠한 다음 처음의 의도에 비추어 그것이 성공인지 실패인지 판가름한다. 자기 계발 분야의 많은 전문가는 결과가 어떻게 나오더라도 그것을 실패로 생각할 필요가 없다고 말한다. 물론 이런 태도에도 장점이 있다. 그러나 두뇌는 내가 처음에 생각했던 의

도와 '일치'하거나 '불일치'하다고 판정을 내린다. 그런 불일치한 결과로부터 배울 점이 무엇인지, 그리고 무의식적으로 두뇌에 기록된 일이 무엇인지 아는 데만 집중하면 된다.

### 구체화하라

스튜어트는 제시에게 자신의 삶에서 바꾸고 싶은 것을 구체적으로 정해보라고 했다. 그는 우선 오늘 이야기한 중요한 내용 중에서도 그녀가 모든 일을 꿰고 있다는 느낌에 관한 것부터 시작했다. 제시는 오늘, 자신이 여러 가지 일을 한꺼번에 추진하고 있다는 생각이 잘 들지 않는다면서 혹시 그 내용이 모두 기억난다고 해도 그것은 단지 운일 뿐인 것 같다고 말했다.

이런 상황을 목표로 바꾸는 일은 쉽다. 전통적인 목표 설정 이론에서는 목표란 반드시 눈에 보이는 실체이어야 하며, '감정'에 관한 어떤 것을 다른 방식으로 목표로 잡는 일은 피해야 한다고 가르친다. 그런데 이런 제한은 코치가 내거는 것이지, 두뇌에 내재된 것은 아니다. 현재 제시가 느끼는 바에 따르면 그녀는 통제 불능 상태에 빠져 있다. 이것은 좋지 않은 결과를 빚을 위험이 있다. 예를 들어 그녀가 회의에 참석했다가 통제 불능이라는 느낌이 든다면, 그녀는 자신의 뇌리에 오로지 기대사항들만 가득 채우는 것이다. 그렇게 되면 곧 두려움 반응이 프로그램대로 작동하여, 전전두엽피질의 명확한 사고작용을 방해하게 된다.

그렇다고 해서 제시가 자신 인생의 모든 내용을 파악한 후에야 목표를 설정할 수 있고, 목표 달성을 위한 중요한 진전을 기대할 수 있다는 뜻은 아니다. 그녀가 할 일은 어쨌든 시작하는 것이다. 제시와 스튜어트는, 지금 하는 일을 완전히 파악하고 있다고 느끼는 것을 제시의 첫 번째 목표로 정했다. 전통적 목표 설정 훈련에서 가장 강조하는 점은, 지금은 비록 허술하게 보이더라도 일단 목표를 세워보라는 것이다. 예컨대 지금 당장은 SMART(구체적이고specific, 측정 가능하며measurable, 달성할 수 있고achievable, 현실적이며realistic, 시간을 정해둘 것time-targeted) 요건을 다 갖출 필요도 없다. 물론 목표를 체계적으로 세우면 좋은 점이 있다. 그러나 목표 설정에 관한 기존의 여러 모델은 지금까지 우리가 살펴본 두뇌의 작동 원리를 반영하기보다 단지 전체 그림의 일부만 포함하고 있을 뿐이다. SMART 형식을 완벽하게 갖추고서도 달성하지 못한 목표도 많다. 마찬가지로 '형식상 엉성하지만' 완벽하게 달성했다면 그쪽이 오히려 훌륭한 목표 설정이다.

스튜어트가 제시에게 던진 질문은 '당신이 하는 모든 일을 완전히 통제하고 있다고 느끼려면 무엇이 필요한가?'였다. 제시는 이 질문을 받고서야 목표를 잘게 쪼개어 더 자세히 들여다볼 수 있는 세부 요소로 구분할 수 있었다. 그녀는 다음과 같은 사항이 필요하다고 답했다.

- 현재 진행되는 모든 일의 목록
- 그녀가 매일 힘을 쏟는 일을 따로 정리한 목록
- 집에 있는 모든 옷을 가지런하게 걸어두기
- 매일 도시락 싸기

흥미롭게도 위 목록은 제시가 모든 일을 통제하고 있다고 느끼기 위해 꼭 필요하다고 처음에 떠올렸던 내용과 꼭 일치하지는 않았다. 그녀는 업무와 관련 없는 일들, 즉 옷이나 도시락 따위를 거론하면 안 되는 줄 알고 걱정했다. 스튜어트는 우리의 느낌이 늘 논리적이고 합리적인 것은 아니라고 설명했다. 어떤 일을 하면 기분이 나아지겠다는 생각이 직관적으로 떠오를 때는 대개 그렇게 하는 게 낫다. 스튜어트는 "이 모든 내용이 다 해결되면 기분이 어떨 것 같나요?"라고 물었다. 그리고 제시가 목표를 달성하면 어떤 감정과 느낌을 얻게 될지 상상하는 모습을 지켜봤다. 그녀가 여유를 되찾고 미소를 짓는 모습이 한눈에 보기에도 뚜렷했다.

### 실제와 상상

목표 수립을 마친 다음에는 어떻게 그 목표를 달성할 수 있는지 살펴봐야 한다. 미리 연습해보는 것의 중요성을 아는 사람은 그에 합당한 대가를 얻는다. 연습의 목적은 어떤 일을 더 잘하기 위한 것이다. 그 일의 다양한 부분을 연습할 수도 있다. 예를 들어 색소폰을 연습할 때도 악기를 전혀 불지 않고 손가락 동작만 연습한다든지, 혹은 특정 악구만 반복해서 연습할 수도 있다. 이렇게 함으로써 장차 그 순서대로 해야 할 상황에서 연주자의 두뇌 속 신경망이 저절로 작동할 정도의 기량을 하루라도 더 빨리 달성하려는 것이다.

목표를 잘게 쪼개 전체적인 결실을 위해 꼭 필요한 세부 요소별로 나누어보는 일은 큰 도움이 된다. 물론 목표에 따라서는 이 과정이 유독 더 힘들 수도 있다. 예를 들어 매일 점심 도시락을 싼다고 했을 때, 이 목표의 구성 요소는 무엇일까? 매일 아침 10분 일찍 눈을 뜨고, 쇼핑하기 전에 미리 도시락을 싸는 데 필요한 장보기 계획을 세우며, 실제로 도시락을 싸고, 매일 밤 도시락통을 설거지해놓으며, 점심때 도시락 먹는 시간을 낸다는 게 제시가 내놓은 세부 구성 요소였다.

제시는 이 요소 중 어느 것 하나라도 삐끗할 수 있다는 사실을 깨달았다. 그리고 그 점을 이해하자 그녀의 시야는 한층 넓어졌다. 그녀는 이런 일을 대함에 있어 자신의 전략과 정신력을 총동원해야 했다. 예를 들면 지금 그녀의 두뇌는 특정 시간에 일어나도록 프로그램되어있다. 그런데 목표 달성을 위해서는 10분 일찍 눈을 뜨는 것으로 프로그램을 수정해야 한다. 그리고 침대를 박차고 나와 부엌으로 가서 도시락을 싸는 것을 또 프로그램에 집어넣어야 한다. 하나의 목표를 놓고도 이 정도 요소만 해도 여러 단계로 나뉘며, 이 전부가 무산될 가능성도 여전한 것이 현실이다.

제시는 지금까지와는 달리 현명한 결정을 내렸다. 매일 한 목표당 하나의 구성 요소에만 집중하기로 한 것이다. 그래서 한 달 안에 새로운 습관 전체가 몸에 배도록 하겠다는 것이었다. 그녀가 한가지 요소에만 집중하면 그와 관련된 시냅스가 왕성하게 활동하며 강화될 것이다. 즉 그녀는 우선 아침에 평소보다 10분 일찍 눈을 뜨는 데만 신경 쓰면 된다. 그다음 날은 실제로 침대를 박차고 나오는 데 집중한다. 사흘째 되는 날에도 침대를 빠져나오는 데 신경을 쓰지만, 그날 저녁에는 냉장고를 열고 도시락 싸는 데 필요한 찬거리를 확인하는 일에도 주의를 기울인다. 나흘째에는 침대에서 일어나는 일과 따로 할애한 시간에 도시락 싸는 일에 집중한다. 닷새째 되는 날의 목표는 드디어 도시락을 싸고 점심때 그 도시락을 먹는 것이다.

**연결망을 강화하라**

자동차로 진흙길을 운전하면 길의 특정한 곳만 움푹 파이듯이, 두뇌 속 시냅스들 사이의 연결망도 이렇게 움푹 팬 자국으로 생각할 수 있다. 이런 일이 일어날 때 우리는 시냅스의 강도가 증가했다고 한다.

목표를 달성하고자 할 때는 여러 가지가 나에게 유리하게 뒷받침되어야 한다.

- 긍정적 앵커링 효과
- 좋은 습관
- 옳은 결정
- 효과적인 전략

이 모든 요소는 내가 의식적으로 통로를 강화할수록 더욱 나에게 유리한 방향으로 프로그램된다. 신경 통로를 강화하는 방법은 생각보다 간단하다.

- 일어났으면 하는 일을 계속 생각한다. 예를 들면 냉장고 문을 열 때마다 초콜릿 대신 과일을 집어 든다.
- 목표에 도달하기까지의 과정을 생각한다. 예컨대 탄탄한 하

체가 목표라면 아침에 일어나 양치질하면서 스쿼트를 50회 하는 장면을 상상한다.

- 전체 목표를 늘 머리에 둔 채 세부 요소를 적극적으로 실천한다. 어쩌면 승진이라는 목표를 염두에 둔 채 지겨운 프로젝트를 열심히 하는 것도 한 가지 사례가 될 수 있을 것이다.

### 신경과학자들의 1급 비밀

신경과학 분야에서 발견된 놀라운 사실 중에는 아직 비즈니스 세계에 알려지지 않은 것들이 많다. 이것이야말로 가장 크고 심오한 비밀 중 하나로서 아마 제대로 알려진다면 그 영향은 어마어마할 것이다. 우리는 그중에서도 목표 달성이라는 관점에서만 살펴보겠지만, 이것을 적용할 수 있는 분야는 너무나 많다. 그것이 바로 점화 효과다.

점화 자극은 특정한 신경회로를 활성화하며 우리를 특정한 방식으로 반응하게 만드는 요인이다. 실제로 제시가 자신이 하는 모든 일을 통제해야 하는데도 정신이 산만해지는 것 같다고 혼잣말을 한다면, 그 말 자체가 그녀를 특정한 방식으로 움직이는 점화 자극이 되고 만다. 자신을 그런 사람(정신이 산만한 사람)으로 규정하는 것만으로 그녀의 두뇌에서는 특정 회로가 활성화된다. 사람들이 비서와 교수에 관한 글을 읽고 각각 자신을 그런 인물로 생각했다는 점화 효과 실험을 기억할 것이다. 그 결과 그들의 행동도 각각 더 빨라지거나(비서는 행동이 빠른 편이다.) 더 정확해졌다.(교수는 무슨 일이든 정확하게 할 것이다.) 이 실험은 목표를 달성하는 데에도 매우 중요한 시사점을 던져준다.

목표 달성은 몇 가지 요인에 좌우된다. 전체적인 관점으로 보면 그것은 우리의 전략과 능력에 달린 문제다. 그러나 사람들이 간과하는 사실은 우리의 능력이라는 것이 얼마나 예민하며, 다른 일로 쉽게 영향을 받는가 하는 점이다. 불과 10년 전만 해도 사람들은 능력을 내가 할 수 있거나 할 수 없는 어떤 것으로 설명했다. 능력은 연습과 훈련을 통해 개선할 수 있다. 최근에 이르러서야 정신이 능력에 미치는 효과를 고려해야 한다는 태도가 주류로 부상하기 시작했다. 그러나 아직도 많은 사람은 이런 개념을 아주 낯설게 여긴다. 겉으로 드러난 세상의 모습에만 휩쓸릴 것이 아니라 현상의 이면에 놓인 과학적 실체를 탐구한다면, 우리의 두뇌가 무슨 일을 하는지 살펴봐야 할 이유가 왜 그토록 중요한지 이해할 수 있다.

점화 효과를 목표 달성에 사용할 수 있다. 그것을 어떻게 적용할 것인지는 오로지 나의 상상력에 달려있다. 주어진 상황에서 어떤 성격의 사람이, 또는 구체적으로 누가 가장 훌륭한 성과를 거둘 수 있는지 생각해보는 것도 좋은 출발점이라고 볼 수 있다. 기업가 중에는 자신만의 롤모델, 즉 꼭 닮고 싶은 인물을 마음에 두고 있는 사람이 많다. 이것은 사람마다 어떻게 받아들이느냐에 따라 달라진다. "이런 상황에서 리처드 브랜슨이라면 어떻게 행동할까?"라고 자문하는 사람도 있을 것이다. 또는 그들의 가치관을 책이나 여러 문헌을 통해 읽고 자신의 것으로 삼는 사람도 있을 것이다.

점화 효과를 얻는 방법은 간단하다. 신경회로를 활성화할 수 만 있다면 어떤 방법이든 상관없다. 각자 자신에게 맞는 방법을 실험해보면 된다. 어떤 사람을 떠올려 그가 어떻게 행동했을지 상상해보는 것은 어떨까? 아니면 그 사람과 직접 대화를 나눠보는 방법은? 누군가에 관한 내용을 읽는 것은 어떤가? 그들에 관한, 또는 나의 목표와 관련된 영화나 TV 프로그램을 시청하는 것이 좋을까? 신경회로를 자극할 수만 있다면 더 많은 방법을 동원할수록 더 좋다.

제시가 정말로 날씬하고 건강하며 균형 잡힌 기업가가 되겠다는 큰 목표를 세운다면 스튜어트는 그녀에게 다음과 같은 몇 가지 숙제를 내줄 작정이었다.

- 사업에서도 성공을 거두고, 날씬하고 건강하며 균형 잡힌 몸매도 보유한 롤모델을 3명 선정한다.
- 여기에 해당하는 사람에 관한 TV 다큐멘터리를 최소한 한 편 시청한다.
- 여기에 해당하는 사람에 관한 책을 적어도 한 권 읽는다.
- 매일 5분 정도씩 들을 만한 음악을 휴대폰에 담아둔다.
- 나의 다음 목표가 될만한 사람을 1명 선정해 대화를 나눈다.
- 매일 아침 일어나기 전에 1분 동안 달라진 자신의 모습을 생생히 머리에 떠올린다. 오늘 내가 선택할 일들을 생각해본다.

제시가 위의 항목을 모두 실천한다면 자신의 목표를 달성하는 데 필요한 신경회로를 제대로 활성화하는 데 큰 도움이 될 것이다.

### 동기부여

동기부여가 도무지 안 된다거나, 그 정도가 목표 달성에 방해가 될 정도로 충분치 않다고 호소하는 사람이 있다. 이런 말을 단순히 변명이라고만 치부할 수는 없다.(물론 변명으로 내세우는 사람도 있다.) 사실 이것은 누구나 하는 말이다. 동기부여를 담당하는 두뇌 영역은 다름 아니라 앞서 살펴봤던 전전두엽피질이다. 따라서 이 문제를 해결하려면 일단 두뇌의 이 영역을 활용해야 한다. 전전두엽피질이 작동하는 데에는 많은 에너지가 소모되므로 잦은 휴식이 필요하다는 점을 명심해야 한다.

동기부여란 목표지향적 행동을 시작하고, 안내하며, 이를 유지하는 것으로 생각할 수 있다. 목표를 향해 비록 작은 행동이나마 첫 단계에 착수하면 희망이 생긴다. 이런 행동은 두뇌의 보상시스템을 활성화하여 도파민을 분비한다. 도파민은 기분을 좋게 한다. 따라서 이런 행동을 계속해야겠다는 생각이 들고 이런 기분을 다시 느끼기 위해 같은 행동을 반복하게 된다. 그리하여 목표를 향해 나아가는 전체 과정이 즐거워진다. 두뇌와 신체가 자연스러운 과정을 통해 지속해서 동기부여를 얻을 수 있도록 활성화된 것이다.

**주의집중**

911테러가 미친 파급효과는 상상 이상이었다. 그에 따른 심리적 증상과 외상후 스트레스를 처음으로 연구한 결과로부터 우리는 중요한 교훈을 얻을 수 있다. 이 연구는 노스캐롤라이나의 리서치트라이앵글인스티튜트(Research Triangle Institute, RTI) 연구팀이 수행했다. 그들은 한 사람의 외상후 스트레스 정도와, 테러가 일어나는 순간과 이후 벌어진 일들을 지켜본 시간 사이에 직접적인 관련이 있다는 사실을 발견했다. 다시 말해 사람들이 TV로 911 사건을 지켜본 시간이 길수록 심리적 증상에 시달릴 확률도 높아진다는 것이다. 이 상관관계는 그 사람이 테러로 친구나 가족을 잃은 경험이 있느냐의 여부에는 영향을 받지 않았다.

두뇌가 어떤 일에 주의를 기울이느냐 하는 것은 마음 상태와 실제 삶에 엄청난 영향을 미친다. 911이 남긴 흔적을 TV로 지켜본 사람들을 연구한 결과가 이를 여실히 보여준다. 우리는 주의력이 인지 결과에 막대한 영향을 미친다는 사실을 경험으로 알고 있다. 예를 들어 제시가 평범한 직장생활을 하다가 사업가가 되어 자기 일을 시작하자마자, 그녀의 눈에는 온통 다른 사업가들의 모습만 눈에 들어왔다. 그들에 관한 책을 읽고 방송을 시청했으며 부지런히 돌아다니며 그들을 만나기도 했다. 조금이라도 유명한 사람이 있으면 그의 남다른 점을 유심히 생각하는 버릇도 생겼다.

**TV가 보여주는 현실**

TV에 보이는 장면이 모두 현실이 아니라는 것쯤은 우리도 안다. 등장하는 인물은 프로 배우고, 주변 장면은 세트로 꾸민 것이며, 말하는 내용도 각본대로 따라 하는 것뿐이다. 그러나 우리 두뇌의 모든 영역이 과연 이

> 점을 인식하고 있을까?
> 우뇌는 연기로 꾸며낸 장면도 실제와 똑같이 인식해서 처리한다. 변연계는 한발 더 나아가 눈에 보이는 장면을 실제로 여기고 그렇게 반응한다. 예를 들어 공포 영화를 보다가 악당이 착한 주인공에게 몰래 다가서는 장면이 나오면 우리 두뇌에서도 위협에 대한 반응이 활성화된다.

목표를 달성하는 데 가장 유리한 마음 상태는 어떤 것일까? 제시가 침착하고, 체계적이며, 상황을 완전히 장악하려면 마음이 어떤 상태에 머물러야 할까? 출근길에 뉴스를 듣는 것은 그녀에게 별로 좋은 계획이 아닐 수 있다. 뉴스를 듣다 보면 짜증과 분노가 치밀어 마음을 다스리는 데 도움이 안 되는 데다, 사람의 본성에 대해서도 혼란을 느끼게 된다. 이런 생각 때문에 자신의 두뇌에서 화학물질이 분비되고 그것은 다시 특정 신경회로를 활성화하여 두뇌에 점화 자극을 준다는 것을 이제 알았으므로, 지금부터는 다른 방법을 실험해보기로 마음먹었다.

제시는 자기관리 능력을 극대화하기 위해 아침에 뉴스를 듣는 대신 토니 셰이Tony Hsieh의 오디오북 〈딜리버링 해피니스Delivering Happiness〉를 듣기로 했다. 2012년에 출간된 이 책은 그의 기업가로서의 모든 경험을 담고 있어 큰 영감과 동기를 부여할 뿐만 아니라 비즈니스에 도움이 되는 훌륭한 교훈도 많이 얻을 수 있는 내용이었다.

### 보상의 자격

제시는 지금껏 목표를 추구하는 과정에서 자신에게 보상을 허락하는 이유를 도무지 찾을 수 없었다. 그녀가 생각하기에 목표 달성은 그 자체가 보상이며, 만약 실패한다면 자신이 그 어떤 보상을 받을 자격은 없다고 생각되었다. 목표를 추구하는 과정에서 자신에게 보상한다니, 생각할수록 너무 낯간지러운 일이었다. 그러나 두뇌는 실제로 보상받기를 좋아하며, 그럴 때마다 좋은 화학물질을 분비하여 내가 비슷한 행동을 계속할 수 있도록 돕는다.

### 행동

제시는 앞으로 한 달간 시험 삼아 하나의 목표를 아주 잘게 쪼개 세부 이정표를 만들고 이를 돌파할 때마다 자신에게 보상을 부여하겠다고 말했다.

### 제시의 실천 사항

- 사라와 면담하면서 그녀가 세일즈 훈련을 시작하도록 돕는다. 실천한 후에는 보상으로 〈뉴사이언티스트New Scientist〉 매거진을 산다.
- 엠마에게 필요한 책을 주고 프레젠테이션 기법에 관한 온라인 강좌를 듣게 한다. 그리고 그녀와 약속을 잡아 프레젠테이션을 선보일 기회를 주고 결과를 피드백 해준다. 엠마와 함께 저녁 외식을 나가는 것이 보상이다.
- 전략 분야의 외부 강사를 초청해 전 직원이 참여하는 내년도 전략 수립 강좌를 개설한다. 보상으로는 얼굴 마사지를 받으러 간다.

### 목표 달성을 위한 최고의 두뇌 활용 팁

- 실제 전략계획과 정신적 전략계획을 모두 고려한다.
- 정기적으로 목표 달성에 필요한 구성 요소를 머리에 생생히 떠올려보며 시냅스 연결망을 강화한다.
- 가장 간절히 달성하고 싶은 목표를 골라, 이를 잘게 쪼개는 일부터 시작한다.
- 내가 목표한 상태에 이미 도달한 사람들을 생각하면서 점화 자극을 얻는다.
- 전체 목표의 세부 요소를 달성할 때마다 자신에게 보상할 계획을 세운다.

### 두뇌를 활용하여 목표 달성법을 터득할 때 얻는 최고의 유익

- 두뇌는 내가 목표를 달성하는 일을 도와줄지언정, 방해하지 않는다. 두뇌는 그 과정을 쉽게 만들어준다.
- 목표 달성에 관한 전략을 수립한 다음, 사고 역량을 다른 일에 더 많이 할애할 수 있다.
- 새로운 자아정체성을 수립하여 자신을 신뢰할 수 있으므로, 달성하고자 하는 목표를 언제든 달성할 수 있다.
- 나를 향한 다른 사람들의 신뢰가 커진다.
- 변수가 많은 더욱 복잡한 목표를 수립할 수 있다. 그리고 이를 더 빨리 달성할 수 있다.

9장

# 동기부여의 함정

## 잘 언급되지 않는 동기부여의 중요한 측면들

### 동기부여가 필요해

벤은 이번 주를 아주 보람차게 보냈다. 매일 귀가하겠다고 약속했던 시간에 딱딱 맞춰 귀가했으며, 당연히 아내도 이를 대환영했다. 원기가 소진된다는 느낌이 들 때면 밖으로 나가 바람을 한 번 쐬고 음악을 듣고 나면 다시 기운이 회복되었다. 초콜릿과 커피를 외면하고 이 방법을 쓰는 것이 늘 쉽지만은 않았지만 그럴 때마다 그는 다시 한번 결의를 다지며, 분명히 이렇게 할 수 있다고 굳게 믿었다. 그 결과 그는 자기관리를 완벽하게 터득하고 있다는 느낌을 받았다.

이번 주에는 함께 일하는 다른 사람들에 관한 문제를 스튜어트와 상의해야겠다고 생각했다. 벤은 팀이 정말 중요하고 팀워크를 통해 더 많은 성과를 내야 한다고 생각했기에 팀에 속해 일하는 것을 정말 좋아했다. 그러나 이번 주에는 팀원들에게 동기를 부여하느라 너무 힘들었던 것이 사실이었다.

제인은 계속해서 그의 속을 썩였다. 그는 그녀가 좀 더 생산적인 업무 능력을 갖춰야 한다는 것은 알았지만, 그녀를 어떻게 이끌어야 그렇게 될 수 있는지는 몰랐다. 진작부터 한번 시간을 내서 그녀와 이 문제를 이야기하기로 했었는데, 이제 더 미룰 수 없다는 생각이 들었다. 그런데 대화를 나눠보니, 사실 생각했던 것보다 훨씬 깨달은 바가 많았다. 누군가가 자신의 말에 귀를 기울이자 그녀의 입에서는 마치 봇물이 터지듯 속에 감추어두었던 이야기가 다 쏟아져 나왔다.

그녀는 일자리를 잃을까 봐 걱정되었고, 그가 항상 화를 내고 자신에게 실망하는 것이 두려웠으며, 좀 더 강해지지 못하고 남자친구와 헤어진 상처를 이겨내지 못하는 자신에게 짜증도 났다.(물론 입으로는 개인적인 일은 집에 두고 온다고 단언하지만 말이다.) 벤은 이 모든 이야기를 처음으로 들으면서 도무지 어찌할 바를 몰랐다. 그에게 가장 중요한 일은 역시 그녀가 제 몫을 다해주는 것이었다. 그러나 한편으로는 그녀의 사정을 공감하면서 현 상황을 너무 걱정하지 말라고 다독여주고 싶은 마음도 있었다.

지난주에 그는 다른 부서에서 맞춤형 사내 소프트웨어에 관한 교육 일정을 진행한 적이 있었다. 참가자들의 태도는 모두 정중했지만, 교육 주제에 진지한 관심을 보이는 것 같지는 않았다. 그 팀에 제임스라는 사람이 있었는데, 유독 주의가 산만해 보였다. 벤이 보기에는 그가 조금 더 열심히 노력해야 교육을 제대로 따라올 수 있을 것 같았다. 제임스는 그날 교육 내용보다는 자신의 발언으로 다른 사람들의 호응을 끌어내는 데 더 관심이 있는 것 같았다. 벤은 자신이 그에게 동기를 제대로 부여하지 못하는 것 같아 마음이 무거워졌다.

이번 주에 벤의 팀은 또 하나의 프로젝트를 맡았는데, 벤은 이번 일이야말로 지금까지 했던 어떤 것보다 멋지게 성공하고 싶었다. 그러기 위해서는 팀원 전체가 힘을 합쳐 열정을 쏟아내야 했다. 벤이 생각하기에는 팀원 모두가 이 프로젝트를 위해 협력하여 각자 최대한의 능력을 발휘할 필요가 있었다.

**현재 상황**

스튜어트는 다른 사람에게 동기를 부여하는 일은 누구에게나 자신의 삶에 지대한 영향을 미친다는 것을 알고 있었다. 따라서 이번 상담이야말로 벤과 그의 동료, 나아가 장차 동료가 될 사람 모두에게 중요한 의미가 있었다. 스튜어트와 벤이 함께 생각해볼 내용은 다음과 같았다.

- 제인이 생산성을 높일 수 있도록 도와주기
- 벤과 제인이 의사소통의 폭을 넓히기
- 제임스 같은 사람과 관계를 맺고 동기를 부여하기
- 팀 전체의 동기부여 문제

이 장에서는 다른 사람에게 동기를 부여하는 일을 좀 더 효과적으로 하는 방법, 다른 사람을 도와줄 잠재력을 더 생산적으로 만드는 법, 그리고 나와 동료들이 느끼는 좌절감을 낮추는 방법 등을 살펴본다. 이를 통해 직장과 가정에서 스트레스를 줄이는 부수적인 효과도 기대할 수 있다.

### 다른 사람에게 동기 부여하기

동기부여는 참 신기한 현상이다. 우리는 자신과 다른 사람에게서 이것이 부족해지면 곧장 알아챈다. 이것은 때로 우리로서는 어쩔 수 없는 일로 여겨지기도 하고, 그저 환상에 지나지 않는 것으로 느껴질 때도 있으며, 손에 잡힐 듯한 기미가 보이면 최대치까지 끌어올려야 하는 것으로 생각하기도 한다.

도대체 동기부여란 무엇인가? 동기부여는 적극적인 태도와 많은 공통점을 가지고 있으므로, 우선 이것부터 살펴보기로 하자. 적극성이란 단지 주도적인 행동만을 말하는 것이 아니라 가장 중요한 책임감을 인식하는 태도를 말한다. 바로 이것 때문에 우리가 내리는 결정이 그렇게 중요한 것이다. 책임감responsibility이란 단어를 풀어보면 반응response 능력ability이 된다. 즉 우리가 보이는 반응을 선택하는 능력이 바로 책임감이라는 뜻이다.

벤은 책임감이라는 개념에 아주 익숙했다. 코칭 업계에서 함께 일하는 사람들에게 이해시켜야 할 가장 중요한 개념이 바로 책임감이다. 그래서 그들은 상황을 바꾸는 힘이 자신에게 있다는 사실을 잘 알고 있다. 외부요인 탓을 하며 넋두리를 늘어놔봤자 주변 환경을 개선하는 데에는 털끝만큼도 영향을 미치지 못한다. 물론 내가 어찌할 수 없는 외부 환경이 존재하지 않는다는 말은 아니다.

빅터 프랭클은 젊어서부터 프로이트 심리학을 자세히 공부했다. 그래서 어릴 적에 일어나는 모든 일이 현재의 내 모습과 나머지 인생의 모든 행로를 규정한다고 생각했다. 유대인이었던 그는 부모, 형제, 자매, 그리고 아내와 함께 나치가 운영하는 죽음의 수용소에 갇혀 있었다. 그중에서 끝까지 살아남은 사람은 여동생과 자신뿐이었다. 인간이 견딜 수 없는 수준의 고문과 가혹행위에 시달리던 그가 장차 우리 모두에게 엄청난 영감을 안겨줄 인생행로를 걸어가리라고는 프랭클 자신조차 결코 알 수 없었다. 그는 자신의 책(1946년에 초판 출간)에서 '마지막 남은 인간의 자유'를 이야기했다. 그는, 나치가 자신을 둘러싼 모든 환경을 완벽히 통제하고 자신의 신체도 마음대로 할 수 있지만, 자신의 가장 밑바닥에 자리한 정체성만은 그들도 어쩌지 못한다고 말했다. 이런 경험이 그에게 어떤 영향을 미칠지를 결정하는 것은 오로지 그의 선택이며 이 선택은 언제나 그 자신의 통제하에 있었다.

동기부여는 어떤 일을 하려는 의사결정이 있기 전에 미리 나타나는 전조 현상으로 볼 수 있다. 아침에 침대에서 일어나려는 충분한 동기가 있을 때 사람은 일어나려는 결정을 내릴 수 있고, 자신도 모르게 벌떡 일어나 하루를 시작할 준비를 마치게 된다.

### 동기부여의 원인

동기부여의 중요한 두 형태, 즉 내적 및 외적 동기부여를 생각해볼 수 있다. 내적 동기부여란 그 동력이 내면에서 발휘되는 것을 말한다. 외부의 힘은 전혀 작용하지 않는다. 오로지 내가 즐거워서 어떤 일을 하는 것을 말한다. 반면 외적 동기부여는 외부 세계에서 비롯된 동기부여를 일컫는다. 뭔가 다른 것을 얻기 위해 어떤 일을 하는 것을 말한다. 주로 돈과 인정 및 기타 보상을 얻기 위해서, 또는 처벌을 피하려는 것이 목적이 된다. 내적 및 외적 동기부여에 관해서는 수많은 연구가 이루어졌다. 중요한 것은 언제 이것을 사용할 수 있는지를 이해하는 것이다.

### 동기부여의 보상 요인

#### 보상을 기다리다

두뇌의 관점에서 보면 보상에 대한 기대심리는 강력한 힘을 발휘한다. 마티아스 페시글리오네Mathias Pessiglione 연구팀은 우리가 보상을 기대할 때 보이는 행동이 복부 선조체ventral striatum와 편도체 등을 포함한 두뇌의 특정 영역으로부터 영향을 받는다는 사실을 발견했다. 두뇌의 다른 영역도 다양한 상황별로 나타나는 여러 가지 일에 가치를 부여하는 데 큰 역할을 한다.

원숭이에게 가장 큰 동기부여를 주는 보상은 이를테면 바나나 혹은 사과 등일 것이다. 원숭이가 바나나나 사과를 보는 순간, 그들의 안와전두피질orbitofrontal cortex이 활성화된다. 이 두뇌 영역에서 활성화된 세포들은 보상의 계층구조를 파악할 수 있는 것처럼 행동한다. 원숭이에게 사과와 상추를 같이 보여주었을 때 이 세포는 사과에 더 크게 반응했지만, 사과만 하나 보여주었을 때는 바나나에 더 큰 반응을 보였다.

우리는 대개 외부요인에 의한 유혹으로 어떤 일을 하는 경우가 더 많다. 부모님들이(바람직한지 아닌지는 차치하고) 아이에게 맛있는 음식을 보상으로 제공하여 착한 행동이나 어떤 과업을 달성하도록 만드는 장면을 많이 본다. 다 큰 성인들도 배우자에게 제발 샤워만 하면 럭비 경기를 시청하거나 무슨 일을 하든 방해하지 않겠다는 보상을 내건다는 이야기를 심심치 않게 들을 수 있다. 이런 외적 동기부여가 효과를 발휘하기도 한다는 사실을 우리는 경험으로 알고 있다. 우리는 이런 행동이 결국 어떤 효과를 가져오는지 곧 살펴볼 것이다.

### 돈이 곧 힘이다

마티아스 페시오글로네 팀이 수행한 또 다른 연구 결과는 무의식적 동기가 얼마나 큰 힘을 발휘하는지 잘 보여준다. 연구 결과 사람들이 어떤 일에 기울이는 노력의 정도는 자신이 기대하는 보상의 수준에 따라 달라졌다.

이 연구에서는 사람들에게 가려진 사진을 보여주었다. 사진의 내용은 1파운드, 또는 1페니짜리 동전이었다. 둘 다 정확히 얼마짜리인지 알 수 없을 정도로만 가려놓은 사진이었다. 그러나 사람들은 무의식적으로 그것이 얼마인지 알아맞혔다. 실험에 돈을 사용한 이유는 그것이 두뇌의 보상 회로를 자극한다는 사실이 언제나 변함없이 검증되어왔기 때문이다.

피험자들의 두뇌, 그리고 그들 피부의 전기전도도와 손의 악력을 모두 측정했다.(악력은 행동 기능의 척도로 볼 수 있다.) 그리고 그 결과를 화면에 나타내어 피험자들이 손을 꽉 쥘 때 보이는 행동 의지의 오르내림을 온도계로 표시하였다. 그들에게는 온도계 바늘이 높이 올라갈수록 더 많은 돈을 받게 된다고 말해두었다.

실험 결과, 사람들은 1파운드 동전에 대해 1페니에 대해서보다 더 많이 애를 썼다. 분명히 눈에 보이는 그림만으로는 둘 사이의 차이를 구분할 수 없었는데도 말이다. 이때 주로 관여하는 두뇌 영역은 변연계의 출력통로 역할을 하는 영역으로 추정되었다. 즉 이곳은 감정과 동기부여에 관한 활동을 관장하는 영역이다.

도파민은 측좌핵nucleus accumbens에 풍부하게 저장되어있다. 이 영역은 세로토닌과 엔도르핀 같은 다른 신경전달물질에 매우 민감하게 반응한다. 세로토닌과 엔도르핀, 그리고 도파민이 뿌듯하고 만족스러운 느낌을 준다는 사실을 기억할 것이다. 실제로 이 물질들은 동기부여를 일으키는 역할을 한다.

어쩌면 이와 관련하여 측좌핵에 장애를 입은 원숭이의 경험을 이야기할 수 있을 것이다. 그 원숭이들은 견과류를 나중에 먹으려고 껍질째 비축해놓기보다는 지금 당장 껍질을 까서 먹는 편을 택했다. 사람들도 장래에 얻게 될 보상으로는 별로 동기부여를 얻지 못하기 때문에 고생하는 경우가 많다. 예를 들면 다음과 같이 말이다.

- 헬스장에 가서 몸매를 멋지게 가꾸는 것이 귀찮아 그냥 소파에 앉아있는 것과, 마지막 순간이 되어서야 서두르는 모습의 차이.
- 매달 조금씩 돈을 저축하는 것과, 큰 돈이 나가는 일에 신용카드를 쓰는 것의 차이,
- 학습과 훈련을 통해 일과 중에 효율적으로 일하는 것과, 늦은 밤 조용한 시간까지 남아 일하는 것의 차이,

이럴 때 필요한 태도가 있다. 반복적이고 지루한 일이지만 장기적으로 보상이 따르는 일을 하면서도 도파민이 분비되도록 하는 방법을 감시자의 눈으로 샅샅이 찾아보는 것이다. 도파민 분비를 촉진하는 일이 무엇인지는 사람마다 모두 다르겠지만 몇 가지 아이디어를 제시해보자면 다음과 같다.

- 체크리스트를 마련하여 내가 어떤 일을 성취했는지 확인한다. 발전하는 모습을 눈으로 직접 보는 것은 매우 유용한 방법이다.
- 각각의 과업을 구분하여 구체적으로 집중한다.(예를 들어 운동할 때도 한번은 이두박근에 집중하고, 다음에는 삼두박근을 주로 훈련하는 식이다. 또 돈을 저축할 때도 각각의 용도별로 구분해두는 방법이 있다.)
- 음악을 듣는다.

### 어린이를 위한 보상

동기부여에 관한 실험 중 가장 유명한 것은, 어린이들을 '마음대로 놀게' 한 후 그들을 대상으로 한 실험이었다. 마음대로 놀게 했음에도 계속해서 그림을 그리는 편을 택하는 아이들이 관찰되었다. 즉 그런 아이들은 다른 놀이를 해도 되는데 그림 그리기만 선택했으므로, 그림을 그리고 싶다는 내적 동기가 있음을 알 수 있었다.
이 어린이들은 세 그룹으로 나뉘어 있었다. 첫 번째 그룹에는 그림을 그리면 보상을 부여했다. 그들에게는 미리 "잘 놀았어요"라는 증명서를 보여주고 이 증명서를 받기 위해 그림을 그릴 생각이 있느냐고 질문했다. 두 번째와 세 번째 그룹의 어린이들에게는 그저 그림 그리기를 좋아하느냐는 질문만 던졌다. 두 번째 그룹에서 그림을 그리는 아이가 나오면 그 아이에게는 증명서를 부여했다. 그러나 이것은 "이것을 하면 저것을 줄게"와 같은 거래가 아니라 그저 우연히 그렇게 된 것뿐이었다. 세 번째 그룹에는 아무런 보상도 부여하지 않았다.
2주 뒤, 아이들이 자유롭게 노는 장면을 다시 관찰했다. 두 번째 및 세 번째 그룹에서 그림을 그리는 아이들의 비율은 지난번과 비교해 크게 달라지지 않았다. 그러나 그림을 그린 아이들이 증명서를 받았던 첫 번째 그룹에서는 이번에는 그림에 대한 흥미가 크게 떨어진 것을 볼 수 있었다. 이것을 소오여 효과라고 한다. 원래 재미있는 놀이였던 그림 그리기가 보상을 부여하자 일이 되어버린 것이다.
이 연구는 중요한 전환점이 되었고, 이후 3명의 과학자가 이를 다시 분석하여 추가 연구를 진행하게 되었다. 그중 한 사람인 에드워드 데시 Edward Deci는 이렇게 말했다. "128회에 걸친 실험을 통해 보상이 미치는 효과를 자세히 분석한 결과, 유형적 보상은 내적 동기에 상당히 부정적인 영향을 미친다는 결론을 내렸습니다."

외적 동기는 머리를 별로 쓸 필요가 없는 아주 기본적이고 반복적인 과업을 수행할 때는 효과를 발휘한다. 그러나 벤과 그의 동료들이 마주칠 상황은 결코 이런 범주에 속하지 않는다. 이 점을 이해하지 않은 채 외적 동기에 의존한다면 다음과 같은 위험을 마주할 수 있다.

- 사람의 내적 동기가 줄어들거나 아예 사라질 수도 있다.
- 창의성을 죽일 수 있다.
- 사람들의 사고가 단기적 관점에 머무르게 된다.
- 부도덕한 행동을 부추길 수 있다.

### 고차원적 목적

내적 동기를 끌어내는 가장 좋은 방법은 과연 내가 이 일을 하는 이유가 무엇인지 가장 깊은 차원에서 이해하는 것이다. 내적 동기가 개인에게 미치는 영향을 볼 수 있는 가장 좋은 방법은 한 기업을 있는 그대로 들여다보는 것이다. 제임스 콜린스James Collins와 제리 포라스Jerry Porras는 저 유명한 책 〈성공하는 기업들의 8가지 습관〉(1994)에서 아예 "이윤 추구를 넘어서"라는 장을 따로 할애하여 돈보다 더 큰 목표를 설정하는 것이 오랜 세월 장수하는 기업들의 차별화된 특징이라고 파악했다.

이부카 마사루는 1945년에 소니를 창립했다. 그리고 10개월 만에 작성한 사업계획서에 다음과 같이 회사의 존재 목적을 밝혀 놓았다.

- 기술자들이 기술혁신의 즐거움을 느끼고, 사회에 대한 사명을 인식하며, 전심전력을 다해 일할 수 있는 일터를 만든다.
- 전후 일본의 부흥과 일본 문화의 고양을 위해 기술과 생산의 역동적인 활력을 추구한다.
- 일반 대중의 삶에 첨단 기술을 적용한다.

이런 생각을 밝힌 시점은 무려 회사의 자금흐름이 흑자로 전환되기도 전이었다. 이렇게 비범한 생각은 이후 감사하게도 좀 더 보편적인 철학으로 발전했다. 그것은 이 회사가 이윤 창출을 넘어선 자신의 존재 목적을 더욱 뚜렷하게 추구했기 때문에 가능했던 일이다. 초기 사업계획서 이후 '소니 개척자 정신'이라는 것이 수립되었는데 거기에는 다음과 같은 내용이 포함되어 있었다. "소니는 발전을 거듭하여 전 세계를 위해 봉사하고자 한다… 소니의 원칙은 사람의 능력을 존중하고 격려한다는 것이다… 그리고 언제나 사람의 최선을 끌어내기 위해 노력한다." 이 정도면 '돈을 많이 번다.'는 목표보다는 아침에 잠에서 깨는 것이 훨씬 쉬워질 것 같다. 그렇지 않은가?

개인에게도 차원 높은 목적이 필요하다. 나는 왜 여기에 있는가? 나는 이 세상을 사는 동안 어떤 업적을 남길 것인가? 나는 어떤 점에서 남다른 일을 하고자 하는가? 이 모두가 내 입으로 직접 대답해야 하는 질문이다. 매일 반복되는 뻔한 일이라지만 그런 나의 일상을 한 차원 높은 목적과 연관 짓는 일이야말로 내적 동기를 계속 간직하는 데 큰 도움이 된다.

### 기대의 위력

기대는 강력한 힘을 발휘한다. 기대는 두뇌가 주의를 기울이는 입력 데이터의 내용까지도 실제로 바꿀 수 있다. 벤이 제임스가 교육을 제대로 받도록 애쓰고 있을 때, 그를 향한 기대를 좀 더 이용했더라면 상황이 달라졌을 수도 있다. 스튜어트는 벤이 기대 심리를 활용할 때 알아야 할 기초적인 내용을 검토해보았다. 기대란 두뇌가 미래에 보상이나 위협이 있는지를 미리 내다보는 방식으로 생각할 수 있다. 기대가 충족되었을 때, 다량의 도파민이 분비되면서 보상 반응을 경험하게 된다. 이런 경험은 나의 행동을 기억하여 다시 반복하게 만든다. 원래의 기대 수준을 뛰어넘는 성과를 올리면, 도파민 분비와 보상 반응도 더욱 강하게 작용한다. 기대를 정확히 실현했을 때 일어나는 두뇌 기능의 변화는 마치 다량의 모르핀 주사를 맞았을 때와 비슷하다고 설명할 수 있다! 그러나 기대가 어긋났을 때는 도파민 수치가 엄청나게 떨어지면서 위협에 대한 반응이 일어난다. 도파민이 사고와 학습에 도움이 된다는 사실을 기억할 것이다. 따라서 기대를 충족하거나 그것을 초과하면 목적을 달성했다는 엄청난 만족감을 누리게 된다.

벤이 제임스를 비롯한 팀원들을 대상으로 시도해볼 수 있는 일은 다음과 같다.

- 기대치를 설정한다. 예컨대 팀원들에게 오전에 얼마나 많은 서류를 검토할 수 있는지, 또는 고객 한 사람을 만나서 어떤 성과를 거둘 수 있겠는지 적어보라고 할 수 있다.
- 자신이 그 부서에 실제로 기대하는 수준보다 약간 낮게 기대치를 설정한다.(그들이 기대를 초과할 수 있도록)
- 팀원들이 기대를 초과할 수 있는 사소한 방법까지 모두 볼 수 있도록 프레임을 설정한다.

### 동기 파괴요인

벤은 제인이 큰 걱정에 휩싸여 힘든 시간을 보냈다는 사실을 알고 그녀와 자신 모두를 위해 그녀를 도와주고 싶었다. 벤이 늘 경험하듯이, 다른 사람들과 함께 일할 때는 그들의 속사정을 자세히 알아보는 것이 중요할 때가 있다. 스튜어트는 벤이 제인에게 진지하게 코칭을 해준 적이 없으므로, 그녀에 대한 그의 판단은 기껏해야 추측에 지나지 않는다는 점을 지적했다. 벤은 사람들이 경험하는 사고 과정을 이해함으로써 제인과의 관계를 돌아보는 데 도움이 되었다. 스튜어트는 제인이 걱정하는 내용을 전체적으로 정리해보자고 했다.

- 일자리를 잃을지도 모른다.
- 벤이 자신에게 화내는 것이 두렵다.
- 벤이 자신에게 실망하는 것이 두렵다.
- 자신이 더 강해지지 못하는 것에 좌절감을 느낀다.
- 남자친구에게 실연당한 상처를 아직 못 잊었다.

물론 이것은 제인이 걱정하는 전부가 아닐 수도 있다. 그러나 제인이 이런 속마음을 털어놓았다는 것만 해도 좋은 신호라고 볼 수 있으며, 벤이 그녀와의 관계를 풀어가는 데에도 좋은 출발점이 될 수 있다.

스튜어트는 벤에게 두뇌의 숨은 기능과 구조를 이야기하기 시작했다. 그리고 이렇게 힘겨운 도전에 대처하는 일이 중요한 이유도 설명했다. 두뇌는 구조상 보상을 극대화하고 위험이나 위협은 최소한으로 낮추려고 한다. 우리가 하는 행동만 보아도 보상을 추구하고 위협은 피하려고 한다. 잘 알다시피 어떤 것이 보상이고 어떤 일에 위협을 느끼는지는 사람마다 조금씩 다르지만 몇 가지 가정을 할 수는 있다. 변연계는 매우 민감한 기관으로, 이런 걱정 중 어느 하나만으로도 충분히 자극받을 수 있음이 분명하다.

위협 반응은 매우 강력하고 오래 간다. 그런데 보상이 있을 가능성을 향한 '기대' 반응은 이보다 훨씬 더 그렇다. 위협 반응은 사고력에 영향을 준다. 그것은 인지 능력의 저하를 초래한다. 방어적인 태도로 변하고, 새로운 정보를 처리하는 능력도 떨어지며, 주변 일들이 위협으로 느껴지는 경우가 많아진다. 제인이 자신이나 벤이 기대하는 만큼 생산성을 발휘하지 못한 이유도 바로 이 때문이다.

제인의 생각이라는 열차가 일단 걱정이라는 방향으로 출발해서 그녀가 그것과 관련된 감정을 느끼기 시작하면, 그 기차가 내리막길로 치닫는 것을 막아서기는 무척 어렵다. 단지 그런 감정을 묻어버리려 애쓴다고 해결될 일이 아니므로, 감정을 숨겨야 한다고 생각하면서 여전히 그런 환경에 머무는 것은 여간 힘든 일이 아닐 것이다. 감정을 억누르는 것은 어마어마한 에너지를 소비하는 일이다. 연구에 따르면 억압이 미치는 효과는 주변 사람들이 불편한 감정을 느끼는 것을 포함해서 몇 가지가 있다고 한다.

감정을 억누르는 대신 도움이 될 만한 일에는 두 가지가 있다. 하나는 그 감정을 규정하는 것이고, 또 하나는 주의를 집중할 만한 다른 일을 찾는 것이다. 그러므로 벤이 자신에게 실망하는 것이 두렵다면, 그녀는 우선 자신이 정말 두려움을 느끼는 것인지 확인해볼 필요가 있고, 다음으로는 뭔가 다른 일에 주의를 집중하려고 노력해볼 수도 있다. 자신이 어떤 일을 잘못했다면 그것을 되돌릴 방법이 있는지, 아니면 그저 사과해야 하는지 확인한 다음 다시 똑같은 잘못을 저지르지 않을 예방책을 찾아볼 필요가 있다. 물론 상황에 따라 이런 요소를 조금씩 다르게 조합할 수도 있을 것이다. 예컨대 벤이 어떤 일로 자신에게 크게 화를 내는 것에 두려움을 느꼈지만, 지금 그가 대단히 바쁘다면, 지금은 우선 다른 일에 집중하고 나중에 적당한 때가 오면(적당한 때란 일과가 끝날 무렵이나 다음 날 아침이 될 수도 있다. 제인이 벤의 업무 스타일을 얼마나 잘 알고 있느냐에 달린 문제다.) 그와 대화를 나눌 수 있을 것이다.

제인에게 도움이 될 만한 또 다른 방법은 그녀가 느끼는 감정을 분명히 규정하는 것이다. 일종의 꼬리표를 붙이는 것에 비유할 수 있다. 이 말을 이상하게 여기는 사람도 있을 것이다. 그러나 내 느낌이 무엇인지 명확히 규정함으로써 그에 따른 감정적 반응을 줄일 수 있다는 사실이 밝혀졌다. 단, 이 방법이 효과를 발휘하려면 규정하는 내용이 간결해야 한다. 그녀가 느끼는 바를 길고 장황하게 설명할 것이 아니라, 거기에 간단하고 상징적인 꼬리표를 붙인다고 생각하면 된다. 예컨대 "벤의 태도가 분명치 않아 미칠 것 같고, 이것 때문에 모든 일이 어려워지고 있다…."라고 말하기보다는 "불만이다", "짜증스럽다", 또는 "굼뜨다"와 같은 식으로 표현하라는 뜻이다. 설명이 길어지면 감정적 반응이 일어날 가능성이 커지고, 실제로 느끼는 감정보다 오히려 더 거기에 빠져들 수 있다.

이런 전략을 모두 터득하는 데에는 다소 시간이 필요하지만, 시간을 투자할 가치는 충분하다. 그런데 이런 방법을 다른 사람에게 가르쳐주려면 먼저 당사자의 허락과 적극적인 수용 자세가 있어야 한다. 과학적 근거가 충분하고, 많은 사람에게 그 유용성이 입증된 전략을 몇 가지 발견했다고 설명하면 일단 좋은 출발점이 될 수 있을 것이다.

벤이 효율과 효과, 생산성에 대해 새로운 깨달음을 얻게 되자, 그는 스튜어트에게 제인과 '문제 해결'을 위해 15분간 면담 약속을 잡겠노라고 자랑스레 말했다. 스튜어트는 그 말을 듣고 벤의 생각대로 되지 않을 수도 있다고 생각했다. 그는 다른 사람과 상담할 때, 특히 민감한 이슈를 다룰 때는 거기에 시간을 얼마나 쓸 것인지를 생각할 필요는 없다고 설명했다. 시간에 집중하다가는 상대방보다 시계에 더 신경을 쏟게 될 것이다. 그렇게 되면 상대방의 말속에서 중요한 단서를 놓치게 되고 결국 전체적인 상담 효율이 떨어질 것이다. 최악의 경우 이런 상담은 득보다 실이 더 많거나, 잘못 이해한 것을 바로 잡기 위해 한 번 더 상담해야 할 수도 있다.

이런 종류의 만남일수록 시간을 넉넉하게 할애하는 편이 낫다. 그가 제인에게 어떤 모습을 보여주고, 어떤 사람이 되며, 그녀의 질문에 어떻게 대답할지, 그리고 만남을 통해 무엇을 기대할지에 더 관심을 쏟아야 하기 때문이다. 미팅이 20분 만에 끝난다면 예상치 못한 시간이 남는 셈이므로, 이 기회에 다른 일에 시간을 쓸 수 있다.(시간이 남으면 아이들과 시간을 보낸다든지 하는 할 일 목록이 분명히 따로 있을 것이다.) 만남에 60분을 쓴다면 제인에게 중요한 시간을 할애했다는 생각에 마음이 뿌듯해질 수 있다.

### 통제의 힘

누구에게나 유난히 동기부여가 되는 일들이 있다. 그중 하나가 바로 자신이 하는 일에 자율권을 누리느냐 여부다.

### 중독된 쥐

노스캐롤라이나대학교 심리학 교수 스티븐 드워킨Steven Dworkin이 수행한 유명한 실험이 있다. 이 연구에는 쥐 두 마리가 등장한다. 첫 번째 쥐는 버튼을 누를 때마다 일정량의 코카인을 섭취할 수 있었다. 이 쥐는 결국 영양실조와 수면 부족으로 죽었다. 두 번째 쥐는 자신의 의지와는 상관없이 첫 번째 쥐가 버튼을 누르는 것에 맞춰 같은 빈도로 코카인을 섭취했다. 두 번째 쥐가 첫 번째보다 훨씬 빨리 죽었다.

자율권이 얼마나 중요한 것인지는 이미 여러 실험으로 증명되었다. 조직에 속해 일하는 사람이 완벽한 자율권을 누리기는 어렵다. 사실 이것이 없어도 혜택을 얻는 데에는 별 상관이 없다. 사소하지만 개인의 자율권을 증진하는 데 도움이 되는 방법들이 있다. 그러나 이 방법은 사실로 뒷받침될 때만 효과가 있다. 입에 발린 말로 직원들에게 자율권을 주는 척하는 것만으로는 아무 소용이 없다. 그러나 이런 방법을 써서 상상을 뛰어넘는 혜택을 누리는 회사도 많다. 그런 기업들은 직원들에게 다음과 같은 자유와 책임을 부여한다.

- 각자 원하는 시간에 티타임을 가지고, 그 시간에 무엇을 할지도 본인이 결정한다.(어떤 회사는 이런 자유를 허용하지 않기도 한다.)
- 회사에서 일할 때 어떤 옷을 입는 것이 적절한지는 자신이 결정한다. 예컨대 고객과 만날 때 격식을 차려입을 것인지도 본인의 책임이며, 평소에 캐주얼하게 입는 것도 각자의 자유다.
- 기업의 사회적 책임을 실천할 수 있는 일을 한다.(이 일을 위해

모이는 팀이나 만나는 시간, 일을 마친 후 보고하는 방법까지 선택권을 준다면 가장 이상적일 것이다.)

- 쉬는 시간을 누린 만큼 보충 업무를 하면 된다.(참고로 이런 관행은 영국보다 호주에서 훨씬 더 흔하게 찾아볼 수 있다.)

직원들에게 자율권을 더 많이 주려고 애쓰는 기업들이 있다. 3M 직원들은 근무 시간의 15퍼센트를 아무 제약 없이 자신이 하고 싶은 일을 하면서 보낼 수 있다. '포스트잇'을 발명한 것도 바로 이런 시간을 활용해서 해낸 일이었다. 3M에 포스트잇이 없었다면 얼마나 많은 수익을 놓쳤을지 생각해보라. 구글도 엔지니어들에게 무엇이든 하고 싶은 일을 할 시간을 주는데, 이 회사는 근무 시간의 20퍼센트를 보장한다. 구글의 이메일 서비스인 지메일이나 오르컷이라는 SNS 등이 모두 이런 자율 시간을 통해 구체화된 아이디어다. 회사측 발표에 따르면 새로운 발명의 50퍼센트가 이런 시간을 통해 탄생했다고 한다.

### 뷔르트조르흐

최근 10년 이래 비즈니스 업계에서 가장 흥미진진한 실험의 결과가 바로 이 회사다. 네덜란드의 헬스케어 단체 뷔르트조르흐Buurtzorg는 현재 혁신적인 방식을 도입하고 있다. 약 10명에서 12명으로 구성된 이 단체의 간호사팀이 누리는 자율권은 다음과 같다. 즉, 그들은 스스로 계획을 세우고, 휴일 일정을 조정하며, 행정권을 행사하고, 얼마나 많은 수의 환자를 돌볼지도 결정하며, 교육 수요와 계획도 자율적으로 수립한다. 팀의 성장과 분할 여부, 성과 측정 방법, 그리고 생산성이 저하되었을 때의 조치 방법 등도 모두 알아서 결정한다. 이 팀에 HR, 즉 인사 기능은 없다. 그들은 규모의 경제를 포기하는 대신 무한한 동기부여를 얻는 편을 택했다고 한다. 세계적인 컨설팅업체 언스트앤영(Ernst & Young, EY)이 조사한 바에 따르면 이 단체가 고객 한 사람을 돌보는 데 필요한 시간은 다른 보건단체에 비해 40퍼센트나 짧다고 한다.(사실 그들이 취한 방식을 살펴보면 이런 결과는 아이러니한 일이다. 그들은 한 사람당 10분씩만 목욕 서비스를 해주는 식보다는 환자에게 필요한 만큼 넉넉히 시간을 쓰는 정책을 취했기 때문이다.) 뷔르트조르흐가 돌보는 환자들은 다른 곳에 비해 서비스를 받는 시간이 절반밖에 되지 않을 정도로 빨리 낫고, 다른 곳에서보다 훨씬 더 많은 자율권을 누리기도 한다. 네덜란드의 모든 홈케어 단체가 뷔르트조르흐와 같은 성과를 거둔다면 이 나라의 사회안전보장체계에서 절감될 예산은 무려 연간 2조 6천억 원에 달할 것으로 추산된다.

숫자는 분명히 양적 성과를 보여준다. 그러나 간호사가 보람된 일을 하면서 얻는 기쁨, 그리고 자신이 생각하는 최고의 공동체를 구현하는 데서 오는 즐거움은 숫자로 표현되지 않는다. 간호사들이 설레는 마음으로 월요일 아침을 시작해서 금요일 오후까지도 보람찬 기분을 느낀다는 내용은 컨설팅 보고서 어디에도 나오지 않는다. 그러나 다른 보건단체에 비해 몸이 아파 결근하는 비율은 60퍼센트, 직원 이직률은 33퍼센트나 낮다는 수치를 보면 누구나 눈을 번쩍 뜨고 주목하지 않을 수가 없다.

### 확실성의 힘

13장에서 우리는 위대한 리더십의 핵심 요소를 두뇌의 관점에서 살펴볼 것이다. 리더와 팔로워의 두뇌에 각각 필요한 기본적인 요건은 무엇인지 알아볼 것이다. 그중 하나가 바로 확실성이다.

스튜어트가 지금 벤에게 이런 이야기를 하는 이유는, 제인에게 리더십을 발휘해야 하는 현 상황에서 확신의 힘을 이해한다면 그에게나 그녀 모두를 위해 모든 일이 더 쉬워지기 때문이었다.

수천 년 전으로 돌아가서 우리가 광활한 자연환경에서 살고 있다고 생각해보자. 그러면 우리는 먹을 것을 찾아 사냥해야 하고, 생존을 위해 같은 종족 내의 다른 사람과 힘을 합쳐야 한다. 다른 사람과 사이가 틀어지기라도 하면 종족에서 쫓겨날 것이고, 이는 곧 죽음을 의미할 정도로 무서운 결과를 초래한다. 언제 다시 먹을거리가 생길지 알 수 없는 상황은 그야말로 공포와 위협 그 자체다. 음식을 빨리 확보하지 못한다면 죽을 수밖에 없기 때문이다. 야생의 딸기 중에 어느 것이 안전하고 위험한지 잘 모르는 것도 생명을 위협하는 요인이 된다. 불확실성이 곧 생존을 위협하는 것이다.

우리 두뇌가 반응하는 방식은 지금도 확실성을 확보하기 위해 안간힘을 쓰는 쪽이다. 제인은 벤이 어떤 생각을 하는지 모르기 때문에 불편함을 느낀다. 그가 자신에 관해 나쁜 생각을 할까 봐 걱정할수록 그녀는 그런 걱정에 휩싸이게 된다. 그런 상황은 그녀에게 최대의 위협이다. 덜컥 실직이라도 하고 다른 일자리도 못 얻는다면 밀려드는 청구서도 갚지 못하고 다시 어머니에게 얹혀살아야 하기에 두려울 수밖에 없다. 벤의 관점에서는 그녀의 일솜씨가 썩 만족할만하지 않다는 점만 자꾸 눈에 들어온다.

제인이 확실성을 회복할 수만 있다면 쓸데없는 생각을 떨쳐버리는 데 큰 도움이 된다. 이를 위해 벤이 할 수 있는 일이라면 모든 일을 좀 더 투명하게 공개하고 더 많이 의사소통하는 것 정도가 될 것이다. 그녀가 가장 먼저 털어놓은 힘든 일 네 가지 중에 세 건은 이렇게 하면 상당히 해결할 수 있다. 벤이 구체적으로 무엇 때문에 화를 내고 실망했는지 제인이 이해하고, 그런 일이 다시 없기 위해 어떻게 해야 하는지 확실하게 알 수 있다면, 그녀는 좀 더 자신감을 되찾을 수 있다. 마찬가지로 벤 역시 누구나 실수할 수 있다는 점을 인정하고, 만약 그녀의 실수가 정말 심각해서 공식적 징계로까지 이어질 상황, 즉 실직의 위험이 실제로 눈에 보일 경우라면 언제든지 이런 사실을 알려주겠다고 분명히 밝힐 필요가 있다. 그렇게만 된다면 항상 일자리가 불안해서 마음을 졸이는 그녀의 마음도 안정을 찾을 수 있다.

제인이 밝힌 어려움 중 나머지 하나, 즉 남자친구와 헤어진 상처를 극복하지 못했다는 점은 벤이 그녀와 의사소통을 더 많이 한다고 해결될 문제가 아니다. 이 건은 완전히 다른 문제로, 벤으로서는 제인이 어떻게 해야 이 문제를 해결할 수 있는지 스스로 해답을 찾도록(예를 들면 친구나 개인 코치를 찾아 대화를 나누는 방법이 있을 것이다.) 도와주는 수밖에 없다. 스튜어트가 강조하고 싶은 것은, 함께 일하는 사람들의 모든 문제를 벤이 다 해결해줄 수는 없으며, 자신이 쉽게 도와줄 수 있는 일과, 다른 누군가가 나서서 도와주는 편이 더 나은 일을 벤이 구분할 줄 알아야 한다는 사실이었다.

### 확신의 힘

확신은 조직에서 일하는 사람이 갖추어야 할 또 하나의 핵심역량이다. 특히 리더는 어떻게 하면 함께 일하는 사람들의 내면에서 이것을 끌어낼 수 있는지 알아야 한다. 한 사람의 확신이 커지는지 줄어드는지 알기 위해서는 그의 지위가 올라가는지 내려가는지를 보는 것도 한 방법이다. 벤의 팀원 중 한 사람인 제임스가 바로 이런 도전에 처했다. 그래서 그는 벤과 자신도 모르는 사이에 팀 내에서 자신의 지위를 올리는 데에 집중력을 상당히 뺏기기 시작했다.

지위가 강력한 힘을 발휘하는 이유는 무엇일까? 진화의 관점에서 높은 지위는 곧 많은 보상과 직결된다. 그리고 그것은 오늘날에도 마찬가지라고 말하는 사람이 있고, 그렇지 않다는 사람도 있다. 어느 쪽이 맞는 말이든, 두뇌는 지금도 자신의 지위가 올라간다고 느낄 때 보상에 관한 신경회로를 활성화하도록 뚜렷하게 프로그램되어있다. 마찬가지로 두뇌는 지위가 내려갈 때는 위협 반응을 보인다. 왜 이런 현상이 일어나는지는 자명하다. 지위가 낮아지면 온갖 부정적인 결과가 빚어지기 때문이다.

상사에게 말을 거는 간단한 행동에서조차 두뇌에서 위협 반응이 일어나는 사람들도 많다. 우리는 대개 상사를 자신보다 높은 지위를 가진 사람으로, 따라서 자신은 지위가 낮은 사람으로 인식한다. 그러나 모든 일은 마음먹기에 달려있다. 만약 위협 반응이 문제가 된다면, 나의 인식을 바꾸기 위한 노력은 커다란 변화를 불러올 수 있다.

## TV 출연자 그리프

필자가 보는 TV 프로그램은 별로 많지 않기 때문에, TV에 나오는 사람 중에 얼굴이 익은 사람도 몇 명 되지 않는다. 〈버밍엄 시민사회 리더 조찬 토론〉이라는 프로그램에 출연하는 초청 패널 중에 그리프라는 낯익은 인물이 있다. 나는 그가 시빅보이스(Civic Voice, 영국의 시민단체 – 옮긴이)의 회장이라는 사실을 이미 알고 있었다. 그의 재미있고 분명하면서도 감동적인 이야기에 완전히 빠져든 덕분에, 나 역시 그를 그런 인물로 생각했다. 어느 날 필자가 시빅보이스 강연회에 가는 길에 우연히 그를 만났다. 그도 역시 그 자리에 참석하는 것을 알았던 필자는 그에게 가는 길을 물었다. 그런데 그는 자신도 잘 모른다면서, 대신 길을 잘 아는 다른 신사분과 같이 걸어가는 참이니 함께 가자고 했다. 이렇게 매력적이고 연설도 잘하는 사나이에 관해 궁금한 것도 많던 차에 잘됐다고 생각한 나는, 그가 전국 여러 곳에서 이런 연설을 하는지 물어봤다. 그런 편이라는 대답이 돌아왔다. 나는 궁금증을 참지 못하고 연설을 하지 않을 때는 어떤 일을 하느냐고 다시 질문했다. 순간 정적이 흘렀고, 나는 뭔가 잘못 말했나 싶어 잠시 당황했다. 그러나 그는 신속하게 본연의 자세로 돌아와 그가 하는 멋진 일들을 풀어내기 시작했다. TV 출연도 당연히 포함되어 있었다.

함께 걷던 그 멋진 신사도 끼어들어 그리프가 실제로 여러 가지 대단한 일에 관여하고 있다고 말해주었다. 나는 강연장에 도착해서야 사람들이 그를 대하는 태도가 나와는 좀 다르다는 것을 눈치챘다. 사람들이 그에 관해서 말할 때나 그와 대화할 때는 어조가 달라졌다. 그들 모두 이전부터 그가 말하는 장면을 보고 깊은 인상을 받았음을 짐작할 수 있었다. 휴식 시간에 나는 남편에게 전화를 걸어 아침에 시빅보이스의 그리프 라이스 존스Griff Rhys Jones 회장과 멋진 대화를 나누었다고 자랑했다.

그 후에도 몇 번 더 그가 출연하는 TV 프로그램을 보고 나니 그와 만났던 기억이 새로운 느낌으로 다가왔다. 내 눈에는 이제 그가 멋지고 생생하면서도, 영감을 던져주는 연설가일 뿐만 아니라, TV에 나온 바로 그 사람이기도 했다!

상사와 유명인은 사람들이 자신의 지위를 상대적으로 불리하게 느끼는 대표적인 상대방이다. 사실 어떤 사람을 마주했을 때 내가 지위가 더 낮다고 생각하는지에 관한 고정된 기준은 없다. 그러나 일반적으로 다음과 같은 사례를 들 수는 있을 것이다.

- 내가 입고 있는 셔츠와 똑같은 것을 입었는데도, 그에게 훨씬 더 잘 어울리는 것 같다는 생각이 들 때,
- 친구가 값비싼 자동차를 새로 샀다는 말을 들었을 때,
- 이웃집 아이가 운동회 달리기에서 1등 하는 동안, 우리 집 아이는 2등 하는 장면을 볼 때,
- 상사가 동료에게 칭찬하는 것을 들을 때.

사람들은 자신의 지위가 낮아지면 다시 올리려고 애쓰는 것이 보통이다. 이것은 무의식적으로 일어나는 일이다. 우리가 흔히 보는 희극의 주제도 이 내용을 크게 벗어나지 못한다. 사무실 복도 정수기 앞에 모인 사람들의 대화를 생각해보자. 한 사람이 최근 새로 장만한 자동차에 관해 이야기한다. 그러자 다른 사람은 아들 빌리가 화학 과목에서 A를 받아 선생님으로부터 옥스퍼드에 충분히 갈 것 같다는 말을 들었다고 자랑한다. 또 다른 사람은 이번 크리스마스에 노숙인들을 위해 자원봉사에 나섰다고 목소리를 높인다.

겉으로만 보면 이들은 그저 새로운 뉴스를 서로 이야기하는 것 같다. 심지어 어떤 사람은 그런 대화를 통해 그들의 유대감이 깊어질 것이라고 말할지도 모른다. 그러나 안타깝게도, 사람들이

자신의 상대적 지위를 높이려고 애쓸수록, 다른 사람과의 유대감은 떨어뜨리게 된다. 다시 말해 제임스가 회의석상에서 자신을 돋보이는 발언을 하면 할수록, 결국 자신만 외톨이가 되고 만다는 사실이다.

제임스가 정작 해야 할 일은 자신과의 경쟁에 몰두하는 것이다. 실제로 다른 사람의 지위를 인지할 때 활성화되는 신경회로가, 바로 자기 자신과 경쟁할 때도 똑같이 활성화된다. 즉, 제임스는 뭔가 새로운 일을 성취할 때마다 약간의 보상을 얻을 수 있다는 뜻이다. 정말 사소한 일로도 성취감을 맛볼 수 있다. 회의실에 남보다 먼저 도착한다든가, 좋은 제안을 내놓는 것, 자신의 역량을 키울 수 있는 책임을 맡거나, 동료를 인정해주는 일 등 얼마든지 들 수 있다. 제임스는 회의 도중에 제임스에게 비교적 작은 일을 맡기거나, 좋은 아이디어를 내거나 일을 잘했다고 그를 칭찬해줄 수 있다. 그리고 그가 거둔 성과를 확인해줄 수도 있다. 이런 것이 모두 그의 지위를 높여주기 위해 도와주는 일이다.(다 그가 성공하기를 바라서 요구하는 일이므로 그는 오직 자신의 지위를 높일 만한 내용을 나누기만 하면 된다.)

### 기분과 동기부여

**마음의 위력**

일란성 쌍둥이 자매의 기분이 어떤 효과를 발휘하는지에 관한 놀라운 실험이 있다. 쌍둥이 중 1명에게는 긍정적이고 행복한 기분을 계속 느낄 수 있는 환경을 부여했다. 다른 한 사람은 일방적으로 거래를 중단당한 탓에 기분이 별로 좋지 않았다. 그리고 그녀를 쇼핑센터 부근에 있는 한

헬스센터의 조용한 방에 가도록 했다. 거기서 그녀는 심각한 내용이 담긴 어떤 문서를 읽고 동의한다는 서명을 해야만 했다. 또 노트북 화면에 나온 문서를 읽으면서 별로 기분이 좋지 않은 내용을 친구에게 말하는 장면을 상상해야 했다.(예를 들면 "부모님께 상처를 드린 것이 생각나 너무 죄책감이 든다."와 같은 내용이었다.) 거기에다 바버의 '현을 위한 아다지오' 같은 슬픈 음악을 들려주었다. 그리고 잠시 혼자 시간을 보내도록 한 후 그녀를 쇼핑센터로 데리고 가 30분간 쇼핑하게 했다.
앞서 말했던 쌍둥이 중 한 사람에게도 비슷한 상황을 부여했으나 그녀에게 노출된 것은 모두 기분이 좋아지는 내용이었다. 예를 들어 그녀가 본 문서는 "난 뭐든지 할 수 있을 거 같아."라는 내용이었고 그녀가 들은 음악도 희망적인 곡이었다. 그런 다음에는 그녀도 30분간 쇼핑을 했다.
실험 결과 슬픈 쌍둥이는 물건을 더 적게 샀다. 들른 매장 수도 더 적었고, 둘러본 물건 수도 마찬가지였다. 아울러 구매한 물건에 대한 만족도도 더 떨어졌다.(별로 좋아하지도 않는 운동화를 한 켤레 샀다.) 쇼핑한 지 20분 만에 싫증이 나서 그만둬버렸다. 행복한 쌍둥이 쪽은 더 많은 상점을 방문하여 물건도 더 많이 살펴본 후 결국 훨씬 더 많은 양을 쇼핑했다. 심지어 그녀는 쌍둥이 자매에게 줄 선물까지 샀다!
이 실험은 마음 상태가 행동에 어떤 영향을 미치는지 극명하게 보여준다. 긍정적 마음과 부정적 마음으로 각각 고객을 대했을 때, 과연 그 결과는 얼마나 차이가 날지 상상해보라.

언제나 긍정적인 마음만 먹는다는 것은 그리 현실적이지도 않고, 꼭 건강에 좋다고 볼 수도 없다. 필요할 때마다 언제든지 원하는 마음이 될 수만 있다면 더할 나위 없이 좋을 것이다. 나에게 맞는 방법이 무엇인지 알기 위해서는 그저 지난 경험을 조금만 돌아보면 된다. 예를 들면 다음과 같이 말이다.

- 어떤 음악을 들을 때 희망적인 기분이 들었는가?

- 어떤 기억을 떠올렸을 때 기분이 좋아졌는가?
- 슬며시 미소가 나거나 아무도 못 말릴 정도로 자신감이 샘솟는 혼잣말이 있는가?
- 그것만 생각하면 결의를 굳게 다질 수 있는 중요한 일은 무엇인가?

생각은 실제로 마음에 영향을 미친다. 어떤 생각을 떠올릴 때 어떤 마음이 드는지를 알면 필요할 때마다 그렇게 될 수 있는 강력한 힘과 유연성을 가지게 된다.

**동기부여를 위한 최고의 두뇌 활용 팁**

- 외적 동기부여를 활용해야 할 상황을 조심스럽게 파악한다.
- 철저한 내적 동기를 불러일으키는 전략을 취한다. 돈보다 더 중요한 목적을 가지고 일할 사람을 채용할 수 있다면 그보다 좋은 일이 없다.
- 나만의 고차원적인 목적이 무엇인지 늘 확인한다.
- 할 수 있는 한 확실성을 추구하고, 확신을 다진다.
- 마음먹는 연습을 꾸준히 하여 어떤 일에든지 최적의 마음 상태가 될 수 있도록 한다.

**두뇌를 활용하여 동기부여의 원리를 터득할 때 얻는 최고의 유익**

- 자신의 생산성을 올릴 통제력을 얻을 수 있다.
- 다른 사람의 생산성까지 올릴 힘을 얻는다.

- 자신과 다른 사람에게 짜증을 내는 일이 줄어든다.
- 아이들과 배우자에게 효과적으로 동기를 부여하는 법을 터득하면 그들에게 스트레스 받는 일이 줄어든다.

10장

# 두뇌의 회복탄력성

## 역경에 맞서 자신의 잠재력을 온전히 발휘하는 핵심 능력

**모두 피곤에 지쳐있다.**

케이트는 지옥 같은 그 날의 기억을 꾹 참으며 지내왔다. 이미 그것은 끝난 것이나 마찬가지인데도 그날부터 이어진 답답한 좌절과 짜증은 여전히 그녀의 가슴을 짓눌렀다. 그녀는 스튜어트와 대화를 나누고 나면 상황이 분명해지고, 무엇보다 그런 일이 또다시 일어나지 않도록 할 수 있지 않을까 하는 희망을 품었다.

케이트는 회사가 자신에게 요구하는 것에는 도무지 끝이 없었다고 설명했다. 예전에는 한창 바쁜 시기가 오면 모두가 초과근무를 하며 스트레스에 시달리는 것이 일상이었다. 가족들도 일이 워낙 힘든 것을 알기에 그런 긴장된 시기가 지나가기 전까지는 사랑하는 사람의 기진맥진한 모습을 참고 기다려야 했다. 그리고 나면 몇 개월 정도 숨을 돌리다가 다시 거센 파도가 몰려오는 일이 반복되곤 했다. 그런데 요즘은 그것조차 옛날이야기가 되어버렸다. 경영진은 마치 늘 이런 기세로 일을 할 수 있다는 식으로 생각하는 것 같았다.

인사팀은 입버릇처럼 회복탄력성resilience을 이야기했다. 이런 말을 들을 때마다 케이트는 오히려 화가 났다. 그녀가 늘 듣는 말은 이런 변화의 시기에는 우리 모두 회복탄력성을 갖춰야 한다는 것이다. 투지를 보여라. 자신을 돌봐라. 그러나 정작 이런 내용을 실행에 옮길 시간은 도무지 날 것 같지 않았다. 도대체 회복탄력성을 어떻게 발휘한단 말인가? 그것은 타고난 것인가, 아니면 있었는데 잃어버린 것인가?

어떤 사람들은 아직도 끝없는 에너지 보따리를 품은 듯, 아무리 많은 일을 던져줘도 끄떡없이 처리해내고 있는 게 사실이다. 그러나 케이트의 팀원 한 사람은 스트레스와 불안에 시달리다 못해 급기야 사직서를 썼고, 그녀 또한 이런 상황을 참고 견뎌낼 만한 사람이 결코 아니었다.

케이트는 스트레스를 받았다. 그녀는 팀원들에게 책임감을 느꼈고 도저히 더는 그들을 지켜줄 수 있을 것 같지 않았다. 그들도 열정과 능력을 갖춘 사람들이었으나 이제는 모두 피곤해 지쳐있었다. 그녀는 인사팀에 지원을 요청해서 회복탄력성을 주제로 반나절짜리 워크숍을 마련했다.

### 현재 상황

스튜어트는 자신이 이해한 핵심 이슈를 다음과 같이 정리했다.

- 케이트는 일이 끝이 없다고 느낀다.
- 그녀는 회복탄력성이 무엇인지, 그것을 어떻게 갖출 수 있는지 모르겠다고 생각한다.
- 그녀는 자신의 팀을 지킬 의지는 있지만, 그럴 만한 기술과 역량은 부족하다고 생각한다.

이 장은 회복탄력성이 무엇이며 그것을 어떻게 구축할 수 있는지에 관한 내용이다. 아울러 회복탄력성이 아닌 것이 무엇이고, 그 범위에 포함되지 않는 것은 무엇인지도 다룬다.

사실 이것은 대단히 어려운 주제다. 여기에 해당하는 상황은 수없이 많으며, 하룻밤 사이에 해결될 문제도 아니다. 겉으로 드러난 상황만 보면 케이트가 할 수 있는 범위를 넘어선 일들이 많아 보이는 것도 사실이다. 그러나 잘 살펴보면 케이트가 할 수 있는 일이 있고, 그것만 실천해도 긍정적인 변화를 불러올 수 있다는 것을 스튜어트는 알았다.

이를 바탕으로 스튜어트는 이것이 케이트에게 왜 그토록 중요한 일인지 차근차근 설명하기 시작했다. 조직은 왜 그렇게 직원들에게 회복탄력성을 강조하는 것일까? 하필이면 지금 이런 식의 사고가 거의 모든 기업에서 강조되는 이유는 그들이 이구동성으로 변화의 시기를 지나고 있다고 말하기 때문이다. 지금은 불확실성이 지배하는 시대다. 이에 따라 직원들은 변화에 마음을 열고 스트레스와 새로운 일, 그리고 변화에 따른 불확실성을 감당할 수 있어야 한다. 회복탄력성과 적응력 사이에는 분명히 연관이 있다.

이런 사고방식에는 높은 수준의 회복탄력성이 개인의 만성 스트레스를 줄여줄 가능성에 대한 이해도 포함되어 있다. 만성 스트레스가 육체적 정신적 건강에 나쁘다는 사실은 이미 잘 밝혀져 있다. 이것은 시간이 흐를수록 누적되어 생산성을 저하하고 건강을 해칠 확률을 더욱 높인다.

우리는 과학적 이해와 문화적 수준이 점점 더 발달하는 흥미로운 시대에 살고 있다. 그러는 한편, 정신건강에 대한 인식도 높아지고 있다. 케이트의 동료 중에는 정신건강에 관한 응급처치 교육을 수료하고 그 일을 좋아하는 사람도 있다. 이제 사람들은 정신건강의 중요성과 스트레스야말로 정신건강에 오래도록 부정적인 영향을 미친다는 사실을 안다. 한편으로, '압박에 무너져내리는' 현상은 여전히 개인의 허약함과 관련이 있을 뿐, 직무의 특성과는 별 상관이 없다고 알려져 있다.

스튜어트는 회복탄력성에 관한 과학적 기초를 몇 가지 설명했다. 이것은 사람들이 흔히 말하는 회복탄력성과 스트레스에 대처하는 방법에 대해, 미묘하지만 근본적인 의문을 제기하는 내용이다.

### 회복탄력성이란?

회복탄력성을 갖춘다는 것은 두뇌가 천천히, 지속적으로 발달하면서 사람들이 일련의 행동과 사고 프로세스를 얻는 과정으로, 우리가 일상에서 부딪히는 부정적이고 힘겨운 사건들을 오랜 시간에 걸쳐 극복하고 다시 활력을 누릴 수 있는 핵심 능력을 강화하는 과정을 말한다.
이 과정은 매일 일어난다.
이것은 한 곳에 고정되어 있지 않은,
매우 역동적인 과정이다.
먼저 분명히 알아야 할 사실은 두뇌가 회복탄력성을 갖추는 과정은 단 하나가 아니라는 점이다. 회복탄력성에는 최소한 네 가지 종류가 있다. 그 네 가지 범주 중에서도 두뇌 속에서 강화되어 회복탄력성의 증가로 이어질 수 있는 여러 네트워크가 존재한다.
회복탄력성은 정신과 감정을 강하게 만들고, 이는 일상의 모든 측면에 좋든 나쁘든 영향을 미친다. 건강한 회복탄력성을 갖춘 사람은 역경에 맞서 살아남는 것에 그치지 않고 이를 뛰어넘어 더욱 강해진다. 우리는 회복탄력성에 힘입어 힘겨운 도전을 더욱 빠르게 극복하고 아무리 어려운 일이 있어도 자신의 잠재력을 온전히 발휘할 수 있다. 이론적으로는 누구나 회복탄력성을 갖출 수 있다. 이런 강력한 기초를 갖추고 나면 이를 바탕으로 스트레스와 도전, 그리고 역경에 능히 대처할 수 있다. 이는 또한 스트레스 반응에 따른 심리적 정신적 결과를 완화하고, 스트레스 속에서도 성과를 낼 수 있도록 도와준다.

우리는 회복탄력성을 갖춘 인력이 압박을 받는 가운데에서도 분투함으로써 더 큰 성과를 거둘 수 있다는 사실을 이미 잘 알고 있다. 그렇다면 과연 우리를 가로막는 요인은 무엇일까? 그것이 단지 개인의 두뇌 구조만은 아니다. 주변 환경도 중요한 요인이 된다. 문화는 어떨까? 직장 내 스트레스의 가장 흔한 원인은 개인 간의 갈등이다. 이것은 조직에 나쁜 영향을 미쳐 적대적인 업무 환경을 조성한다. 갈등 상황에서도 우수한 회복탄력성을 보여주며, 스트레스가 가득한 환경에 처해서도 감정의 악순환에 빠지지 않고 이를 잘 극복해내는 직원은 감정이 흐트러지는 일을 최소화하여 조직이 투명하고 협력적인 업무 환경을 유지하는 데 기여할 수 있다.

### 회복탄력성과 관련한 가장 큰 실수

시냅틱포텐셜은 이 주제와 관련해 많은 조직과 함께 일해 왔다. 다음은 우리가 마주친 가장 전형적인 실수를 열거한 것이다.

1. 스트레스에 대처하는 일과 장기적인 회복탄력성을 구축하는 것은 서로 다른 문제다. 이 두 가지는 각각에 맞는 방법으로 접근해야만 유익을 최대화할 수 있다.

2. 회복탄력성을 갖춘다고 무적의 힘을 발휘하는 것은 아니다. 회복탄력성을 갖춘 인력으로 팀을 구성했다고 해서 그 팀이 무적이 되는 것은 아니기 때문이다. 그들이 아무리 감정과 인지 능력 면에서, 그리고 사회적, 신체적으로 회복탄력성을 갖춘 채 스트레스와 도전에 대처할 능력이 있다고 해도, 그들은 여전히 인간이다. 게다가 회복탄력성에도 한계가 있는 법이다. 그들이 마치 기계처럼 무한한 성과를 낼 것으로 기대하는 것은 비현실적일 뿐만 아니라 바람직하지도 못한 일이다.

3. 마지막까지 미루는 습관이다. 회복탄력성은 상태가 아니라 과정이다. 다시 말해 이를 갖추는 데는 시간과 노력이 필요하다. 하룻밤 사이에 얻을 수 있는 것이 아니다. 미리미리 시작해서 꾸준하게 노력하는 것만이 자신과 조직을 위한 최고의 유익을 얻을 수 있는 길이다.

4. 스트레스는 모두 해롭다는 생각이다. 스트레스가 너무 심하면 건강에 해롭다는 사실은 이미 잘 밝혀진 사실이며 특히 만성 스트레스의 경우에는 더욱 그렇다. 그러나 스트레스가 너무 적어도 비즈니스에 꼭 좋은 것만은 아니다. 개인들이 자신을 독려할 추진력이 오히려 저하될 수도 있기 때문이다. 그것보다는 목표를 달성하는데 동기를 부여할 만큼 낮은 스트레스 수준을 적절한 시간 내에 찾는 것을 목표로 삼아야 할 것이다.

5. 스트레스가 신체에만 영향을 미친다는 생각이다. 스트레스를 받으면 대개 손바닥에 땀이 나거나 심장이 뛰는 등의 신체적 반응이 곧바로 따라온다. 그러나 스트레스가 영향을 미치는 대상은 신체뿐만이 아니다. 거기에는 두뇌도 포함된다. 예를 들어 스트레스는 꼭 필요한 순간에 정

작 중요한 정보를 기억하는 능력을 손상시킨다. 그러므로 스트레스가 줄어들면 이런 신체적 증상이 완화되거나 건강에 도움이 될 뿐만 아니라 내가 하는 일을 마음껏 생각할 수 있는 바탕도 마련된다.

6. 정답이 한 가지뿐이라는 생각이다. 회복탄력성을 갖추고 눈앞의 스트레스에 대처하는 방법에는 여러 가지가 있다. 어떤 사람에게 맞는 방법이 다른 사람에게는 소용없을 수도 있다. 또 상황별로도 다르다. 각자에게 맞는 방법을 찾아야 한다.

7. 그저 무시하면 된다는 태도다. 그렇지 않다. 별다른 노력이 없는 수동적 대처 전략은 적극적인 전략에 비해 효과가 떨어진다. 스트레스라는 감정을 무시하고 피하거나 억누르려는 시도는 대개 별 소용이 없다. 그보다는 나에게 맞는 적극적인 대응 전략을 마련해야 한다.

### 회복탄력성을 구축하는 쉽고도 간단한 방법

회복탄력성을 갖추는 중요한 전략 중 하나가 바로 스트레스를 줄이는 것이다. 물론 이것만으로는 충분하지 않지만, 스트레스를 줄이지 않는다면 중요한 열쇠를 빠뜨리는 것과 같다. 두뇌가 계속된 압박과 도전을 겪고 있다면 반드시 휴식을 통해 회복의 기회를 확보해야 한다. 억지로라도 한 번 멈춤으로써 코티졸 수치를 정상적 수준으로 유지하는 것이 중요하다. 스트레스 물질의 양이 매일 오르내리기를 반복한다고 생각해보면, 수치가 올라가는 것 자체는 그리 큰 문제가 되지 않는다. 다시 내려오기만 하면 되니까 말이다. 롤러코스터가 재미있는 이유도 바로 그것 때문이 아닐까?

### 심리적 연습

우리는 심리적 연습이 실제 결과로 이어진다는 사실을 안 지가 꽤 오래되었다. 8장에서 제시는 자신의 목표 달성에 도움이 되는 방법으로 이 개념을 처음 접했다. 다음의 연구는 심리적 연습이 놀라운 위력을 발휘하는 생생한 사례를 보여준다.

### 정신력

비숍스대학교Bishop's University의 에린 샤켈Erin M Shackell과 라이오넬 스탠딩Lionel G Standing은 심리적 훈련만으로 근육을 실제로 강화할 수 있는지 실험해보았다. 그들은 3개 종목 스포츠의 남성 선수들을 불러 모아 그들을 세 그룹으로 나누었다. 한 그룹은 심리 운동만 했다. 또 한 그룹은 실제로 신체를 움직여 운동했고, 나머지 한 그룹은 아무것도 하지 않았다. 운동의 목적은 고관절 굴곡근을 강화하는 것이었다. 실험 결과, 심리 운동만 한 그룹의 근육 증가량은 24퍼센트, 신체 운동을 한 그룹은 28퍼센트, 아무것도 하지 않은 그룹은 변화가 없었다.

케이트는 정말 바빴다. 하루 중에 요가 수업을 듣는다는 것은 꿈도 못 꿀 일이라고 생각했다.(요가를 무척 좋아했음에도 말이다.) 그러나 그녀가 세상에서 가장 편안하다고 생각하는 곳으로 떠나는 상상을 할 시간은 낼 수 있었다. 그곳은 바로 남아프리카 공화국이었다. 단 2분 정도만 눈을 감고 바닷가를 바라보며 차가운 와인 잔을 손에 들고 앉아 햇살을 피부에 느끼는 상상을 하는 것이다.

스튜어트는 케이트가 회복탄력성을 구축하는 데 필요한 입증된 방법을 몇 가지 더 알려주려고 했다.

### 자연의 힘

사무실을 아무 때고 떠날 수는 없지만, 굳이 그러지 않아도 음악만 있으면 언제든지 자연을 경험할 수 있다. 단, 조용한 자연환경에서 나는 소리가 좋다. 그저 아무 소리도 없는 침묵이나 인공적 소음은 적당하지 않다.

2013년에 발표된 한 연구에 따르면 피험자들에게 자연의 소리를 들려주며 숲속과 같은 환경을 조성해주자, 심혈관 스트레스 증후군과 스트레스에 의한 코티졸 수치가 모두 떨어지는 결과를 보였다. 이것은 엄청난 일이었다! 이런 '회복 휴식'은 일과 중에 취할 수 있는 사소한 조치법 중 하나로 두뇌 건강을 유지하는 데 큰 도움이 된다.
연구 결과 바람, 물, 동물과 같은 자연의 소리가 교통, 휴가지 및 산업현장의 소음과 같은 인공적 소리보다 훨씬 더 도움이 되었다고 한다. 자연의 소리가 포함된 가상의 숲속 환경은 똑같은 환경에서 소리가 없을 때보다 스트레스 회복 효과가 더 좋았다. 농촌에서 들을 수 있는 소리와 식물로 우거진 정원이 도시에 있는 공원의 소리보다 더 좋았고, 공원에서 들리는 소리가 도심지에서 나는 소리보다 더 좋았다. 심한 통증을 다스리는 데도 시각적인 자연경관과 청각 자극을 동시에 사용한 편이 이 중 하나만 사용한 것에 비해 더 효과가 좋았다. 도시의 공원이나 삼림지대를 가만히 바라보는 것이 자연의 요소가 전혀 없는 건축물을 보는 것보다, 집중력을 요구하는 인지 활동에서 오는 피로를 풀고 여유와 긍정적 감정을 회복하는 데 훨씬 더 효과적이었다.
피험자들은 칸막이가 없는 사무실에서 휴대용 음악 기기, 휴대폰 신호음, 그리고 통화 소리가 들리는 환경 속에서 2시간 동안 일했다. 그런 다음 7분간 휴식했는데, 회복을 위해 사용한 방법은 다음의 네 가지였다. 1) 물 흐르는 소리가 들리는 자연 영상 2) 강물 소리만 들리는 환경 3) 무음 4) 사무실 소음에 그대로 노출. 피험자 중 물소리를 들으며 자연 영상을 감상한 사람들이 나머지 세 그룹에 비해 훨씬 더 원기가 회복되었다고 말했다.
휴대용 뇌전도 기기를 사용한 연구에서, 조용한 자연환경 속에서 걸을 때 나타나는 신경 패턴이 카플란 부부Steven and Rachel Kaplan의 주의력회복이론Attention Restoration Theory이 말하는 주의력 회복 메커니즘과 일치한다는 사실이 밝혀졌다.

케이트는 자신의 마음속에서 즉각 '산책할 시간이 어디 있어?'라는 반응이 나온다는 것을 인식했다. 그러나 이내 고개를 저으며 이제는 그런 생각에 휘둘리지 않겠다고 결심했다. 아이들이 어렸을 때, 그녀는 늘 아이들과 함께 산책하는 시간을 소중히 여겼다. 그녀는 본능적으로 야외에 나가 자연을 즐기는 것이 좋은 일이라는 것을 알았다. 그녀는 도대체 언제부터 업무 환경에 얽매이기 시작했단 말인가? 이곳에서야 몇 시간이고 꼼짝없이 앉아 일만 하는 것이 보통이라지만, 그렇다고 그것이 일과 삶의 바람직한 모습인 것은 결코 아니다.

케이트가 드디어 이런 식의 의문을 제기하고 고민하기 시작하는 것을 보고 스튜어트는 흥분했다. 그것은 그다음 개념을 설명할 준비가 되었다는 완벽한 신호였다.

### 호기심은 가장 필수적인 판단 체계

이것은 두 가지 개념이 합해진 문제다.

1. 우리가 상황을 평가하는 방법은 어떻게 반응하느냐에 결정적인 역할을 한다.
2. 호기심은 평가에 필요한 강력하고 안전한 렌즈와도 같다.

호기심이 대단한 것은 다음과 같은 두 가지 일을 하기 때문이다.

* 새로운 것을 학습하고 발견할 기회를 제공한다.
* 모르는 것에 대한 두려움은 인간의 본능인데, 이를 극복하게 해준다.

노스캐롤라이나대학교 연구진에 따르면 '흥미'를 느끼는 것은 호기심과 관련된 감정이다. 무언가에 호기심을 품을 때 우리는 '흥미 있다'는 느낌을 얻는다.

호기심을 품을 때 우리는 새로운 일에 도전한다. 예를 들면 식당에서 다른 음식을 주문하거나, 평소 보지 않던 장르의 영화를 선택하는 것 등이다. 그러나 그런 행동에는 익숙한 것을 좋아하는 두뇌의 관점을 바꿔야 하는 모험이 수반된다. 그래야만 새로운 무언가를 찾고 경험할 수 있기 때문이다.
우리는 호기심을 품음으로써 흥미 있고 새로운 것을 발견하려는 욕망을 충족한다. 호기심이 없다면 흥미를 느끼는 마음을 제대로 충족할 수 없다. 물론 '흥미'를 가장 중요한 감정으로 볼 수는 없지만, 그것은 거의 누구나 느끼는 감정으로, 인간이 가장 능숙하게 구사하는 '인지적' 감정(사고와 감정이 결합된, 대단히 복잡한 패턴을 띤다.)에 속하는 것이다. 우리에게는 고도로 발달된 전전두엽피질이 있기 때문이다. 한편으로는 새로운 것을 배우려고 하지만, 다른 한편으로는 익숙한 상태에 머물러있기를 원하기도 한다. '새로운 것'은 아무래도 약간 두려운 대상이기 때문이다. 이는 보호주의적 진화론의 관점에서는 타당한 일이지만, 언뜻 보기에는 위협이 되지 않는 상황에까지 이어져 단지 잘 모르고 낯설다는 이유만으로 일종의 장벽 역할을 할 수 있다.
따라서 호기심을 느끼기 위해서는 바로 이런 미지의 존재에 대한 두려움을 넘어서야 한다. 새로운 것, 안온한 현상을 타파하는 존재에 대한 두려움을 극복하고 한번 시도해보려는 마음을 품을 수 있어야 한다.
흥미와 호기심은 개인적인 감정이다. 노스캐롤라이나대학교 폴 실바Paul Silva 교수가 말했듯이, "어떤 사람에게는 논문이 한 편 나올 만한 주제라도, 다른 사람에게는 그저 어깨만 한번 으쓱하고 말 내용이다." 그러나 나에게 흥미와 호기심을 유발하는 대상도 언제나 고정되어 있지는 않다. 상황에 따라 얼마든지 달라질 수 있다. 내 삶 속의 모든 사람과 장소, 시간, 그리고 경험이 나의 흥미와 호기심에 영향을 미칠 수 있다. 즉 어떨 때는 매우 두려웠던 일이 또 다른 시기에 이르면 흥미로운 일로 변할 수 있다는 뜻이다. 나아가, 아무리 어렵고 힘들어 보이는 일도 언젠가는 매우 흥미로운 일로 바뀔 가능성이 있다는 뜻이기도 하다.

케이트는 호기심이야말로 가장 필수적인 판단 체계라는 이 생각을 즉각 받아들였다. 비록 단순하게 들리지만, 이 개념 속에는 모든 것을 바꿔놓을 힘이 있었다. 그녀는 우리가 사물을 어떻게 규정하느냐에 따라 우리의 경험이 달라진다는 사실을 지난번 코칭 시간에 스튜어트로부터 들어 알고 있었다. 그녀는 어떤 회의에 관해 이야기할 때마다 그것이 두뇌의 화학 작용에 영향을 미쳐 자신에게 특정한 방향으로 점화 효과를 발휘하지나 않을까 두려웠다. 그녀가 일상적으로 내리는 사소한 판단도 똑같이 강력한 힘을 발휘한다. 이런 사소한 판단이 우리의 두뇌의 구조를 형성할 수 있다는 점에 스튜어트도 동의했다. 문제는 그것이 두뇌를 더 좋게 만드느냐는 것이다.

마음 챙김mindfulness을 둘러싼 연구가 강한 설득력을 갖추며 점점 더 널리 인정되고 있다. 그러나 우리는 그로부터 얻을 수 있는 미묘한 뉘앙스를 놓치고 넘어가는 경우가 많다.

### 마음 챙김을 비롯한 여러 가지

여러 가지 형태의 마음 챙김(집중, 공감 등)과 그와 유사한 다른 개념들은 스트레스 반응에 다양한 효과를 발휘한다. 더구나 마음 훈련 프로그램들은 3일에서 9개월까지 다양한 기간으로 운영된다. 바로 이것이 여러 문헌에 따라 이 프로그램이 스트레스에 미치는 효과가 서로 제각각으로 나타나는 이유다. 마음 훈련이 스트레스에 대한 심리적 반응(예를 들면 코티졸)을 완화해주는 점에 대해서는 특히 더 그렇다. 그러므로 어떤 훈련법이 올바른 것인지는 나에게 효과가 있는 것이 무엇이냐에 달린 것으로, 특히 나의 생활방식에 맞는 것을 고르는 것이 가장 중요하다. 왜냐하면 이것은 한 번의 집중 훈련으로 해결될 문제가 아니라 계속된 습관으로 실행해나갈 때 가장 큰 효과를 발휘하기 때문이다. 아울러 일부 마음 훈련은 스트레스라는 감정을 줄여주는 효과는 있지만, 스트레스 반응에 따른 생리적 변화를 끌어내는 데는 상대적으로 효과가 덜하다.(일시적인 스트레스를 받는 상황을 생각하면 이 점은 중요하다.) 예를 들어 3일이나 8주짜리 프로그램을 이수한 결과 스트레스 지수가 낮아졌다고 말하는 사람은 많았지만, 순간적인 코티졸 반응을 낮춤으로써 삶의 질을 높이는 효능에 관해서는 의견이 엇갈리고 있다.
2017년 베로니카 엥거트 연구팀은 코티졸 수치 저하에 관한 매우 흥미로운 연구를 수행했다. 대규모로 진행된 이 연구에서 주의력 향상에 관한 마음 훈련을 3개월간 지속한 결과, 스스로 인식하는 스트레스 감소에는 효과가 있었으나, 스트레스에 따른 생리적 반응에는 큰 변화가 없다는 것이 드러났다. 반면, 여러 가지 감정, 특히 공감과 감정이입, 조망 수용(perspective taking, 타인의 관점에서 그의 사고, 감정, 상황을 추론하는 능력 – 옮긴이)에 집중하여 3개월간 마음 훈련을 했을 때는 스스로 인식하는 스트레스뿐만 아니라 코티졸 기반 스트레스 반응도 약 3분의 1 정도의 감소 효과를 보였다. 또 감정 및 조망 수용 훈련을 받기 전에 주의력 향상 마음 훈련 프로그램을 거친 경우에는 스트레스가 50퍼센트 가까이 추가로 감소하는 결과가 나왔다. 이것은 여러 가지 마음 훈련을 함께 사용하는 것이 스트레스 감소 효과를 극대화하는 데 도움이 된다는 것을 보여준다.
그러나 마음이 어느 정도라도 훈련되어있다면 조금이라도 도움이 된다는 사실도 중요하다. 이른바 마음 챙김의 수준이 낮은 사람(다시 말해 마음 훈련이 되어있지 않은 사람)은 일시적으로 스트레스가 찾아올 때 엄청난 심리적 반응을 보여주기 때문이다. 두뇌 영상 기술을 사용한 연구 역시 이런 훈련이 두뇌 구조에 어떤 영향을 미치는지 잘 알 수 있다. 즉, 사회적, 감정적 사고를 담당한 두뇌 영역에서 가소성과 유연성이 증가했다. 이것만 보아도 두뇌를 개발하고 개선함에 따라 행동이 두뇌의 변화에 어떤 실질적 영향을 미치는지 알 수 있다.
마음 챙김의 유익을 알 수 있는 또 다른 증거는 이것을 운동과 병행할 때 특히 더 효과가 있다는 사실이다. 다시 말해 마음 훈련을 꼭 가만히 앉아서 할 필요 없이, 일상적인 활동과 자연스럽게 결합할 수도 있는 것이다.

## 정신의 내구성을 키울 수 있을까

케이트는 부쩍 긍정적인 모습을 보였다. 그녀는 가능성을 보았고, 사소한 변화가 자신과 동료에게 얼마나 도움이 되는지 깨달았다. 진정으로 팀원들을 아끼는 마음이 있었기에 모든 면에서 개선을 이룩하고 싶었지만, 과연 어떻게 해야 하는지 뚜렷한 확신은 서지 않았다. 여전히 마음에 두려움이 남아있었다. 간부들이 계속해서 더 많은 기대치를 요구하면 어쩌나? 앞으로도 요구 수준이 계속 더 높아지기만 한다면 과연 어떻게 해야 할까?

스튜어트는 기대 수준이 계속 높아지는 상황이 왜 바람직하지 못한지에 대한 과학적 근거를 설명했다.

### 인지 피로

인지 피로란 과도한 정신 활동에 따라 정신적 능력의 효율이 저하되는 현상으로 정의할 수 있다. 여기에는 몇 가지 원인이 있다. 그중 하나는 바로 오랫동안 특정한 일에 주의를 기울이는 것이다. 다른 하나는 밤에 잠을 설쳐 두뇌가 회복할 시간을 충분히 확보하지 못해서 다음날을 맞이할 준비가 되지 않는 것이다. 높은 수준의 스트레스와 걱정도 정신적 피로와 탈진의 원인이 될 수 있다.

피로는 불편한 기분과 쉬고 싶다는 생각, 동기부여 및 업무 성과의 저하 등을 수반한다. 이런 기분은 일종의 생물학적 경고 신호로서, 즉각 휴식을 취함으로써 신경 항상성을 정상으로 돌려 피로에서 회복되도록 하는 역할을 한다.

인지 피로가 초래하는 가장 흔한 증상은 두뇌의 주의 체계가 무너지는 것이다. 결국 해야 할 일에 제대로 집중하지 못하게 된다. 주변에서 입수되는 정보를 제대로 인식하고 집중하는 능력이 떨어진다는 것이다. 두 가지 일에 주의를 배분하기가 어려워지므로 여러 가지 일을 동시에 처리하는 능력도 떨어진다. 게다가 성가시거나 부적절한 정보, 즉 원치 않는 정보를 차단하는 능력도 떨어진다. 그런 것들이 나의 사고를 가로막고 제압하기 때문이다.

### 인지 수행 능력

정신적 피로가 인지 수행 능력에 손상을 초래하는 정확한 메커니즘은 아직 완전히 밝혀지지 않았지만, 그 과정을 설명하는 몇 가지 가설이 있다. 그중 하나가, 정신적 피로가 찾아오면 두뇌의 중앙통제체계(정신 활동에 필요한 자원을 어디에 배분할지 결정하는 시스템)가 방해를 받아 제대로 작동하지 않는다는 설명이다. 이렇게 되면 사고의 체계가 무너져 주어진 임무를 위해 필요한 곳에 정신적 자원을 배치하기가 더욱 어려워지고, 여러 인식 과정 사이에서 옮겨 다니며 집중력을 발휘하는 효율도 더욱 떨어진다. 이와는 달리, 정신 활동이 장시간 계속되면 두뇌의 대사 작용에 변화가 일어나면서 휴식이 필요하다는 신호를 발생하는 동시에 두뇌의 신경 작용을 방해하여 결국 효율이 저하된다고 설명하기도 한다.

그런데 우리는 종종 정신적 피로를 이겨낼 때도 있다. 어떻게 그럴 수 있을까? 최근 과학자들은 두뇌가 인지적 피로의 효과를 조절하는 두 개의 시스템, 즉 '촉진' 체계와 '억제' 체계를 가지고 있다는 가설을 내놓았다. 촉진 체계는 정신적 피로를 보충하는 데 도움을 줌으로써, 피로를 느끼지 않았을 경우 겪게 될 똑같은 수준의 뇌 기능 저하를 방지해준다. 반면, 억제 체계는 정신적 피로에 따른 뇌 기능 저하를 조정하는 역할을 한다. 따라서 이 두 체계가 어떤 균형을 이루느냐에 따라 뇌 기능이 피로에 얼마나 악영향을 받느냐가 결정된다. 그러나 이 두 시스템은 단지 짧은 기간만 작동할 뿐이다. 만약 촉진 시스템이 장기간 계속된다면 만성 피로로 이어져 정신뿐 아니라 신체 건강에 치명적인 영향을 미칠 수 있다.

간단히 말해 우리는 언젠가는 반드시 휴식이 필요하다. 그리고 휴식이야말로 효율적인 사고력을 발휘하기 위해 두뇌가 취할 최고의 수단이다.

조직들은 언제나 직원을 소중히 여긴다고 말한다. 그들의 행복이 중요하다고 말한다. 심지어 그들의 소망을 성취하는 것이 무엇보다 소중한 일이라고 한다. 위대한 기업들조차 말과 행동이 다른 모습을 보여주다 망하는 경우가 허다하다. 회사의 목적이 끝없이 이윤만 추구하는 것이 될 때 머지않아 내적 갈등에 봉착하게 된다. 내부의 공식 채널을 통해 전달되는 메시지는 분명히 있을 것이다. 그러나 그보다는 리더의 행동 하나하나가 더 큰 울림을 던져주는 법이다.

### 번아웃, 목적지인가, 여정인가?

번아웃burnout, 즉 탈진이란 극단적이고 만성적인 형태의 정신적 피로를 말하는 것으로 과도한 스트레스에 시달릴 때 나타나는 추가 요소로 볼 수 있다. 이것은 정신의 기능을 소진하고 장애를 불러올 뿐만 아니라, 과민반응, 좌절, 냉소 등과 같은 행동을 불러일으키기까지 한다. 나중에는 점점 더 다른 사람과 감정을 교류할 수 없게 되고 자신이 하는 일에까지 무감각해지게 된다. 번아웃 증상이 너무나 심각하고 오래 가며 우울증과 여러 가지 공통점을 가질 수 있다는 사실 때문에, 과학자들은 이것이 정신적 과부하 증상이 아니라 일종의 정신건강 장애로 보아야 하는 것이 아닌지를 논의하기에 이르렀다.

그러나 번아웃이 비록 정신적 피로의 극단적인 경우라 하더라도, 일상의 정신적 피로는 대개 단시간에 그치며, 필요할 때마다 두뇌에 쉼을 선사하는 것만으로 간단히 관리할 수 있다.

또 한 가지 생각해볼 문제가 바로 감성 지능이다. 감정을 겉으로 잘 드러내지 않는 것을 곧 회복탄력성으로 오해한다. 회복탄력성이 있는 사람들은 대개 감성 지능도 높다. 그런데 이런 사람들은 확실히 감정을 잘 드러내지 않는다.

> **두뇌의 관점에서 감성 지능이란 무엇인가?**
>
> 감성 지능, 기본으로 돌아가 생각해보자.
> 감성 지능을 '새로 등장한 IQ' 정도로 생각하는 사람도 있다. 즉 일과 삶에서 성공하기 위해 신경 기능을 활용하는 기법이라는 것이다. 감성 지능은 제대로 측정하기만 하면 사회 및 감성 작용과 밀접한 관련이 있다는 사실이 풍부한 사례로 입증되고 있다. 그러므로 감성 지능 개발용 훈련 프로그램을 충실히 따른다면 인간관계의 만족과 리더십 능력, 경력상의 성공 및 정신건강 등에도 도움이 된다.
> 그러나 지금까지 감성 지능에 관한 논의가 광범위하게 진행되는 과정에 엄청난 양의 서로 다른 모델과 이론, 아이디어들이 제시되면서 이 분야에 관한 지식체계가 너무나 무질서하게 뒤얽혀, 도저히 체계적으로 이해할 수 없을 정도가 되었다. 이것은 개인적 특질인가? 인지 능력인가? 일종의 감정적 규칙인가? 아니면 이 모두를 합한 것인가? 감성 지능을 두뇌의 차원으로 되돌려 생각해본다면 과연 이를 어떻게 해석할 수 있을까?

### 감성 지능의 정의

감성 지능을 기본으로 돌아가 문자 그대로의 의미를 따져보면, 그저 감정과 지능을 결합한 개념이라고 생각할 수 있다. 이런 생각은 초창기인 1990년대에 나온 감성 지능에 관한 정의에서도 찾아볼 수 있다. 즉, 감성 지능을 '한 사람이 자신과 다른 사람의 느낌과 감정을 파악하여 그 차이를 구분하고, 이 정보에 비추어 생각과 행동을 결정하는 능력'으로 보았다. 이 정의를 세부적으로 살펴보면 몇 가지 주제로 나뉨을 알 수 있다. 즉 나와 타인의 감정을 인식하고 이해하는 능력, 나와 타인의 감정을 효과적으로 조절하는 능력, 그리고 그에 맞추어 나의 감정을 발산하는 능력이다. 오늘날 신경과학 연구에는 이런 개념이 모두 어느 정도라도 녹아 있어, 우리가 감성 지능을 이해하는 데 도움을 주고 있다.

### 감성 지능의 측정

감성 지능을 파악하고 이용하는 데 있어서 가장 큰 어려움은, 어느 한 시점에 그것을 측정하는 가장 좋은 방법이 무엇인지 파악하고, 그 개선 가능성을 시간에 따라 추적하는 일이 그리 쉽지 않다는 데 있다. 자신이 스스로 파악하고 진단해야 하는지, 성과 측정 기법이 도입되어야 하는지에 관한 논쟁이 계속되었으며, 아직도 뚜렷한 결론은 내려지지 않았다. 여러 개인과 조직이 감성 지능을 측정하기 위해 참조할 만한 측정지수가 엄청나게 많고, 여러 학술 문헌이 제시하는 결론이 제각각 다른 이유도 바로 이런 문제 때문이라고 볼 수도 있다. 신경과학의 관점으로 보면 이런 논쟁의 상당 부분을 뛰어넘어, 감성 지능이 가진 핵심적인 의미를 두뇌 차원에서 이해할 수 있다.

### 감성 주의emotional attention

주의력은 흔히 집중할 수 있는 능력으로 정의되지만, 여기에는 선별적 특성이라는 또 다른 측면이 있다. 물론 이는 장점일 수도, 단점일 수도 있다. 예를 들어 자신과 타인의 감정 상태를 제대로 파악하려면 우선 그것을 인지할 수 있어야 한다. 모르고 지나치는 것이 아니라, 의식적인 차원에서 알 수 있어야 한다. 이런 감성 주의emotional attention 과정은 주변 사람들이 발산하는 감각적 신호(예컨대 표정, 동작, 목소리 등)를 포착하는 것뿐 아니라 우리 자신의 신체 상태를 주목함으로써도 이루어진다. 특히 후자는 감성 인식을 위한 유용한 신호가 된다. 이런 기본적인 방법은 일상의 경험에서 본능적으로 체득하는 것으로 생각하기 쉽지만, 꼭 그런 것만은 아니다. 일상의 경험에 이런 훈련을 병행함으로써 풍부한 감정 상태들에 관해 개념적, 언어적 지식을 올바로 갖출 수만 있다면, 자신과 타인의 감정을 인식할 더 좋은 수단을 갖추게 되는 셈이다.

### 공감, 조망 수용, 재평가

감성 인식은 감성 지능에 포함되는 개념이다. 감정을 제어하고 표현하는 것도 매우 중요한 요소다. 타인의 감정을 제어하는 일은 공감이라는 개념이 포함된 이른바 조정intervention을 통해 이루어지는 것이 일반적이지만, 자신의 감정을 제어하기 위해서는 다음과 같은 좋은 감정 습관을 몸에 익혀야 한다. 즉 효과적인 재평가 전략을 구사하고, 조망 수용의 이점을 효과적으로 활용하며, 자신도 모르는 사이에 나오는 부적응 행동을 억제할 수 있어야 한다. 이런 방법을 모두 적절히 사용한다면, 격한 감정이 자신을 뒤덮을 때도 이를 잘 이겨낼 수 있고, 특히 힘든 순간에 감정을 올바르고 현명하게 표현하는 데 큰 도움이 된다.

요컨대, 감성 지능을 두뇌의 관점에서 바라보아야 비로소 감성 지능과 두뇌의 내적 작용이 서로 어떻게 연관되는지 원천적으로 이해할 수 있다. 이 방법을 통해 우리는 단지 이론적 지식에 머무는 것이 아니라 신경과학적 지식을 기반으로 두뇌의 작동 원리와 탄탄하게 연결된 효과적인 전략과 해결책을 세울 수 있다.

우리는 신경학적 다양성neurodiversity에 주목할 필요가 있다. 모든 사람이 높은 감성 지능을 소유하는 것도 아니고, 그럴 필요도 없다. 그러나 팀에 속해 일하는 사람이나 다른 사람을 관리하거나 이끄는 위치에 있는 사람이 특별한 기법을 익힐 수 있다면 큰 도움이 될 것이다. 어쩌면 우리는 특정 기법을 놓치는 것에 더 주의를 기울여야 하는지도 모른다. 생산적이고 행복한 팀을 만드는 것은 분명히 가능한 일이다. 단지 그러기 위해서는 더 많은 생각과 신뢰, 의사소통이 필요할 뿐이다.

### 높은 회복탄력성을 자랑하는 과자 회사

시냅틱포텐셜은 글로벌 과자 회사로부터 한 가지 요청을 받았다. 이 회사는 이미 훌륭한 회복탄력성을 가지고 있지만, 직원들을 대상으로 이를 강화하는 교육을 해달라는 것이었다. 이 회사가 특히 눈에 띄었던 점은, 그들은 회복탄력성 문제를 해결하기 위해 겨우 두 시간짜리 워크숍에 얽매이지 않았다는 사실이다.(얼마나 많은 요구사항을 거쳐 마술과 같은 결과가 나왔는지 알면 놀랄 것이다!) 그 회사는 직원을 지원하는 일에 매우 진지했으며, 시간이 걸리더라도 탄탄한 회복탄력성을 구축하겠다는 굳은 의지와 함께, 이에 필요한 지식을 공유하는 일에 큰 가치를 부여했다.

이 회사는 훌륭한 온라인 대학을 운영하고 있었다. 따라서 직원들은 전 세계에 걸친 다양한 주제의 훌륭한 교육 프로그램을 마음껏 활용할 수 있었다. 그들은 여기에 개인과 팀 차원에서 회복탄력성을 구축하고 스트레스에 대처하는 데 필요한 신경과학적 훈련 과정 및 도구를 추가했다. 이 프로그램은 일회성 교육보다 훨씬 더 깊은 수준으로 진행되는 것이었고, 이는 장기간에 걸친 두뇌 변화를 위해 꼭 필요한 방법이었다. 하루 정도 현업을 벗어나 필요한 주제를 선정하여 양질의 연구 결과에 바탕을 둔 방법과 내용으로 직원들에게 교육 기회를 제공하는 회사가 더 많이 늘어나야 한다.

### 회복탄력성을 위한 최고의 두뇌 활용 팁

- 매일 회복탄력성을 구축하는 데 필요한 훈련을 한다.
- 자연을 경험하는 데 시간을 투자한다.
- 호기심을 연습한다.
- 마음을 탐구한다.
- 진지한 태도로 매일 스트레스 관리에 나선다.

### 두뇌를 활용하여 회복탄력성을 구축할 때 얻는 최고의 유익

- 직원들이 더욱 행복해진다.
- 생산성이 향상된다.
- 직원의 참여도가 강화된다.
- 업무 외의 일(결혼 생활, 우정, 육아 등)에 많은 도움이 되고 이는 다시 업무 성과로 연결된다.

11장

# 모두가 혁신을 원할 때는 어떻게 할 것인가

## 창의적인 문제해결을 위한 두뇌훈련

### 기발한 아이디어가 필요해

제시는 직원회의를 소집했다. 회사의 성장과 미래는 직원들의 창의성과 혁신적 태도에 달려있었다. 그들은 남보다 한발 앞서 오래된 문제에 대한 새로운 해결책을 찾아내야만 했다. 물론 제시는 자신이 해결하고자 하는 문제에 어떤 기술적 어려움이 있는지, 그리고 그들에게 필요한 해결책이 무엇인지도 알고 있었지만, 자신이 '창의적인' 사람이라는 생각은 들지 않았다. 그녀의 과학 실력은 뛰어났다! 그렇다면, 과학적이면서 동시에 창의적인 사람이 될 수는 없다는 말일까?

직원들도 마찬가지였다. 그래픽을 담당하는 직원은 스스로 창의적인 사람이라고 생각했다. 그러나 고객들의 요구에 대응할 혁신적인 아이디어에 관해서라면, 별로 자신이 없었다. 새로운 아이디어가 필요하다는 것은 직원들도 이미 아는 바였고, 모두 한자리에 모이는 일도 잦았지만, 정작 그들이 하는 일은 그저 사무실에 앉아 브레인스토밍을 열심히 하는 것뿐이었다. 그렇게 해서 얻어낸 결론은 기껏해야 평범한 아이디어에 지나지 않는 경우가 대부분이었다.

### 현재 상황

제시의 생각은 이랬다.

- 그녀는 창의적이고 혁신적인 사람이 되어야 한다.
- 왜냐하면 이것이야말로 비즈니스에서 가장 중요한 덕목이기 때문이다.
- 직원 중에 자신이 혁신적인 사람이라고 생각하는 사람은 아무도 없다.

스튜어트는 창의성에도 여러 단계가 있다고 설명했다. 오늘날에는 모든 사람이 혁신 역량을 보유하고 있다는 것이 학계의 보편적인 관점이다. 우리는 그것을 좀 더 효과적으로 불러일으키기만 하면 된다. 여기에 얼마나 많은 연결망이 관련되어 두뇌가 작동하는지를 이해하면 큰 도움이 된다.

이 장은 창의성을 발휘하는 문제를 다룬다. 누구나 창의성을 발휘할 수 있다는 것은 오늘날 상식이 되었다. 문제는 그 사실을 깨닫는 것이다. 그리고 그 잠재력을 발산하는 데 필요한 방법대로 두뇌가 작동할 수 있도록 기회를 마련하는 것이다. 뉴멕시코대학교 신경외과학 교수 렉스 영Rex Jung은 이렇게 말한다. "모든 사람은 창의성을 지니고 있습니다. 단지 어느 정도냐의 문제일 뿐이지요. 창의성 하면 보통 예술적인 측면만 떠올리지만, 인간관계, 일, 요리, 심지어 집안의 가구를 색다르게 배치하는 일에도 모두 창의성이 필요하지요."

제시는 쉽게 확신이 서지 않았다. 그녀의 머리에는 역사상 창의적이기로 유명한 사람부터 떠올랐다. 토마스 에디슨, 월트 디즈니, 아인슈타인, 모차르트, 레오나르도 다 빈치 등 말이다. "그런 사람들하고 저를 어떻게 같다고 할 수 있겠어요." 물론 그녀가 내일 당장 위대한 음악을 작곡하거나 미술 분야의 걸작품을 내놓을 가능성이 별로 없다는 데에는 스튜어트도 동의했다. 그러나 요점은 그것이 아니다. 우리 중에 창의성을 발휘하는 데 필요한 특정 기술을 익히지 못한 사람이 많은 것은 사실이다. 그러나 숨어있던 재능이 발현될 가능성은 누구에게나 있다.

### 창의성과 혁신이란 무엇인가?

창의성이란 무엇인가? 그것은 한 사람의 고유한 재능으로 발현되는 생산성으로 정의할 수 있다.
여기에는 의사결정, 언어, 그리고 기억과 같은 정신적 프로세스가 수반된다. 때로는 세상을 바라보는 평소의 시각을 제쳐놓거나, 무의식의 생각을 의식의 표면으로 떠올려야 할 필요가 있다.
1단계: 창의성에는 여러 단계가 있다. 그중에서도 가장 널리 알려진 것이 바로 아이디어를 떠올리는 것으로, 대개 이것이 1단계가 된다. 이 단계에서는 인지적 통제가 별로 필요하지 않다는 장점이 있다. 아이디어의 내용이나 방법에 별다른 제약이 없다. 아이디어를 떠올리는 동안 그네를 타든, 바닥에 누워있든 아무 상관이 없다. 전전두엽피질의 활동량이 감소한 상태hypofrontality는 창의성을 발휘하는 데 큰 도움이 된다. 이렇게 인지 통제가 낮은 상태에서 두뇌는 주파수가 8-12헤르츠 정도인 알파파를 방출한다. 이는 두뇌가 느슨한 각성 상태, 즉 주의력이 분산된 상태에 있음을 뜻한다.

2단계: 앞서 생각해낸 여러 선택지를 평가하는 단계다. 여기에서는 대개 아이디어를 선택하는 작업이 끝나고 그것을 어떻게 실행할 것인지에 관한 브레인스토밍으로 이어진다. 이제 전전두엽피질의 인지 필터가 다시 제 기능을 발휘하기 시작한다. 그리하여 사림들은 제시된 아이디어들을 까다롭게 평가하고 제동을 걸 수 있게 된다.

한쪽 사람들은 아직 1단계에 머물러있는데, 다른 사람들은 벌써 2단계로 넘어가 각자 평가의 목소리를 내는 장면을 상상해보라!

### 궁금증 해소하기

- 창의성은 두뇌의 어느 한쪽 또는 특정 영역에 '자리하는' 것이다?

  진실: 창의성은 두뇌의 전 영역에서 이루어지는 활동이다.

- 2단계 작업만 할 수 있는 사람도 있다?

  진실: 물론 자신을 그런 사람으로 생각해서 그런 활동을 담당하는 두뇌 연결망만 가동하기로 마음먹을 수도 있을 것이다. 그러나 누구나 1단계에 속한 활동을 할 수 있다. 물론 어

느 정도의 연습이 필요할 수는 있다!

### 창의성의 핵심 요소

렉스 영은 이렇게 우리를 격려한다. "풍부한 지식과 경험을 지니고 있을수록 어떤 기술을 연마할 시간을 더 많이 낼 수 있고, 즉흥적인 임기응변을 발휘하기도 더 쉽다. 창의성을 발휘할 수 있을 정도로 충분한 자료를 동원하는 역량이 바로 전문성이다. 그러므로 먼저 스스로 흥미를 느끼는 분야를 찾고, 그 분야에서 전문가가 되어야 한다. 그런 다음 남들이 이루지 못한 뛰어난 성과를 창출하고 이를 발전시키기 바란다."

1. 나의 천재성을 포착한다.
2. 경험의 폭을 넓힌다.
3. 자신의 한계에 도전한다?
4. 뚜렷한 목적을 가지고 사물을 대한다.

### 임기응변

스튜어트는 자신이 오늘 이야기한 내용을 제시가 어떻게 받아들일지 궁금했다. 그녀도 두뇌의 신경망을 완전히 바꾸어야 한다는 데 동의했고, 그러기 위해서는 때로 자신의 안전지대를 벗어나야 한다는 사실도 알고 있었다. 그리고 그녀의 이런 생각을 스튜어트도 당연히 알았다. 그러나 지금 그녀에게 하는 이야기는 너무 앞서나가는 내용이었다.

그는 자신이 권하는 내용이 왜 필요한지, 그 과학적 원리와 유익을 설명해주었다. 주변 사람들에게 혁신적인 아이디어를 제시할 때, 자칫 자신이 취약한 위치에 처할 수 있다. 다른 사람들의 검증과 비판이 쏟아지는 자리에 자신을 내던지는 행동이기 때문이다. 이것은 무척 힘든 일이다. 그렇게 되면 소중한 아이디어가 제시되어 다른 사람들로부터 개선되거나, 또는 그들이 자극을 받을 기회가 막히고 만다.

이런 일에 특히 발달한 두뇌를 가진 사람으로 즉흥 연주자를 들 수 있다. 그중에서도 연구 대상으로 가장 적합한 사람은 바로 재즈 연주자다. 특히 피아노 연주자가 가장 좋다.(건반을 짚는 것을 따라가며 연주자의 두뇌를 MRI 스캐너로 촬영해보면 된다. 반면 테너 색소폰 연주자라면 이 작업이 그리 쉽지만은 않다.) 즉흥 연주(혼자서든, 다른 연주자에 맞춰서든 즉흥적으로 곡을 연주하는 것)를 하는 동안 두뇌에서 보이는 특유한 현상이 있다. 신경과학자이면서 자신이 직접 재즈를 연주하는 찰스 림Charles Limb이 이 분야에서 훌륭한 연구를 수행해왔다.

전전두엽피질의 일부, 즉 외측 전전두엽은 활동을 멈춘다. 이 영역은 자기 억제와 자아의식을 담당하며 우리가 하는 일의 옳고 그름을 판단하고 이를 제어하는 역할을 한다. 반면, 내측 전전두엽(기초 연결망)은 더욱 활발하게 움직인다. 이 부위에 형성되는 연결망은 자기표현, 즉 자신에 관해 이야기할 때 핵심적인 역할을 담당한다. 따라서 두뇌는 바깥세상에서 어떻게 판단하든 상관없이 자신을 마음껏 표현하는 영역으로 넘어간다. 바로 창의성의 1단계에서 필요한 조건이 완벽하게 갖춰지는 것이다!

즉흥 연주가 주는 또 다른 장점으로, 자신을 표현하고 다른 사람과 의사소통을 나눔으로써 자기실현에 도움이 되고 다른 사람과 더욱 깊은 교류를 할 수 있다는 것을 드는 연구도 있다.

제시도 이 방법을 시도해보라는 권유를 받았다. 그녀가 시도해볼 만한 악기도 있었고, 상황에 맞는 배경 음악도 다양하게 고를 수 있었다. 이번 주 숙제는 재즈 학원에 출석한 다음, 똑같은 곡을 집에서 연습하는 것이었다.

### 인지 유연성

인지 유연성은 인생의 여러 가지 일에 대처하는 데 꼭 필요한 능력이다. 이 용어의 가장 보편적인 정의는 주변의 환경 변화에 적응하는 행동 능력이 되겠지만, 사실 이것은 단순히 행동에만 국한된 개념이 아니다. 이것은 매우 중요한 개념으로, 위에서 소개한 정의에 순전히 신경에 관한 관점만 따로 추가할 수도 있다. 즉 인지 통제 체계를 상향 및 하향 조절하는 능력을 갖춰 창의성을 발휘할 수 있는 상태를 말한다.

기존의 관점을 과감히 포기하고 새로운 필요조건에 따른 관점을 취하는 것은 매우 유용한 능력이며, 이는 창의적인 사고로 이어진다. 역사실적 추론 과정에서도 이와 유사한 과정이 진행되며, 이를 통해 사람들은 상상력을 발휘하여 과거의 결과와 앞으로 일어날 일을 고려하고, 이를 바탕으로 장래 계획을 세운다.

### 창의성을 판단하는 스트룹 과제

2010년 노스다코타주립대학교의 다리아 자벨리나Darya Zabelina와 마이클 로빈슨Michael Robinson은 한 그룹의 학생을 관찰했다. 그들은 먼저 종이와 연필을 사용하여 학생들의 창의력을 진단했다. 다음으로는 학생들에게 스트룹 과제Stroop task를 제시했다. 이것은 피험자가 얼마나 부적합한 정보를 잘 가려내고 세부적인 내용에 얼마나 집중하느냐, 즉 인지 통제의 가장 큰 특징을 측정하는 시험 방법이다.

흥미로운 점은 당시 창의적이라고 인정되던 사람과 그렇지 못한 사람들의 테스트 결과가 비슷했다는 것이다. 그러나 '창의적인' 사람들은 일치하는 옵션(예컨대 '빨간색'이라는 글자를 빨간색으로 써놓은 것)에서 불일치 옵션(예를 들어 파란색으로 표시된 빨간색)으로 전환해야 할 때 더 나은 성과를 보였다. 이렇게 우수한 인지 유연성은 새로운 아이디어를 만들어내고 그것을 실행에 옮기는 능력을 지원한다.

### 정신력 운동

제시는 두뇌를 더 열심히 훈련해서 지금까지 오랫동안 취약하다고 생각했던 자신의 학습과 업무 방법을 더 강화해야겠다고 분명히 마음먹었다. 그래서 스튜어트에게 집에서 연습할 과제를 더 내달라고 졸랐다.

- 바꿔서 사용하기 – 어떤 물건, 예를 들어 그릇을 놓고 3분 동안 그것을 다르게 사용할 용도를 최대한 많이 생각해낸다.
- 여러 가지 물건을 바꿔서 사용하기 – 12가지의 물건을 두고 15분 동안 각각에 대해 6가지씩의 다른 용도를 찾아낸다.
- 특이하게 묘사하기 – 사물을 일반적인 방법으로 묘사한다. 예를 들어 양초를 밀랍과 심지라고 하거나, 더 좋기로는 끈과 원통형 지방질이라고 표현하는 것이다. 이번에는 좀 더 어

려운 과제에 도전해본다. 위의 묘사를 더 세분화할 수 있는가? 또는 특수한 용도를 암시하는 표현을 생각해낼 수 있는가?

- 평소와 다르게 하기 – 자주 하는 어떤 일을 다른 방식으로 해본다. 예컨대 샌드위치를 다른 방식으로 만들어보거나, 출근할 때 다른 길로 가거나, 운동하는 순서를 바꿔보는 것이다.

### 창의적인 문제 해결

이 실험에서는 몇 사람에게 '여러 가지 물건 바꿔 사용하기' 과제를 해달라고 요청했다. 그런 다음에는 실제로 문제를 해결하는 과제를 내주었다. 예를 들어 성냥과 압정을 한 통씩 주고 양초를 벽에 수직으로 세워서 고정해보라고 한 것이다. 그 결과 앞서 '여러 가지 물건 바꿔 사용하기' 과제를 수행했던 사람들은 그렇지 않은 사람보다 실제 문제를 더 많이 해결했다. 그들은 문제 해결에 필요한 점화 자극을 미리 받았던 셈이다.

2012년 메사추세츠대학교 앰허스트University of Massachusetts Amherst의 토니 맥카프리Tony McCaffrey는 학생들에게 '특이하게 묘사하기' 훈련을 시킨 후 그들의 문제 해결 능력을 평가했다. 그 결과, 사전에 훈련을 거쳤던 학생들의 문제 해결 능력이 67퍼센트나 더 높았다! 이로부터 그들이 문제의 모호한 성격을 더 잘 파악할 수 있었기 때문에 문제를 해결했다는 가설이 나왔다.

2012년에도 비슷한 실험이 있었다. 네덜란드 네이메헌에 위치한 라드바우드대학교Radboud University Nijmegen 시몬 리터Simone Ritter 교수 연구팀은 학생들에게 전통적인 네덜란드식 아침 식사인 버터와 초콜릿이 들어간 샌드위치를 만들어보도록 요청했다. 학생 중 절반에게는 일반적인 순서대로 만들라고 했고, 나머지 절반에게는 평소와 다른 순서로 만들어보라고 했다. 그런 다음 모든 학생이 두 가지 방법을 다 사용해보도록 했다. 또 2분 안에 벽돌의 용도를 생각나는 대로 많이 말해보라고 했고, "소리를 내는 것은 무엇인가?"라는 질문에 역시 2분 동안 최대한 많은 답을 제시해달라고 했다. 그 결과 평소와 다른 순서로 샌드위치를 만든 그룹이 더 많은 아이디어를 냄으로써, 인지 유연성 면에서 더 높은 점수를 얻었다.

제시도 팀에서 즉각 활용할 수 있는 간단한 방법을 늘 찾고 있던 참에, 스튜어트의 말을 듣고 실천해봐야겠다고 생각했다. 그리고 그녀는 그날 당장 팀원들의 성과가 개선되는 것을 목격했다! 스튜어트에게는 그것 말고도 더 많은 방법이 있었다. 우리가 일하는 방식이 말도 안 된다고 생각할 때가 있다. 그러나 그것이 효과를 발휘한다면, 달리 생각해볼 문제다.

### 가까이 또는 멀리

인디애나대학교Indiana University 라일 지아Lile Jia 박사 연구팀은 사람들이 현실의 문제를 해결하는 방법을 관찰했다. 그들은 이런 과제의 성격을 실험 대상으로 삼았다. 피험자 중 일부에게는 그들의 행동 결과를 수천 킬로미터 떨어진 대학의 연구자들에게 제공할 것이라고 말해주었고, 다른 한 그룹에는 바로 이 대학의 연구팀에 실험 결과가 제공된다고 말했다. 세 번째 그룹에는 연구 결과를 사용하는 주체에 관해 아무 정보도 제공하지 않았다. 실험 결과, 놀랍게도 먼 곳의 연구진들이 실험 결과를 사용한다는 말을 들은 그룹이 나머지 학생들보다 두 배나 많은 과제를 해결해냈다!

이 실험이 시사하는 바는, 심리적 거리 덕분에 사람들은 문제를 객관적으로 바라볼 수 있고, 이것은 문제를 해결하는 데도 도움이 된다는 것이다.

스튜어트와 제시는 이런 결과가 그녀의 상황에 어떤 효과를 보일 수 있는지 이야기했고, 그 결과 그녀는 팀의 문제 해결에 이 전략을 적용할 방법을 몇 가지 찾아냈다. 그들은 이 개념이 시간에도 적용될 수 있을지 생각해보았다. 하루 뒤가 아니라 1년 뒤의 자신을 상상하는 것, 즉 그 시간만큼 거리를 두고 생각해보는 것도 더 많은 문제를 해결하는 데 도움이 될 수 있다.

그녀의 팀은 각자 아이디어를 떠올리기도 전에 먼저 모이기부터 하는, 이른바 브레인스토밍의 가장 전형적인 함정에 빠진 것 같았다. 스튜어트는 한 가지 정보를 알려주었다. 최근 연구 결과에 따르면 점심시간처럼 다소 형식이 갖춰지지 않은 느슨한 모임이, 장시간의 공식적인 회의보다 브레인스토밍에 더 효과적이라는 것이었다.

### 혁신적인 차

트와이닝Twining's은 세계적으로 유명한 차 회사다. 유구한 역사를 자랑하는 이 회사는 뛰어난 제품을 내놓기 위해 놀라운 헌신을 바친다. 그래서 이 회사에서 새로 출시한 비가열식 차를 직접 살펴볼 기회가 생겼을 때, 흥분하지 않을 수 없었다. 이 티백은 상온의 물을 사용할 수 있고, 특히 물병에 넣어 마실 수 있게 만든 제품이었다. 나는 차를 잘 마시지 않지만, 이것은 그들의 기존 제품에 추가된 훌륭한 상품인 것 같았다. 그러나 궁금한 점이 있었다. 이 훌륭한 회사와 다른 분야에서 함께 일해 보니, 이렇게 대단한 혁신을 이뤄내는 과정에서 그들이 뭔가 교훈을 얻지 않았을까 하는 의문이 일었다. 아무리 훌륭한 혁신이라 한들 완제품은 다른 수많은 회사도 금방 복제할 수 있을 텐데 말이다. 그들의 고민 중 하나는 이런 프로젝트를 수행할 수 있는 헌신적인 팀을 만들어 프로젝트의 속도를 높이는 방법이었다. 그들의 강점은 고객의 필요에서 일을 시작한다는 점이었다. 그들은 물에 여러 가지를 첨가하여 맛을 내는 것이 그들이 가장 잘하는 일임을 알았다. 그러나 왜 굳이 뜨거운 물이어야만 하는가? 그들은 '물맛을 뛰어나게 하는 일'에 열정을 품고 있었다. 그래서 여러 가지 아이디어를 시험해봤다. 그들이 가진 열망은 그들에게 매우 중요했다. '시장의 질서를 바꾸려는' 열망으로 이런 새로운 분야, 새로운 범주를 창출하는 것은 곧 그들이 정직하고 대담한 사람이 된다는 것과 같은 의미였다.

## 창의성을 발휘하는 동안 두뇌에서는?

확산적 사고divergent thinking는 주로 '바꿔 사용하기' 과제를 이용해서 측정한다. 이것이 바로 사람들이 어떻게 수평적으로 생각하는지를 말해주는 모든 것이다. 사람들의 생각이 갇혀 있는가, 예측 가능한 경로를 따르고 있는가, 아니면 이리저리 옮겨 다니며 다양한 연결망을 형성하는가? 확산적 사고에 능한 사람은 창의적인 취미를 가지는 경향을 보인다. 제시는 지금으로서는 취미를 즐길 만한 여유가 없다고 말하지만, 예전에는 한자 서예를 배웠던 적이 있었다.

### 바꿔서 사용하기 과제

널리 사용되는 이 실험의 내용은 사람들에게 어떤 물건을 다르게 사용할 수 있는 용도를 말해보라고 요청하는 것이다. 다른 말로는 '정신적 운동'이라고 간단하게 표현한다. 예를 들어 양말의 다른 용도를 생각해볼 수 있다. 원래 용도는 발을 따뜻하게 보호하는 것이다. 그런데 이것을 물을 거르는 필터 대용으로 쓸 수 있는 것이다.

로저 비티Roger E. Beaty 연구팀은 '창의성이 우수한' 네트워크를 가려내는 실험을 수행했다. 강력한 신경망을 가진 사람들이 창의성 과제에서 우수한 성적을 거두는지 조사한 것이다. 전체적인 결과는 예상과 일치했다.

신경망이 강력한 사람들이 더 좋은 아이디어를 내놓았다. 그렇다면 이런 두뇌 영역은 '창의력이 우수한' 네트워크에 어떻게 관여하는 것일까? 두뇌 영역은 다음과 같은 세 가지 특수한 체계에 속해있다.

• 기초 네트워크 – 아무런 과제에 집중하지 않을 때 작동하는 네트워크다. 예를 들면 두뇌가 백일몽, 상상, 공상 등에 빠져 있을 때다. 아이디어를 떠올리거나 문제를 해결할 때 중요한 역할을 한다.

• 실행통제 네트워크 – 집중력을 발휘하거나 통제된 사고를 할 때 중요하다. 아이디어를 평가할 때 중요한 역할을 한다.

• 현출성 네트워크 – 두뇌 상태를 기초 네트워크에서 실행통제 네트워크로 전환해주는 영역이다. 여러 네트워크 사이를 옮겨 다니거나 어떤 일에 집중하려는 순간에 중요한 역할을 한다.

보통 이 세 가지 네트워크가 모두 한꺼번에 작동하는 일은 드물다. 매우 창의적인 사람들이라면 두뇌의 여러 네트워크를 동시에 작동하는 능력이 뛰어날 수도 있을 것이다. 창의적인 사고가 진행될 때 배외측 전전두엽피질이 작동과 정지를 반복한다는 사실이 많은 학자의 연구를 통해 밝혀졌다.(드 만자노de Manzano 연구팀, 2012, 림과 브라운Limb and Braun, 2008, 류Liu 연구팀, 2012). 2016년에 애나 루이자 피뇨 연구팀은 상황에 따른 창의적 인지 전략 메커니즘을 제시했다. 즉 두뇌는 상황별로 외적, 내적 성찰에 관여하는 신경회로를 가동하는 것으로 볼 수 있다는 내용이었다.

제시는 감탄해 마지않았다. 실로 엄청난 정보였다. 자신도 두뇌의 여러 네트워크를 한꺼번에 작동할 수 있을지 궁금해지기 시작했다.

### 인지기능의 탈억제

2003년에 조던 피터슨Jordan Peterson과 셸리 카슨Shelley Carson은 창의력이 우수한 사람들이 그렇지 않은 사람보다 인지기능의 탈억제 cognitive disinhibition 증상을 보일 가능성이 크다는 사실을 밝혔다. 인지 기능의 탈억제란, 생존과 관련이 없는 정보나 현재 집중하고 싶은 대상을 무시하지 못하는 것이다. 신경과학자들은 인지 억제가 주의가 산만해지는 것을 방지한다는 점에서 좋은 일이라고 설명하는 경우가 일반적이다. 정보에 대한 인지 억제가 작동하지 않는다면 우리의 감각기관은 엄청나게 쏟아져 들어오는 정보의 양에 압도되어버릴 것이다.
이 연구에서 확산적 사고 과제와 다양한 경험에 대한 개방성, 그리고 창의적 성격 지수Creative Personality Scale 및 창의적 성취 설문Creative Achievement Questionnaire등에서 높은 점수를 보인 사람들은 잠재적 억제 과제에 대해서도 낮은 점수를 기록했다. 피터슨과 카슨은 이런 결과로부터, 인지 억제 수준이 낮다는 것은 더 많은 정보를 의식적으로 지각하여 처리할 수 있고, 이를 바탕으로 더욱 창의적인 아이디어를 낼 수 있는 것으로 생각했다.

제시는 학교 다닐 때도 늘 집중하는 데는 자신이 있었다. 다들 그녀를 공부 잘하는 학생으로 생각했다. 그렇다면 그녀는 인지 억제에도 능했다는 말일까? 스튜어트는 그럴 가능성이 크다고 말했다. 그러나 신경가소성 이론에 따르면 우리는 언제나 인지 억제를 하지 않는 연습을 할 수 있다. 제시도 어떤 생각이든 마음 가는 대로 자유롭게 떠올릴 수 있다.

인지적 탈억제는 아하 모멘트'aha' moment, 즉 깨달음의 순간과 밀접한 관련이 있다. 사람들은 이런 순간에 창의적인 통찰을 얻는다. 그런데 이것은 혁신적인 결과를 얻는 여러 방법 가운데 하나일 뿐이다. 이런 통찰의 순간을 마주했다는 것은, 인지적 필터가 이완되어 두뇌의 저변에 깊이 숨어있던 아이디어들이 의식의 차원으로 올라왔다는 것을 뜻한다.

### '아하!' 모멘트

존 코니어스John Kounious와 마크 비먼Mark Beeman은 아하 모멘트에 관한 연구로 유명한 인물들이다. 그들의 실험은 사람들에게 낱말 맞추기 문제를 내주고 이것을 푸는 동안 그들의 두뇌에서 나오는 패턴을 자기 공명영상이나 뇌전도 측정장치로 기록하는 것이었다. 그로부터 사람들이 해답을 찾았는지, 또는 모종의 통찰을 얻었거나 더 많은 시행착오를 겪고 있는지 등을 모두 알 수 있었다. 연구진은 이 실험에서 통찰을 얻는 순간, 일정 시간 동안 먼저 알파파가 활성화되고, 이어서 감마파 활동이 터져 나온다는 것을 관찰했다. 그리고 알파파 활동은 내면에 주의를 집중하는 동안에, 갑작스러운 감마파 활동은 해결책이 의식 차원으로 떠오르는 순간에 일어난다는 결론을 내렸다.

스튜어트는 제시와 아하 모멘트에 관해 이야기했다. 우리는 여기에서 몇 가지 중요한 과학적 지식을 배울 수 있다. 새로운 통찰을 얻기 위해서는 기존의 정신적 심상을 깨뜨려 새로운 정보를 받아들이고, 새로운 의미의 연결망을 형성해야 한다.

여러 연구팀은, 창의력이 우수한 사람들이 그렇지 못한 사람보다 창의적인 과제를 해결하는 동안 두뇌에서 알파파를 더 많이 방출했다는 연구 결과를 내놓았다. 원래 이것은 집중력이 떨어지는 현상이라고 설명해왔다. 그러나 오늘날에는 두뇌가 외부 환경에서 들어오는 데이터보다 내적 자극에 더 집중하기 때문에 벌어지는 일이라고 생각하게 되었다.

제시는 흥분을 감출 수 없었다. 그리고 알파파를 증진하는 간단한 방법이 분명히 있으리라고 생각했다. 스튜어트는 자신이 아는 내용을 말해준 다음, 그녀가 직접 연구해보도록 권유했다. 뉴로 피드백과 심장박동 변화율 피드백에 따라 창의력이 증진한다는 연구 결과가 몇 건 있었다. 그리고 더 좁은 의미의 이점을 제시하는 연구 결과도 최소한 한 건이 있었다. 그러나 이중맹연구(double-blind study, 심리적 요인이 환자와 의사 모두에 작용한다는 점을 보여주는 투약 효과 연구법 – 옮긴이)의 예에서 알 수 있듯이, 이 분야에서는 아직 더 연구할 주제가 많이 남아있었다. 긴장을 풀어주는 활동은 알파파 방출량을 증진하는 효과가 있다. 명상, 심호흡, 편안한 목욕, 요가, 심지어 눈을 감는 간단한 행동만으로도 어느 정도 효과를 볼 수 있다.

### 숙면

수면의 가치는 엄청나다. 이것은 우리에게 소중한 선물이다. 수면은 여러모로 우리에게 통찰을 얻는 데 필요한 점화 자극을 줄 수 있다. 수학 분야에서 우리에게 영감을 주는 스토리를 찾을 수 있다.

#### 단꿈

1950년대에 MIT에 돈 뉴먼Don Newman이라는 이름의 교수가 있었다. 당시 이 학교에는 장차 노벨상 수상자가 되는 존 내시John Nash 교수도 함께 재직 중이었다. 뉴먼은 자신이 풀려던 수학 문제를 하나 알려주었다. 그는 아무리 머리를 싸매고 풀려고 애써도 전혀 진척이 없었다는 기억을 떠올렸다.

어느 날 밤 꿈속에서 그가 그 문제를 생각하고 있는데 내시가 꿈에 나타났다. 뉴먼은 그 문제에 관해 자세히 설명해주고 조언을 부탁했다. 그러자 내시가 그 수수께끼 같은 문제를 어떻게 푸는지 설명해주었다!(꿈속에서 말이다.) 해답을 듣고 잠에서 깬 뉴먼은 그로부터 몇 주에 걸쳐 논문을 작성한 다음 학술지에 발표했다.
꿈에서 훌륭한 아이디어를 얻었다는 많은 사례가 있다. 마하트마 간디가 영국의 인도 지배에 대해 비폭력 시위를 호소한 것도 꿈에서 얻은 아이디어라고 한다. 프리드리히 아우구스트 케쿨레Friedrich August Kekulé가 벤젠의 구조를 밝혀낸 것도 꿈에서 뱀이 자신의 꼬리를 입에 문 형상을 보고 원자들이 모여 분자를 구성하는 배열 방식을 떠올렸기 때문이다.(벤젠의 구조가 동그란 모양이다.)

스튜어트는 창의성을 발휘하거나 시각화를 동원해 해결해야 하는 문제에 꿈이 중요한 역할을 한다고 제시에게 설명했다. 학자들은 우리가 꿈을 꿀 때 두뇌에서 전혀 다른 생화학적 반응이 일어난다고 말한다. 잠을 자는 동안 두뇌는 전혀 다른 생리 작용을 요구한다. 우리는 수면 중에 드는 생각을 전혀 다른 방식으로 인식하지만, 그때도 우리는 깨어있을 때 관심을 기울이던 바로 그 주제에 집중한다. 이것은 엄청난 보너스와 같은 일이다. 두뇌는 정상적인 패턴을 벗어난 상태에서도 여러 아이디어를 모색할 수 있다. 두뇌는 자면서도 특정 주제를 깊이 고민할 수 있다.

### 수면 도중에 통찰을 얻는 법

2009년에 캘리포니아대학교 샌디에이고 캠퍼스의 몇몇 심리학자들은 렘REM 수면이 문제 해결에 도움이 되는지 연구했다. 사람들에게 창의적인 문제 해결 능력이 필요한 과제를 내준 다음, 정답에 관한 힌트를 알려주었다. 그런 다음 피험자 중 일부는 깨어있게 했고, 일부는 비렘수면, 나머지 일부는 렘수면을 취하도록 했다. 그리고 모든 사람에게 다시 과제를 해결하도록 부탁했다. 실험 결과 렘수면을 취한 사람들이 가장 창의적인 해답을 내놓았다!
2009년 하버드대학교 로버트 스틱골드Robert Stickgold 교수의 연구실에서도 렘수면의 효과에 관한 연구가 진행되었다. 학생들에게 주어진 과제는 날씨 예측에 숨겨진 일반 원리를 찾아내라는 것이었다. 그들은 시행착오를 겪으며 조사해나갔다. 조사하는 도중에 낮잠을 자도록 한 학생 중에 원리를 찾아내는 학생이 더 많았다. 실제로 렘수면을 취한 시간의 길이는 우수한 성과 및 일반원칙을 분명하게 설명하는 능력과 직접적인 상관관계가 있었다.
그리고 이런 종류의 성과를 더욱 발전시키는 방법은 오직 렘수면뿐이라는 사실이 또 다른 연구를 통해 밝혀졌다.

스튜어트는 제시에게 매일 밤 잠자리에서 특정 과제를 머리에 떠올려보도록 권했다. 잠에 빠지기 직전까지 긍정적인 질문을 던져보는 것이다. 그리고 아침에 깬 후에는 꿈속에서 있었던 일 중에 기억나는 것이 있는지 생각해본다.

### 백일몽

스튜어트는 학창 시절에 가끔 멍하니 정신을 놓고 있는 것이 나쁜 일이라고만 생각했다. 지금 와서 생각하면 참 재미있는 일이었다. 사실은 나이에 상관없이 백일몽daydreaming은 매우 생산적인 일이기 때문이다. 우리는 백일몽을 통해 미래에 일어날 일을 아무런 부담 없이 미리 연습해볼 수 있다. 그런 행동을 통해 배우는 것이 있다. 생각을 아무 제약 없이 마음대로 떠돌게 내버려 두면 창의성이 자극된다. 우리는 당면 과제에 쏟고 있는 마음을 과거부터 미래까지 떠돌게 하면 기초 네트워크가 활성화된다는 사실을 앞에서 배웠다. 잘 알려진 바와 같이 아인슈타인은 백일몽을 통해 자신이 빛의 파장과 같은 속도로 움직인다고 상상했고, 이것은 그가 특수상대성 이론을 창안하는 데 큰 도움이 되었다고 한다.

일부 학자 중에는 백일몽으로 보내는 시간을 더 늘리라고 권하는 사람도 있다. 창의성을 증진하는 데 있어 가장 중요한 점은 바로 우리가 백일몽에 주목해야 한다는 것이다. 두뇌를 자유롭게 방황하도록 내버려 두면서도, 동시에 어떤 아이디어가 떠오르면 즉각 집중할 수 있는 훈련이 필요하다. 제시는 이미 그럴 수 있을 정도로 충분히 유연한 사람이었다. 그녀는 당장이라도 팀원들이 일과 중에 낮잠을 잘 수 있도록 허락할 준비가 되어있었다. 물론 독자 여러분 중에는 그럴 처지가 아닌 사람도 있겠지만, 그렇다 하더라도 다른 방법은 많다. 창의적인 문제 해결 과제에 집중하다가 잠깐 쉴 때는 별로 힘들지 않은 활동, 예컨대 독서를 하는 것도 좋다. 이런 활동을 한 사람은 아무것도 하지 않거나 과도하게 힘겨운 과제를 한 사람보다 더 나은 성과를 보였다.

## 놀이

### 이제는 놀 시간?

우리는 아이들에게 놀 수 있는 시간과 장소를 마련해주는 것이 얼마나 중요한지 안다. 놀이는 아이들의 사회적, 정서적, 인지적 발달에 긍정적인 영향을 미친다. 제멋대로 상상의 나래를 펼칠 수 있는 '자유로운 놀이'의 가치는 게임이나 체계적인 활동에 비해 매우 중요하다. 자유롭게 놀 기회를 없애버리면 불안과 사회적 부적응 현상이 증가한다.

그러나 어른들은 어떨까? 놀이는 어른에게도 마찬가지로 중요하다는 사실을 여러 연구에서 확인할 수 있다! 콜로라도대학교 볼더캠퍼스University of Colorado at Boulder의 진화생물학자 마크 베코프Marc Bekoff는 '늘 소란스럽게 살아가는 습관'으로 심신이 소진되는 것을 피하려면 우리에게 놀이가 꼭 필요하다고 말한다.
정신과 의사이면서 켈리포니아 카멜 벨리Carmel Valley에 소재한 국립놀이연구소National Play Institute의 설립자이기도 한 스튜어트 브라운Stuart Brown은 생활 속에 놀이 요소를 더 많이 포함할 수 있는 세 가지 방법을 다음과 같이 제시했다.
1. 신체 놀이 – 시간과 특별한 성과에 부담이 없는 활동적인 동작을 한다.
2. 물체 놀이 – 손으로 뭔가를 만드는 활동을 한다. 이때도 역시 특별한 결과물에 구애받을 필요 없는 일을 택한다.
3. 사회적 놀이 – 뚜렷한 목적 없이 다른 사람들과 할 수 있는 활동을 한다.
선구적인 과학자 매리언 다이아몬드(Marian Diamond, 아인슈타인의 두뇌를 연구한 것으로 유명한 현대 신경과학의 창시자 – 옮긴이)는 생전에 풍성한 주변 환경이 주는 혜택을 밝혀주는 연구를 많이 수행했다.

제시는 자신이 오랫동안 재미있게 놀아본 적이 별로 없다는 사실을 깨닫기 시작했다. 예전에는 가끔 시간을 내서 조카를 만나기라도 했었지만, 최근에는 오로지 일에만 매달려 살았다. 다른 일에 시간을 좀 내는 편이 업무에도 오히려 도움이 될 수 있다는 생각이 들었다. 스튜어트는 그녀에게 일 외에 즐겁게 할 수 있는 활동을 생각해보라고 강권했다. 예전에는 아이스 스케이팅을 하기도 했다. 그러나 지금은 그것 때문에 시험 준비를 하는 등의 노력을 기울일 엄두가 나지 않았다. 물론 그럴 필요도 없을 것이다. 그저 한 달에 한 번 정도만 가서 즐겁게 타면 되는 것이다.

### 레고 놀이

많은 회사들이 레고시리어스플레이Lego serious play를 적극적으로 수용하고 있다. 시리어스플레이 홈페이지에 들어가면 첫 화면에서 이런 내용을 확인할 수 있다. "레고시리어스플레이 방법론은 기업의 혁신 역량과 성과를 강화하기 위해 고안된 혁신적인 프로세스입니다. 과학적인 연구 결과에 바탕을 둔 이 방법에 따라 손과 머리를 모두 동원하면서 학습하는 동안 여러분은 세상에 관한 더 깊고 의미 있는 통찰을 얻고 그 가능성을 이해할 수 있습니다. 레고시리어스플레이 방법을 사용하면 조직의 모든 구성원이 더욱 깊은 성찰을 얻고 동료와 더욱 효과적인 대화를 나눌 수 있습니다. 레고시리어스플레이 방법론은 기업의 혁신 역량과 성과를 강화하기 위해 고안된 혁신적이고 실험적인 프로세스입니다."

뉴캐슬 노섬브리아대학교Northumbria University in Newcastle의 교육학 조교수 숀 맥커스커Sean McCusker는 이렇게 말한다. "저는 지난 5년 동안 영국, 중국, 말레이시아, 그리고 미국에서 레고시리어스플레이를 사용해왔습니다. 다양한 환경에 처한 사람들이 레고를 가지고 노는 모습을 지켜봤습니다. 그중에는 소기업 근무자, 교사, 그리고 국제적 연구단체에서 일하는 연구자들까지 있었습니다. 모든 경우에서 변화가 일어났습니다. 우스꽝스러운 놀이든, 진지한 분위기로 하는 참여든 말입니다. 참가자들은 복잡하고 추상적인 아이디어를 모델로 구현했습니다.

참가자들은 평범한 방법으로는 도저히 불가능한 일들을 그 방법으로는 표현할 수 있다고 저에게 말했습니다. 그리고 다른 사람들이 세상을 어떻게 바라보는지, 그리고 그런 생각이 서로에게 어떤 연결점이 되는지 이제 확실히 이해하게 되었다고 말합니다. 그리고 이 점에서, 레고는 지금까지의 회의와 토론이 가진 약점을 극복하는 데 분명히 도움이 됩니다."

스튜어트는 새롭고 재미있는 경험을 할 때도 도파민이 발산되므로 주의력과 관점의 전환, 창의성, 동기부여, 그리고 기억력 강화 등에 도움이 된다고 설명했다. 레고와 같은 매개체를 가지고 놀다 보면 심층적인 경험을 얻게 되고, 이것은 두뇌에 실행과 통제를 담당하는 네트워크를 형성함으로써 주의 분산을 쉽게 차단할 수 있다. 제시는 자신이 이끄는 작은 팀에 이런 도구를 어떻게 도입하면 좋을지 고민해보았다.

"혼자 얼마나 똑똑한지가 아니라, 서로 얼마나 연결되는지가 중요하다."

—마크 토마스Mark Thomas, 런던대학교University College London

**창의력을 위한 최고의 두뇌 활용 팁**

- 힘들게 일하다가도 잠시 휴식을 취하면서 평소 하는 일과 전혀 다른 활동을 해본다.
- 익숙한 리듬을 깨본다. 평소 하던 절차를 이리저리 섞어보고, 다른 사람이 낸 아이디어를 개선해보기도 하며, 좋은 아이디어가 있어도 잠시 제쳐두고 더 나은 것이 없나 살펴본다.
- 낮잠을 자거나 멍하니 공상에 빠져본다.
- 혼자만의 시간을 통해 창조적인 사고과정을 촉발한다.
- 다양한 활동을 해본다. 새로운 경험, 취미, 음식, 여행 등을 시도해본다.
- 내가 하는 일이나 어려움 등을 폭넓은 사람들에게 들려준다.
- 렘수면을 통해 점화 자극을 얻는다. 그런 다음 문제 해결 과정에 불쑥 뛰어들어본다.
- 즐거운 놀이를 통해 두뇌를 긍정적인 상태로 만들어, 두뇌 속에서 서로 멀리 떨어져 있던 내용을 연결해본다.
- 자신의 전문 분야에 정통한다. 그러나 다른 분야에도 호기심

을 품고 탐구한다.

- 사물을 정말로 세심하게, 그러면서도 다른 관점으로 살펴본다.

**두뇌를 활용하여 창의력을 갖출 때 얻는 최고의 유익**

- 무슨 일에서든 자신의 기여도가 극적으로 증대되는 것을 경험할 수 있다.

12장

# 타인에게 유능하게 보이는 법

## 나는 기억하는데 남들은 잊는 이유

### 중요한 회의를 망쳤다

벤에게 일을 잘한다는 것은 무척이나 중요한 의미가 있었다. 그는 최선을 다하기 위해 늘 노력했고, 나아가 다른 사람들도 자신의 성실성을 알아주었으면 했다. 그는 특별히 자신을 드러내거나 남들에게 자신의 업적을 떠들고 싶지는 않았지만, 이런 기업 환경 속에서는 자신의 기여도가 어느 정도인지 남들 눈에 금방 띄게 마련이라는 사실을 잘 알고 있었다. 언젠가는 그도 이 회사의 파트너가 되어야 하며, 그러기 위해서는 어차피 간부들의 눈에 띄어야만 했다.

그는 이번 주에 스스로 고쳐야 할 점이 몇 가지 있었다. 월요일에 그는 회사의 파트너 몇 분이 참석하는 회의를 함께 했다. 이 회의에서 자신이 진행하는 프로젝트도 논의될 예정이었으므로 그로서는 꽤 중요한 회의였다. 회의를 준비하면서 회사의 고객 서비스를 획기적으로 개선할 수 있는 아이디어를 많이 마련해두었고, 이 정도면 파트너들에게 대단히 깊은 인상을 줄 수 있다고 생각했다. 그러나 회의는 자신이 생각했던 대로 진행되지 않았다. 간부들의 질문에 대답하는 동안 그는 머릿속이 하얗게 변하는 기분이 들었다. 기억력이 제대로 작동하지 않을까 봐 걱정되기 시작했다.

프로젝트에 관한 상세한 질문을 마주했지만, 그의 머리에는 세부적인 수치가 통 떠오르지 않았다. 이렇게 되자 자신이 이번 프로젝트에 별 관심이 없거나, 진지하지 못한 태도로 임하는 것처럼 보일까 봐 걱정하지 않을 수 없었다. 도저히 기억이 나지 않자 혹시 노트에 적어두지 않았나 하고 뒤져봤지만, 결국 아무런 소용이 없었다.

회의가 끝나고 그는 자신의 팀원 중 어떤 여직원에게 달려가 그녀가 보내주겠다고 했던 서류가 어떻게 됐느냐고 물었다. 그녀가 대답하길 먼저 작성할 어떤 서류가 있어 나중에 보내주겠다고 그녀가 말했다는 것이다. 그런데 그는 그녀가 말하는 상황이 전혀 기억나지 않았다. 전에도 가끔 이런 일이 있었다. 사람들이 자신과 어떤 일에 의견일치를 보았는데, 정작 나중에 자신은 전혀 다르게 기억하고 있다든가 하는 식이었다. 그러고 보니 아내인 레베카와의 사이에서도 비슷한 일이 있었고, 그것 때문에 곧잘 말다툼을 벌이곤 했었다.

마침내 벤도 급격히 변화하는 의제에 대처하는 법을 분명히 알아야겠다는 생각이 들었다. 지난주에는 회사가 지역 자선단체를 돕는 일에 관해 파트너 한 사람에게 이메일을 보낸 적이 있었다. 그런데 아직 답장은 받지 못했고, 마침 오늘 회의에서 그 파트너를 다시 본 김에 확인 차 이메일을 한 번 더 보내야겠다고 생각했다.(그를 따로 만나지는 않았다.) 그 후 그가 받아든 답장은 퉁명스럽다 못해 아예 무례할 정도의 어조였다. 한마디로 실망스럽기 짝이 없었고, 도저히 안 되겠다는 생각마저 들었다. 지난번에는 파트너들이 직접, 직원들이 지역사회에 좀 더 참여해야 한다, 사회적 책임을 다하는 회사가 되어야 한다, 뭐 이렇게 말해놓고는 말이다.

### 현재 상황

스튜어트는 벤이 개선해야 할 점을 몇 가지로 정리해보기로 했다.

- 회의에 필요한 내용을 기억해서, 머리가 백지로 변하는 일이 반복되지 않도록 한다.
- 각종 수치를 빠르게 숙지하는 능력을 갖춘다.
- 사람들마다 상황을 다르게 기억한다는 사실을 이해한다.
- 변덕스러운 파트너들과 함께 일하는 법을 익힌다.

이 장에서는 정신적 역량을 효율적으로 활용하여 동료들에게 유능한 모습을 보이는 법을 다룬다. 아울러 팀의 성과를 극대화하는 데 도움이 되는 법을 알아본다.

### 통찰

벤은 스스로에 거는 기대가 컸다. 그러다 보니 성과를 위해 자신을 지나치게 몰아붙이는 경우가 잦았다. 높은 수준의 압력은 여러모로 성과에 영향을 미친다. 스튜어트는 벤이 기억이 제대로 나지 않는다고 걱정하는 점을 먼저 이야기해보고, 이번 일을 계기로 다른 여러 상황에서 벤에게 도움이 될만한 방법을 찾아보면 좋겠다고 말했다.

두뇌에서 멋진 아이디어를 떠올리거나 주변 상황을 꿰뚫어 보고 싶을 때, 우리는 두뇌가 '통찰'을 얻는 방법을 모색한다. 마크 영 비먼은 노스웨스턴대학교Northwestern University에 재직 중인 인지신경과학자다. 그는 지난 15년 동안 두뇌가 통찰을 경험할 때 어떤 일이 일어나는지 연구해왔다. 그는 이것을 '인간의 정신에서만 찾아볼 수 있는 본질적인 특징'이라고 표현한다. 통찰을 얻었을 때, 우리는 아르키메데스가 '유레카'라고 소리를 지르며 욕조에서 뛰쳐나오던 것과 비슷한 '아하' 모멘트를 경험한다. 이미 그곳에 오래도록 있었지만, 이제야 마치 손에 잡히듯이 생생하게 느끼는 깨달음이 다가오는 것이다. 이것은 내가 그동안 일종의 문제해결 과정에 있었기 때문에 일어나는 현상이다. 모든 문제 해결 과정은 두뇌의 다양한 신경망이 서로 작용하면서 진행되는 일이다. 특정 신경망이 작동하고 그에 따른 인지과정이 촉발되는 순간, 지금까지 내 눈에 보이지 않던 관계들이 서로 연결되는 것이다.

### 통찰의 신경과학

비먼의 연구를 통해 알 수 있는 사실은, 통찰이 일어나기 전에 두뇌에서 모종의 일이 벌어진다는 것이다. 통찰을 경험하는 사람들은 대체로 그 직전에 마음이 고요하고 평온해진다. 두뇌에서는 통찰이 일어나기 직전에 알파파 대역에 속한 활동(일종의 뇌파다.)이 증가한다. 이것이 일어나는 부위는 우측 후두엽으로, 두뇌가 시각 정보를 처리하는 영역이다. 통찰이 일어나는 순간, 알파파는 즉각 활동을 멈춘다.

이런 사실을 종합하면 다음과 같은 이론이 성립된다. 즉, 사람들은 통찰이 임박했다는 사실을 미리 알고(무의식적으로), 시각 정보를 차단하려고 한다는 것이다. 두뇌를 좀 더 고요한 상태로 만들어 해답을 더 명확히 보려고 하기 때문이다.

### 통찰의 기회를 늘리는 법

- 정신적, 물리적으로 조용한 공간을 마련한다. 회의 도중이라 해도 집중할 대상 외에는 모두 차단할 수 있어야 한다. 생각할 시간이 몇 분 정도 필요하다는 사실을 사람들에게 알려줄 필요도 있다. 익숙해지면 다들 당신은 원래 그런 사람이라고 인정할 것이다.

- 백일몽 – 뇌리를 떠나지 않는 생각이 있다면 마음대로 오가도록 자유롭게 풀어둔다. 그러다 보면 여러 가지 일과 연결되어 마침내 통찰을 얻을 수 있다.
- 행복한 마음을 먹는다.(지나치게 그럴 필요는 없다.) - 늘 근심에 빠져 있기보다는 즐겁고 행복한 마음, 약간의 호기심, 열린

마음과 여유를 가지는 것이 가장 좋다.

- 통찰을 얻으려 애쓰지 않는다. - 애쓴다고 되는 일이 아니다. 그러면 그럴수록 계속 같은 생각만 반복하게 되고, 결국 교착상태에 빠지고 만다.

### 망각의 원인

벤은 자신이나 다른 사람이나 왜 늘 뭔가를 잊어버리는지 알 수가 없었다. 이에 대한 대답은 생각보다 꽤 복잡할 수도 있다. 다음과 같이 몇 가지 이유를 생각해볼 수는 있다.

- 두뇌는 원래 무슨 일이든 잊으려는 경향이 있어서, 가만히 두면 열심히 망각한다.
- 애초에 정보를 장기간 기억하려고 저장해두지 않았다.
- 정보가 머리에 들어있기는 하지만 찾아내기가 쉽지 않다.
- 코티졸 함량이 높다.
- 주의 분산이 기억을 되살리는 데 방해가 된다.
- 머리에 든 정보도 정기적으로 사용하지 않으면 떠올리기가 매우 어렵다.

자꾸만 뭔가를 잊어버리는 게 문제라면, 가장 기억해내기 어려운 일에 혹시 어떤 패턴이 있는지 살펴보는 것도 도움이 된다. 바로 거기에서 망각의 이유를 파악하는 실마리를 찾을지도 모른다. 그런 다음 효과적인 기억 방법을 고민해볼 수 있을 것이다. 애초에 기억을 제대로 저장해두지 않은 것인지, 쉽게 떠올리지 못하는 건지, 혹은 전혀 기억을 찾지 못하는 것인지 알 수가 없다면, 어디서부터 문제를 해결해야 할지 훨씬 더 알기 힘들어진다.

### 기억력을 개선하라

일반적으로 기억을 최상의 상태로 유지하는 데 도움이 되는 방법이 몇 가지 있다.

> **기억력 향상을 위한 조깅**
>
> 일본복지대학에서는 달리기가 특정한 지적 능력을 향상하는 데 도움이 되는지 알아보는 실험이 진행되었다. 신체 건강한 피험자들이 12주 동안 1주일에 3번, 각각 30분씩 뛰었다. 반면 몸을 많이 움직이지 않는 생활 습관을 지닌 사람들을 대조군으로 설정하였다. 3개월의 실험기간 동안 이들은 모두 각각 3번씩 테스트를 받았고 마지막 테스트 후 조깅을 한 그룹은 하지 않은 그룹에 비해 약 30퍼센트 정도 높은 점수를 받았다. 이 밖에 다른 몇 가지 연구에서도 규칙적인 유산소 운동이 기억력을 강화한다는 것을 알 수 있었다. 운동을 통한 비즈니스 성공 사례가 꾸준히 나오고 있는 것도 바로 이런 이유 때문이다!

기억력의 증진을 원한다면 다음과 같은 가장 기초적인 사항을 충실히 지켜야 한다.

- 잠을 푹 잔다. 수면 부족은 기억을 떠올리는 데에도, 새로운 기억을 저장하는 데에도 모두 악영향을 미친다.(그러므로, 예컨대 갓난아이가 있는 집에서는 공부하기가 매우 곤란하다.)
- 친구들과 어울려 논다. 친구들과 친하게 지내는 일은 기억력

을 건강하게 유지하는 것과 밀접한 관련이 있다.

- 많이 웃는다.
- 스트레스를 관리한다. 스트레스에 시달리는 일이 반복된다면 따로 시간을 내서라도 자신의 삶과 마음 상태를 진지하게 되돌아볼 충분한 가치가 있다.
- 항산화제와 오메가3가 풍부하게 함유된 건강식을 섭취한다.

### 진짜와 가짜

거의 모든 사람은 자신의 기억이 진짜라고 생각한다고 봐도 좋을 것이다. 우리는 우리가 기억하는 것이 모두 진실인 양 행동할 때가 많다. 그런데 이것은 같은 일을 두고 두 사람이 서로 다르게 기억할 때 문제가 된다. 벤은 이런 일을 자주 겪었다. 집에서도 그는 아내인 레베카와의 사이에 이미 동의한 일이나, 심지어 둘이 나눈 대화를 놓고도 서로 다르게 기억하는 일이 종종 있었다. 직장에서는 사람들이 자신에게 무슨 말을 했다고 하는데, 자신은 전혀 기억나지 않을 때가 있었다. 곰곰이 생각해보니 사람들이 자신에게 어떤 행동을 해주기를 바라는 눈치인데, 정작 벤은 그들이 왜 그러는지 도통 이유를 몰랐던 적도 있었다.

#### 가짜 기억이 만들어지는 과정

엘리자베스 로프터스Elizabeth F Loftus는 가짜 기억이 만들어지는 과정에 관한 연구를 많이 내놓았다. 그녀는 캘리포니아대학교 어바인캠퍼스University of California, Irvine의 심리학 교수 및 법학 겸임교수다. 실험 내용 중에는 정지신호가 난 교차로에서 교통사고가 나는 장면을 모의로 연출하여 피험자들에게 보여주는 것이 있었다. 이 장면을 본 피험자 중 절반에게는 양보 신호가 난 상태였다고 말해주었고, 나머지 절반에게는 아무 말도 해주지 않았다. 그 말을 들었던 그룹 사람들에게 나중에 어떤 신호를 본 것으로 기억하는지 물어본 결과, 대부분이 양보 신호였다고 대답했다. 반면 대조군 그룹에서는 훨씬 더 많은 사람이 사실대로 기억했다.

### 가짜 기억

웨스턴워싱턴대학교의 아이라 하이먼Ira Hyman도 이 분야에서 여러 실험을 수행했다. 그중 한 실험에서는 피험자들이 과거에 겪은 일이라면서 사실과 거짓을 섞어 들려주었다. 가짜 기억으로 제시된 이야기 중에는 어느 결혼식에서 신부 측 부모님에게 실수로 과일 음료를 한 그릇 엎질러버렸다는 내용이 있었다. 첫 번째 면담에서 피험자들은 아무도 그런 기억이 있다고 말하지 않았다. 그중 한 사람은 이렇게 말하기까지 했다. "전혀 기억나지 않네요. 그런 말은 들어본 적도 없어요." 그런데 두 번째 면담에서는 그 꾸며낸 이야기가 기억난다는 사람이 18퍼센트나 되었다. 앞의 발언을 했던 바로 그 사람이 이번에는 이렇게 말했다. "야외 결혼식이었어요. 우리가 막 뛰어다니다가 음료 담아둔 그릇인지 뭔지를 발로 차버렸지 뭐예요. 그래서 막 소리를 지르고 난리가 났었어요."

이런 실험들은 중요한 시사점을 던져준다. 있지도 않았던 일이 기억날 수도 있다는 것이다! 그런데 거의 모든 사람이 이것이 사실이라고는 꿈에도 생각하지 않은 채 행동한다. 아마도 사람들에게 자신이 말하는 내용이 실제로 일어난 일이냐고 묻는다면, 내가 그들을 거짓말쟁이로 생각하는 줄 알고 화를 낼 것이다. 그러나 문제는 그렇게 간단하지 않다. 자신이 기억하는 내용이 실제로 일어난 일일 수도, 그렇지 않을 수도 있다는 사실을 모든 사람이 안다면, 무심결에 사람을 깎아내리는 일이 훨씬 줄어들 것이다.

벤은 다음번 팀 회의 때 이런 내용을 이야기해야겠다고 생각했다. 자신과 함께 일할 기회가 많은 사람들의 기억 속 현실이 '진짜'가 아닐 수도 있다는 사실에 그들이 눈을 떴으면 좋겠다는 생각이 들었다. 사실은 그들이나 나나 정도의 차이는 있다 해도 환자이기는 마찬가지인 셈이니, 서로 용서하고 지내면 좋지 않겠나 하는 생각이 들었다.

### 상상의 위력

로프터스의 연구팀은 어떤 일이 일어났다고 상상하는 것이, 그 일이 실제로 일어났다는 우리의 믿음을 키우는 것이 아닌가 하는 가설을 제시했다. 그들은 3단계로 구성된 실험을 수행했다. 피험자들에게 어떤 이야기를 들려주고 '그런 일은 분명히 없었음'과 '그런 일이 분명히 있었음' 두 가지로 판정해달라고 부탁했다.

2주 뒤 그들을 다시 만나 과거에 어떤 일이 있었다고 상상해보도록 요청했다. 그중 한 가지는 방과 후 집에서 놀고 있는데 밖에서 이상한 소리가 나는 것을 듣고 뛰어가다가 발이 걸려 넘어져 유리창을 깼다는 내용이었다. 2단계인 이 상상 과정에서 그들은 또 다른 질문을 받았다. "어디에 걸려 넘어졌나?" "그때 어떤 느낌이 들었나?"와 같은 질문이었다. 실험의 3단계에 이르자 피험자 가운데 과거 사건을 상상했던 사람 중 24퍼센트가 그런 사건이 실제로 있었던 것이 확실하다고 대답했다. 상상하지 않았던 사람 중에서는 이렇게 말하는 비율이 12퍼센트에 그쳤다.

실험은 계속 진행되어 전혀 일어난 적도 없는 일을 가지고 새로운 기억을 만들어내는 단계로까지 나아갔다. 우리는 이런 연구 결과로부터 너무나 소중한 교훈을 얻을 수 있다. 이제 가짜 기억이 존재한다는 것을 알게 된 이상, 회의와 같은 일에 사람들이 서로 다른 기억을 말하는 상황을 좀 더 섬세하게 바라볼 눈을 갖추게 된 셈이다. 벤이 똑같은 일을 두고도 레베카가 설명하는 것과 다르게 기억한다고 해서, 그녀가 거짓말을 한다거나 자신을 속이려는 의도가 있다고 생각할 필요가 없다. 그저 두 사람의 기억이 다른 것뿐이니까.

### 실제로 개선되었느냐, 출발선을 바꾼 결과냐

더햄대학교University of Durham의 마이클 콘웨이Michael Conway는 학생들의 기억과 관련된 실험을 수행했다. 한 그룹의 학생들은 자신의 학습 및 기억 능력을 개선해 줄 '학습기술' 강좌를 수강했다고 믿었다. 그런데 이 수업을 듣지 않은 학생들과 기말시험 성적을 비교해보니, 학습기술을 익힌 그룹의 성적이 오히려 더 낮게 나왔다! 여기까지만 들으면 그 수업의 수준이 형편없다고 생각할 수 있지만, 학생들은 수업 내용이 큰 도움이 되었다고 이구동성으로 말하고 있었다. 도대체 어떻게 된 일일까?

수업이 시작되기 전에 학생들은 모두 자신의 평소 학습기술을 평가했다. 그리고 수업이 끝난 후에도 똑같은 평가를 했고, 처음에 어떻게 평가했었는지 기억을 떠올렸다. 그들은 자신의 학습기술을 처음에 실제로 평가한 것보다 훨씬 더 낮게 평가했다고 기억하고 있었다. 즉 그들은 자신의 학습 능력이 향상될 것으로 생각했기 때문에, 현재의 학습기술 수준에 비추어 과거보다 개선되었다고 생각하기 위해 처음에 자신을 평가했던 기억을 바꿔버렸다고 설명할 수 있다.

이런 일은 삶의 다른 영역에서도 마찬가지로 일어난다. 예를 들어 어떤 사람이 체중을 줄이려 애쓴다고 해보자. 일주일 동안 열심히 노력한 후 체중이 얼마나 줄었는지 알기 위해 옷이 꽉 끼는 정도만 보고 판단하면, 사실과 달리 오히려 더 끼는 것처럼 느낄지도 모른다! 비즈니스에서는 출발선이 달라지지 않았는지 잘 살펴보는 것이 좋다. 회의에서 오가는 이야기를 꼼꼼히 기록해둔다면 나중에 사람들의 기억이 서로 어긋나더라도 충분히 해결할 여지가 있다.

### 일화냐 의미냐

기억에는 두 종류가 있다. 그중 하나(서술 기억declarative memory)는 다시 일화 기억episodic memory과 의미 기억semantic memory으로 나뉜다. 일화 기억은 특정 사건과 관계된 기억으로, 감정을 동반하는 경향이 있다. 의미 기억이란 우리가 그것을 언제, 어떻게 습득했는지, 어떤 감정과 연관되는지 알 수 없는 기억이다.

감정 전문가인 안토니오 다마시오Antonio Damasio는 일화 기억을 떠올리는 법에 관한 이론을 정립했다. 그가 제시한 모델은 정보가 작은 꾸러미 형태로 두뇌 전체에 걸쳐 저장되어있다고 생각할 수 있다는 것이었다. 이런 정보들은 애초 그 사건이 처음으로 등록되었던 뉴런 가까이에 모여 이른바 '수렴대convergence zone'를 형성한다. 이 이론에 따르면 해마는 중심점이 되어(전화 교환수에 비유할 수 있다.) 불필요한 모든 정보를 걸러버리는 역할을 한다.

이런 사실은 벤에게 중요한 의미가 있었다. 그는 많은 양의 의미 기억을 저장하는 방법을 잘못 생각하고 있었다. 즉 그는 그 수많은 기억을 경험이나 감정과 상관없이 저장하려고 했다. 그가 맡은 프로젝트 관련 데이터는 회의 전에 잠깐 읽는 것만으로는 너무나 기억하기 어려웠다. 그는 그런 정보를 자신의 작동 기억에 잠깐 넣어둘 때와 같은 방식으로 대했지만, 그렇게 엄청난 양의 정보를 그런 식으로 기억한다는 것은 도저히 불가능한 일이었다. 그런데 일화 기억, 예컨대 프로젝트를 진행하면서 동료와 나누는 농담은 기억하기가 너무나 쉬웠다.

나중에 좀 더 쉽고 효과적으로 떠올릴 수 있도록 데이터를 저장하기 위해 그가 시도해볼 만한 방법이 몇 가지 있었다. 우선 회의 시간에 기억해야 할 내용의 목록을 간단하게 작성한 다음, 각각의 항목을 자신이 평소에 친숙한 내용과 연관 짓는 방법이 있다. 예를 들면 다음과 같다.

- 회사가 5월에 거둔 이익은 310만 파운드다. 마침 벤이 아내에게 청혼한 날짜가 5월 31일이다. 그래서 그날을 떠올리며 아내가 얼마나 소중한 존재인지 생각해본다.
- 10월에 절감해야 할 예산이 59만4천 파운드다. 그렇다면 5.94 파운드짜리 가격표가 붙은 핼러윈 솥을 머리에 그려본다.
- 현재 임금 총액은 163만 파운드다. 벤의 어머니는 63년생이다. 그래서 이마에 1, 배에는 63이라는 숫자를 붙이고 있는 어머니의 모습을 상상해본다.

딱딱한 데이터를 평소에 익숙한 일들과 재빨리 연결 지어보면 두뇌가 정보를 떠올리기가 훨씬 더 쉽다.

## 두뇌 영역

### 헤엄치는 쥐

쥐를 대상으로 실험한 결과, 해마가 기억 체계에 중요한 역할을 한다는 가설이 힘을 얻었다. 쥐의 평소 행동을 잘 관찰해보면, 이 녀석들은 분명히 헤엄을 칠 수 있지만 그리 즐기는 편은 아니다. 따라서 물에 빠지면 곧바로 빠져나오려고 애쓰게 된다. 통에 물을 가득 담아두고 한쪽 끝에 선반을(물 밖에) 설치해두면 쥐들이 거기로 헤엄쳐갈 것이다. 쥐들이 선반이 있는 위치를 안 뒤, 실험자는 선반이 쥐들 눈에 띄지 않도록 물에 담근다. 이제 쥐들은 선반이 있는 곳을 기억해야만 물에서 빠져나올 수 있다. 해마에 이상이 있는 쥐들은 선반을 찾는 데 애를 먹는다.

### 해마 지도

1970년대 영국 런던대학교 존 오키프John O' keefe의 연구를 통해 과학자들은 처음으로 해마의 작동 원리에 관한 통찰을 얻었다. 오키프와 그의 동료 린 네이들Lynn Nadel은 해마가 감각기관을 통해 들어온 정보와 무관한 독립적인 세계의 공간적 표현을 형성하는 역할을 한다고 제안했다. 그들은 또 해마가 이런 작용을 하는 것은 기억과 연결될 컨텍스트를 만들기 때문이라고 설명했다.(오키프와 네이들, 1978)

## 작동 기억

스튜어트는 앞으로 회의 준비를 더 잘하기 위해 생각나는 방법이 있느냐고 물었다. 벤은 곰곰이 생각하다가 마침내 결심한 듯, 회의에서 거론될 데이터를 모두 한 페이지에 적어두는 것이 좋겠다고 말했다. 즉, 필요할 때마다 잠깐씩 정보를 확인할 참고 서류를 마련해두면, 질문이 나왔을 때 시간을 좀 달라고 양해를 구한 다음 서류를 찾아볼 수 있을 것 같았다. 정말 중요한 회의를 앞두고는 사실과 수치를 평소 익숙한 일들과 연결 짓는 방법을 사용하겠지만, 평소에는 모든 내용을 다 머리에 담아둘 필요까지는 없을 것 같았다.

작동 기억은 아주 짧은 시간 동안만 정보를 담아두고 처리하는 역할을 한다는 것을 모두가 이해하면 좋을 것이다. 많은 사실과 데이터를 모두 외우는 일은 무척 힘들 뿐 아니라, 나의 역량을 제대로 활용하는 방법도 아니다.

### 감정과 기억

감정과 기억은 서로 밀접하게 연관된 경우가 많다. 감정은 기억이 형성되는 과정 중 부호화 및 결합 단계에 영향을 미친다. 가장 생생하게 기억나는 일들은 보통 강렬한 감정과 연관된 경우가 많다. 어떤 일을 기억하고 싶다면 그 내용을 경험이나 감정과 연결 짓는 것이 좋다.

다른 사람과 함께 일할 때 상대방이 나중에 어떤 일을 기억하게 하고 싶다면 같은 경험을 공유하는 것이 편리한 방법이다. 이것은 여러 사람이 유대감을 느끼게 하는 역할도 한다. 감정은 사람들의 기억을 연결해준다. 물론 그 결과는 좋을 수도, 불편할 수도 있다.

### 무의식 기억

스튜어트는 벤이 겪는 어려움 중의 하나가, 같이 일하는 사람들이 대체로 예측 불가능한 행동을 하는 것이라는 사실을 알고 있었다. 벤은 그 사람들이 너무나 비논리적이고 비합리적이라 같이 일하기가 무척 어렵다고 말했다. 그저 혼자 고개를 숙이고 자기 일에만 열중할 수 있다면 아무 문제도 없을 것이다. 사실 그러는 편이 생산성 면에서도 훨씬 나을 것이다. 사람들을 대하는 것이야말로 에너지와 의욕, 그리고 인내심이 가장 많이 소모되는 일이었다.

사람들이 비논리적이라는 생각이 드는 것은 결코 이상한 일이 아니다. 그러나 스튜어트는 그 생각에 동의할 수 없었다. 사람들은 대개 다른 사람도 자신이 아는 내용대로 행동할 것으로 생각한다. 인간은 원래 의식적으로 훨씬 더 많은 정보를 가지고 있고, 거기에 무의식적으로도 80퍼센트나 더 많은 정보를 가지고 있다. 사람들은 이런 사실을 망각한다. 그러므로 누군가의 겉으로 드러난 행동만 보고 비논리적이라거나 비합리적이라고 결론짓는다면 중요한 점을 놓치는 셈이 된다.

다른 사람과 의사소통하는 그 어떤 순간에도 그들 사이에는 엄청나게 많은 일이 일어날 수 있다. 예를 들면 다음과 같다.

- 둘 중 어느 쪽의 감정 상태가 상대방과 대화를 나누기에 적당하지 않을 수 있다.
- 주의가 분산되어있을 수도 있고, 전전두엽피질이 과로한 탓에 도파민 분비량이 대화에 집중할 수 없을 만큼 부족할 수도 있다.
- 상대방이 내가 미처 생각지 못한 방식으로 반응하도록 모종의 점화 자극을 받았을 수도 있다.

### 점화 효과

8장에서 제시가 '신경과학자들의 1급 비밀'이라는 점화 효과를 경험했던 것을 기억할 것이다. 점화 작용은 두뇌의 특정 신경회로를 활성화하여 우리를 특정한 방식으로 반응하게 만든다. 그것은 일종의 암시적 기억으로, 우리가 하는 행동의 원인을 의식하지 못하면서도 어떤 일을 할 수 있도록 유도하는 기억이다. 점화는 무의식적 준비 과정의 한 형태다. 이것을 잘 활용하면 살아가는 데 큰 도움이 되고, 삶을 풍요롭게 하며, 생산성을 증진할 수 있다. 예를 들면 다음과 같다.

- 최대한 격식을 차려야 하는 자리에 갈 때마다 입는 옷이 따로 있다.(과거에 그 옷을 입었을 때마다 좋은 일을 여러 번 경험했다는 사실을 무의식적으로 알고 있다.)
- 어떤 일을 시작할 때마다 자신이 롤모델로 삼는 사람에 관한 이야기를 동료에게 한다.(자신의 가치관과 태도, 신념을 무의식중에 그 롤모델과 일치시키고, 따라서 그와 조금이라도 더 똑같이 행동해야 한다는 생각이 머리에 배어있다.)
- 집에 들어설 때마다 가장 마음에 들었던 휴가지에서 배우자와 함께 찍은 사진을 쳐다본다.(여유, 관계, 사랑과 같은 감정을 갖기 위한 무의식적인 행동이다.)

한편으로 점화는 여러 곤란한 상황을 낳을 수 있고, 사람들은 이런 사정을 잘 모른 채 문제를 악화시키기도 한다. 예를 들면 다음과 같은 경우다.

- 관리자들이 부쩍 나를 쌀쌀맞게 대하고, 심지어 경멸하는 태도를 보인다.(사실 그들은 최근에 상사로부터 팀을 엄격하게 관리하라는 내용의 이메일을 받았다.).
- 누군가에게 자선단체에 기부해달라고 요청했고 당연히 그가 수락할 줄 알았지만, 의외로 거절당했다.(그는 하필이면 이번 주에 작성해야 할 중요한 서류가 있어서 다른 일에 신경 쓸 여유가 없었다.)
- 이번에 회사에서 추진하는 엄청나게 중요한 프로젝트에서 내가 제외되었다.(의사결정권자는 이미 그 전에 상대적으로 덜 주목받는 어떤 일을 내가 잘 대응하고 있다는 이야기를 누군가에게 들어서 그 일을 나에게 맡기려고 했다.)

점화를 거의 상쇄하는 효과를 내는 방법이 몇 가지 있다. 어떻게 보면 이것은 또 다른 점화를 일으키는 방법이라고 생각해도 좋다. 위의 예에 그 방법을 적용해보자면 다음과 같다.

- 다음번에 관리자들에게 뭔가를 요청할 때는 그들에게 내용을 분명하게 설명한 다음, 질문이 두 가지 있다고 미리 그들에게 점화 자극을 준다. 그리고 그들에게 최소한 4분 정도는 생각한 후에 대답해달라고 부탁한다.
- 1주일 정도 기다린 뒤 만날 약속을 잡는다. 지난번 자선단체에 기부를 요청했는데 거절한 건에 관해 이메일을 보낸다. 또

이런 상황이 주는 이점을 정리해본 후 모든 일은 자신이 책임지겠다고 분명히 말한다.

- 이런 경우 내가 할 수 있는 일은 별로 없다. 내가 배제된 이유를 미리 아는 것은 거의 불가능하기 때문이다.

### 기억을 위한 최고의 두뇌 활용 팁

- 기억할 방법을 결정한다. 머리에 담아둘 것인가, 프롬프트를 전략적으로 사용할 것인가?
- 언제 어떻게 기억을 떠올려야 하는지 알아야 한다.
- 다른 사람들은 내가 기억하는 것과 다른 방식으로 기억한다는 것을 이해한다.(정말 중요한 일이라면 같은 페이지를 보면서 함께 문서로 확인한다.)
- 대체로 사람들은 무의식이 자신의 기억에 영향을 미치는 줄 모른다는 사실을 이해한다.

### 두뇌를 활용하여 기억의 과정을 이해할 때 얻는 최고의 유익

- 나의 정신적 역량을 효율적으로 쓸 수 있고, 책임 있는 선택을 내릴 수 있다.
- 새로운 깨달음을 얻은 채 다른 사람과 함께 일할 수 있다.
- 팀원들이 성과를 극대화하는 데 기억과 망각을 활용하도록 지원할 수 있다.

# 3부

# 조직

## 성과를 내는 환경은 어떻게 만들어지나?

최대한 즐겁게 살아가는 방법을 찾는 이 수수께끼의 세 번째 열쇠는 바로 내가 일하는 회사에 있다. 나의 개인적 효율과 성과, 그리고 생산성의 향상 방법을 터득하고 동료 및 고객과 어떻게 협력해야 하는지를 알았다면, 이제 회사에 관심을 기울일 차례다. 나에게는 조직에 영향을 미칠 힘이 있다.

미래의 직장은 즐겁게 일하는 곳이 될 것이다. 일하는 시간의 대부분을 불행하게 보내는 것은 이제 시대에 뒤떨어진 모습이다. 그에 맞춰 개인의 기대치도 높아지고 있으며, 따라서 이제 직원을 향한 관심과 양적 성장을 동시에 달성하는 기업만 살아남게 될 것이다.

직원들이 최선을 다할 수 있는 환경을 조성하고 큰 비전을 향해 노력하는 회사는 직원과 고객이 무엇을 원하는지 정확히 이해한다. 우리가 배워야 할 조직도 바로 이런 곳이다. 지금부터 이야기하는 회사들은 모두 창업가적 에너지를 소유하고 있다. 그러고 보니 하필 최고의 성공사례를 보여주는 회사들은 모두 신경과학에서 말하는 성공의 비결을 고루 갖추고 있다.

어느 회사나 변화할 수 있다. 거대 규모의 '전통적' 기업도 새로운 업무방식을 도입하여 성공적인 성과를 낸 사례는 역사를 통해서도 무수히 볼 수 있다. 이런 변화가 가능하다는 것은 신경과학의 관점에서도 분명히 입증된다. 우리는 이런 사실로부터 변화를 위한 가장 좋은 방법이 무엇인지 힌트를 얻을 수 있다.

13장

# 성공의 핵심 비결 여섯 가지
## 시냅틱 서클

### 회사를 떠나고 싶다

케이트는 현재 근무 중인 조직을 떠나야 하나라는 생각이 들었다. 그녀는 항상 상사들을 존중해야 한다고 생각해왔지만, 자신은 지금 그러지 못하고 있다는 것을 알았다. 일이 이렇게 된 지 너무 오랜 시간이 지나 세부적인 요인이 무엇이었는지조차 이제 기억나지 않지만, 전반적으로 회사에 실망했다는 것만큼은 분명했다.

최근에 상사인 수와 면담을 하면서도 케이트는 마음이 대단히 불편해지는 것을 느꼈다. 그녀는 내년 계획을 이야기했는데, 요컨대 올해 연말에 예상되는 성과를 바탕으로 내년에 어떻게 승승장구할 것인가라는 내용이었다. 케이트는 정신을 딴 데 팔기 시작했다. 수는 일반적인 내용은 아주 능숙하게 이야기했지만, 가끔 그녀가 원하는 기대치가 구체적으로 무엇인지 도대체 잘 알아듣기 어려울 때가 있다는 것이 케이트의 설명이었다. 물론 케이트는 그녀가 원하는 것이 무엇인지 알았다. 그러나 예전에 한번 자신이 하는 일을 수가 그럭저럭 괜찮다고 생각할 줄 알았지만, 나중에 알고 보니 그렇지 않았던 적이 있었다.

그녀를 힘들게 하는 사람은 직속 상사인 수뿐만이 아니었다. 그녀가 보기에 회사는 전반적으로 자신이 생각하는 리더십에 부합하는 모습을 전혀 보여주지 못했고, 회사가 이야기하는 비전도 전혀 피부에 와 닿지 않았다. 과거처럼 팀을 소중히 여기는 분위기도 많이 희석되었고 직원들의 목소리를 들어주는 사람도 별로 없었다. 리더들이 회사에 쏟는 정성이 자신보다도 덜한 것 같다는 생각까지 들고 보니 과연 여기가 내가 있을 곳인가 하는 의문이 생기지 않을 수 없었다. 최고위층 간부들은 늘 뭔가 행동에 나설 것이다, 분명한 방향을 제시하겠다고 말하곤 했지만, 모두 그때뿐이었다. 물론 회사의 방향이 바뀐 것을 느낄 때도 있었지만, 이런 일은 위에서 좀 더 효과적으로 의사소통에 나서주었으면 좋을 텐데 하는 바람이 있었다.

이 장에서 다루는 내용은 사람들의 두뇌가 실제로 반응하는 방식에 부합하는 리더십을 발휘하여 리더와 팔로워 모두에게 유익이 돌아가고, 회사 전체의 성공에 더 도움이 되는 방법에 관한 것이다. 아울러 모든 사람이 변화에 대응하는 역량을 더욱 증진할 수 있다.

## 오늘날의 리더십

오늘날 리더들은 자신의 두뇌가 작동하는 원리를 이해할 기회를 충분히 누리고 있다. 아니, 심지어 그럴 책임도 있다. 리더십이란 사람과 직결되는 문제다. 지난 20년간 우리는 사람들이 일하는 방식에 관한 지식을 비약적으로 증진해왔다. 이런 지식을 활용하지 않는다면 남보다 뒤처질 수밖에 없다. 옛날 방식의 리더십 개발법은 수많은 추측에 의존하는 것이었다. 이제 우리는 방대한 연구 결과를 활용할 수 있으므로, 과거의 아니면 말고 식의 수많은 시행착오를 피할 수 있게 되었다.

> **리더십과 관리**
>
> 이 둘은 엄연히 서로 다른 능력임에도, 구분 없이 혼동해서 사용하는 경우가 얼마나 많은지 정말 놀라울 정도다. 피터 드러커Peter Drucker와 워렌 베니스Warren Bennis에 따르면(스티븐 코비가 인용, 1989년), "관리는 일을 올바로 하는 것이고, 리더십은 올바른 일을 하는 것이다." 이것을 코비는 이렇게 표현했다(1989). "관리란 성공의 사다리를 효율적으로 오르는 일이다. 반면 리더십은 그 사다리가 제대로 된 벽에 걸쳐졌는지 판단하는 일이다."

## 시냅틱 서클

스튜어트는 케이트에게 신경과학에서 말하는 종합적 리더십 모델을 한 가지 소개했다. 그것이 바로 시냅틱 서클synaptic circle이다. 시냅틱포텐셜이 전 세계의 여러 회사에 적용하는 여러 가지 리더십 모델 중 하나도 바로 이것이다. 이 모델은 신경과학에서 얻을 수 있는 통찰을 바탕으로 사람들과 협력하는 가장 좋은 방법에 관해 리더가 알아야 할 기초적인 내용을 다룬다. 여기에는 세 가지 구성 항목이 있는데, 스튜어트는 그중에서도 케이트에게 가장 큰 영향을 미칠 수 있는 두 번째 항목에 초점을 맞췄다.

이 모델의 두 번째 항목은 모두 알파벳 C로 시작하는 여섯 가지 핵심 요소로 다시 나뉜다. 그 여섯 가지 모두 다음의 대상에 적용된다. 즉,

- 나 자신
- 고객과 동료
- 그리고 회사다.

여섯 가지 요소는 바로 확신confidence, 확실성certainty, 칭찬celebration, 통제control, 교류connection, 그리고 기여contribution다. 이 여섯 가지 요소가 성공의 핵심적인 비결임을 입증하는 강력한 연구 결과가 있다. 이 모델이 널리 인정받는 데는 다 이유가 있는 셈이다. 그리고 그 밑바탕에는 신경과학적 원리가 자리한다. 그런데 언뜻 보기에는 별로 그럴 것 같지 않다고 생각할 수도 있다. 그래서 스튜어트는 이번 시간에 하나하나 자세히 설명하면서 케이트의 생각을 들어보기로 했다.

### 확신

확신의 중요성은 여러 단계에 적용된다.

- 리더는 자신을 확신해야 한다.
- 동료와 고객은 리더에 대한 확신이 필요하다.
- 모든 사람은 회사를 확신할 수 있어야 한다.

그렇다면 과연 확신은 무엇일까? 이것은 대체로 확실성을 믿는 마음이라고 여겨진다. 이런 내면의 확실성을 겉으로 드러내는 방법은 여러 가지가 있다. 실제로 수많은 자기계발 프로그램이 확신을 키우는 법을 이야기한다. 그러나 사람들이 자신의 내면에 확실성을 가지고 있지 않으면서 밖으로만 확신을 드러낼 때가 위험하다. 이런 경우가 바로 최악이다. 우리는 진실에 기반한 실제 확신이 중요한 이유를 살펴볼 것이다. 그런 수준에 도달하지 못한다면 차라리 솔직하게 확신이 없다고 말하는 편이 오히려 더 낫다.

### 위협 반응

시냅틱 서클을 구성하는 많은 요소는 그것이 얼마나 충족되느냐에 따라 신경과학에서 말하는 위협이나 보상 반응을 촉발한다. 이런 반응은 사람들의 효율, 성과, 그리고 생산성에 직접 영향을 미친다는 점에서 대단히 중요한 의미가 있다. 직원들이 리더에 대한 확신을 잃을 경우, 이는 그들의 생산성과 직결되어 결국 회사의 자금 손실로 이어진다. 그러므로 리더가 확신을 가지고 일하는 방법을 아는 것이 대단히 중요하다.

#### 위협 반응에 관한 신경과학적 이해

위협 반응을 경험하면 신체 내부에서 일련의 사건이 촉발된다. 이 과정에서 산소와 글루코스가 소모된다. 이는 작동 기억 능력의 저하 효과를 유발한다. 작동 기억은 창조적인 통찰, 분석적 사고, 문제 해결 등의 바탕이 되며, 심지어 아주 짧은 시간 동안 뭔가를 기억하기 위해서도 꼭 필요한 기능이다. 위협 반응이 일어나는 순간, 이런 모든 기능이 손상을 입는다.
아울러 위협 반응은 편도체, 전방대상피질, 전두엽 등에도 영향을 미친다. 코티졸 분비를 촉진하여 면역력을 감소하고 학습 능력에 손상을 일으키며 기억력에도 영향을 미친다. 한 마디로 효율과 성과, 생산성 면에서 엄청난 악영향을 미치게 된다.

두뇌는 진짜 위협과 가짜 위협을 구분하지 못한다. 시골길을 걷다가 뱀처럼 생긴 물체가 가까이 나타나면 뱀이라고 생각하고 행동하지, 미리부터 가짜라고 생각할 수는 없는 노릇이다. 대뇌 변연계는 신속한 움직임으로 안전을 보장하려고 한다. 알고 보니 뱀이 아니었다면 두뇌는 위협 반응을 진정시킨다. 물론 조직 생활은 방금 든 예보다 훨씬 복잡해서 두뇌는 어떤 일이 실질적 위협인지 판단하는 데 큰 어려움을 겪는다. 따라서 위협 반응이 일어나면 일단 그것이 실제 위협이라고 가정하는 것이 안전에 도움이 된다.

위협이 감지되면 시상하부 뇌하수체 부신피질 축(hypothalamic-pituitary-arenal axis, HPA)이라는 중요한 시스템이 가동된다. 이 시스템은 두뇌의 이 세 가지 영역 사이의 상호작용으로 이루어진다. HPA 시스템은 코티졸의 생성과 분비를 촉진한다. 이로써 신체는 행동에 나설 채비를 한다. 혈압과 심장 박동수가 증가하고, 호흡이 가빠지면서 허파에 들어오는 산소량이 늘어나며, 혈류량도 급격히 증가한다.

HPA 시스템이 활성화되면 신경전달 물질도 방출된다. 이 화학적 전달물질은 편도체를 활성화하여 두뇌가 감정적인 반응을 보이도록 한다. 아울러 해마를 자극하여 이런 감정적 경험을 장기

기억에 기록하게 한다. 마지막으로 신경전달물질은 전두엽의 활동을 억제함으로써 단기 기억과 집중력, 억제력, 그리고 합리적 사고력 등이 일제히 급락한다. 이렇게 되면 우아한 사회적 상호작용이나 인지적 과제를 수행하는 등의 일이 매우 어려워진다.

### 지위에 대한 이해

지위의 힘을 이해하지 못하는 사람이 회사에서 일한다면 그보다 더 어려운 일이 별로 없을 것이다. 사람은 본능적으로 상대적 지위를 인식하고 이에 반응한다. 누군가 자신보다 힘이 세거나, 중요하거나, 아름답거나, 똑똑한 사람이 곁에 있다고 생각하면 그에 대해 조금이라도 위협을 느끼게 되어있다. 우리는 자신의 지위를 올릴 수 있는 일을 하는 경우 보상 반응을 경험한다. 예컨대 회의에서 멋진 발언을 하거나 새로운 일을 따냈을 때 말이다.

사람들과의 협력을 통해 최대한의 성과를 원한다면 먼저 나에 대한 그들의 위협 반응을 줄여야 하는 것이 당연하다. 스튜어트는 케이트에게 '지위 평준화' 기법을 설명했다. 즉 내 지위를 낮추거나 상대방 지위를 추켜세워 사람들이 더욱 생산적으로 일할 수 있게 하는 것이다. 예를 들어 케이트가 동료들을 칭찬한다면 그들은 약간의 보상 반응을 보일 수 있다. 그들의 도파민과 세로토닌, 테스토스테론 수치가 올라가고 코티졸 수치는 내려간다.

직원 대부분이 일하는 내내 자신이 낮은 지위에 머물러있다고 느끼는 문화가 자리 잡은 조직이 있다. 높은 성과를 올리는 상위 10퍼센트의 직원들만 대우받고 나머지는 별로 중요하지 않게 취급되는, 지나치게 경쟁적인 환경은 갈등을 유발하는 경우가 많다.

### 거울 뉴런

진실성은 많은 사람이 중요하다고 강조하는 덕목이다. 그러나 확신에 관해서는 모든 사람이 '성공할 때까지는 속여라'라는 생각을 옹호하기라도 하는 듯한 분위기가 조성되어있다. 다시 말해 사람들은 실제로 확신이 들지 않는다면 그런 척이라도 해야 한다고 생각한다는 뜻이다. 물론 이런 방법으로 확신을 키울 수도 있을 것이다.(왜냐하면 확신이란 무엇보다 내면에서 이루어지는 자신과의 대화이므로, 확신에 찬 자세와 말, 표정 등을 통해 스스로 확신을 설득할 수 있기 때문이다.) 그러나 여기에는 또 다른 문제가 따른다.

나의 모습에서 내적 일관성이 부족해지면, 다른 사람들도 이것을 금방 눈치챈다. 사람들은 무의식적으로, 아니 어쩌면 의식적으로도 이것을 알 수 있다. 누군가의 일관되지 못한 모습을 무의식적으로 알아채는 순간, 사람들의 두뇌에서는 경고음이 울리며 위협 반응이 활성화된다. 사람들로부터 투명한 반응을 끌어내고 싶다면 역시 정직하게 행동하는 것이 좋다.

수는 이번 연말에 조직이 목표를 달성할 것이라는 확신이 없었다. 이렇게 되면 내년 계획은 모두 어긋난다. 이 문제를 언급하면서 그녀의 머릿속에는 팀원들에게 용감한 모습을 보여야겠다는 생각이 가득했다. 그녀는 모든 일이 잘된다고 생각하면 팀원들이 일을 더 잘할 것으로 생각했다. 문제는 그들이 그녀의 태도에서 무의식적으로 불일치를 감지하면 리더를 신뢰하기가 더 어려워진다는 것이었다.

### 회사의 확신

확신을 얻거나 잃는 것은 개인만이 아니다. 회사가 어떤 태도를 보이고, 그것이 얼마나 일관되느냐 하는 것은 엄청나게 강력한 영향력을 발휘한다. 고객과 소비자가 일관성이 부족한 메시지를 받아드는 순간, 그들은 위협 반응을 일으킬 수 있다. 그렇게 되면 그들이 나의 상품을 사거나 나와 함께 일하는 것을 편하게 생각할 리가 없다.

#### 식스센스

소누 쉬브다사니Sonu Shivdasani와 에바 말름스트롬Eva Malmstrom 부부는 식스센스Six Senses 브랜드를 창립하여 운영하는 경영자다. 그들은 몰디브의 럭셔리 리조트 소네바 푸쉬Soneva Fushi를 설립했다. 그런데 이곳은 평범한 리조트가 아니다. 부부는 이 사업을 통해 럭셔리 리조트에서 가능한 것, 나아가 기대할 수 있는 것이 무엇인지를 재정의했다. 그들은 자신들의 믿음과 이상에 대한 굳은 확신이 있었기에 보편적인 상식에 굴하지 않았다.

그들이 하는 일은 한 마디로 새로운 것을 창조한다고 정의할 수 있다. 이런 철학은 그들이 운영하는 모든 사업에 일관되게 구현된다. 이것은 매우 중요하다. 소네바 푸쉬에는 신선한 유기농 음식을 제공하는 유기농 정원이 있다. 방문객들에게는 자루가 하나 제공되는데, 여기에 사용한 플라스틱 쓰레기를 모두 담아갈 수 있게 한 배려다. 고객들은 신발을 신지 않는다. 물론 경영진도 모두 마찬가지다. 그들은 현재 탄소 중립성을 추구하는 데에서 한발 더 나아가 아예 탄소제로에 도전하고 있다.

이곳을 방문하는 고객은 자신이 기대하는 바를 정확히 알고 있다. 이 점은 신입 직원들도 마찬가지다. 그들은 식스센스에서 일하면서 단지 월급만 바라지 않는다. 그들은 "생활양식을 열망하며, 우리의 철학을 수용한다." 직원들의 자연스러운 능력을 존중하지 않은 채 엄격한 규칙만 고집했다면 지금의 식스센스는 없었을 것이다. 다음은 인재개발부서 최고책임자의 말이다. "우리는 이 사업의 주역들에게 아시아의 친절이 무엇인지, 그리고 고객을 대하는 우리의 철학이 무엇인지 이야기해줍니다. 그 다음은 그들이 알아서 할 일이지요."

소누 쉬브다사니와 에바 말름스트롬이 어떤 사람인지는 모두가 투명하게 눈으로 보고 직접 겪을 수 있다. 이것이 바로 소네바 푸쉬가 기업으로서 확신을 가질 수 있는 이유다. 나아가 직원들도 조직의 리더십과 그 속에서의 자신의 역할, 그리고 경력상의 더 높은 목표에 대해 확신을 가질 수 있다.

**직원**

사소한 일 같지만, 직원이라는 말 대신 다른 명칭을 사용하는 기업이 늘어나고 있다. 디즈니에서는 직원 대신 캐스트라는 말을 사용한다. 자포스는 직원을 자포니언이라고 부른다.

리더들에게 실망한 사람은 케이트만이 아니었다. 그녀는 자신의 업무에 모든 것을 쏟아 붓고 있다고 생각했다. 그녀는 오랜 시간 동안 회사에 남아 일하고, 퇴근한 뒤, 또 휴일까지도 회사 일에 신경을 쓰며, 심지어 친구들을 만나서도 회사 일을 이야기했다. 회사는 인생의 우선순위 중 가장 앞자리를 차지한다고 해도 될 정도로 그녀의 삶에 중요한 의미가 있었다. 그런 만큼 회사에서 자신이 맡은 역할도 그녀의 인생에서 매우 중요한 부분이었다. 스튜어트는 그녀가 최근 실망하게 된 것에 비추어 이런 점을 어떻게 생각하느냐고 물었다. 케이트는 목소리를 높이며 자신이 이렇게 헌신적으로 일하는 것 자체는 너무 행복하다고 강조했다. 이렇게 생활하는 것이 즐겁고, 어떤 회사를 가더라도 자신의 모든 것을 바쳐서 일할 준비가 되어있다고 말했다.

그러나 문제는 리더들이 자신만큼 회사에 헌신한다는 확신이 들지 않는다는 것이었다. 그녀도 이제는 그 사실을 깨닫기 시작한 것이다. 물론 리더들이 어디에 시간을 쓰는지, 그들이 휴일에 무슨 생각을 하는지를 그녀가 결정할 수는 없다는 것을 알고 있었다. 그러나 그녀 스스로는 의문이 들지 않을 수 없었다. 그들이 나만큼 전력을 다하지 않는다는 것은 무슨 뜻일까? 그녀가 자신을 믿는 만큼 이 회사를 믿는 것이 어리석은 일이라는 뜻일까?

### 자포스의 사례, 토니의 확신

대표적인 온라인 소매업체 자포스Zappos의 초창기 스토리는 굳은 의지를 빼고는 할 말이 없을 정도였다. 당시 창업 공신들은 존경할 만한 헌신을 보여주었다. 신발이라고는 팔아본 적도 없는 닉Nick이라는 사람이 사업을 시작한 후 이 분야를 약간 경험한 프레드Fred라는 사람을 만났고, 이들은 투자업체를 운영하던 토니 셰이를 찾아가 자금 지원을 요청했다. 그렇게 해서 조성된 1단계 펀딩 자금이 바닥나자, 토니와 그의 비즈니스 파트너였던 알프레드Alfred가 추가로 투자하게 된다.(이것은 그들의 원래 사업계획에는 없던 결정이었다. 그러나 결국 그 회사나 자포스 모두 이 투자로 파산하지는 않았다.) 토니는 아예 그들을 자신의 아파트로 불러들여 그곳을 임시 사무실로 삼았다. 토니는 얼마 지나지 않아 자포스의 풀타임 직원이 되었고, 곧이어 리더 역할을 맡았다.

남아있던 투자자금마저 자포스에 몽땅 투입한 다음, 토니는 몇 달에 한 번씩 사비를 조금씩 털어 넣으면서까지 회사를 근근이 버텨냈다. 직원들에게 급여를 줄여야겠다고 간청할 정도가 되어서는 자신의 아파트 세 채를 개방하여 임대료도 받지 않고 직원들에게 들어와 살라고 내어주기도 했다. 급기야 토니의 개인 자금마저 바닥을 보이기 시작하자, 이번에는 자신의 부동산마저 매각하여 그 돈을 자포스에 쏟아 부었다. 결국 나머지는 다 팔고 집과 아파트 한 채씩만 남았는데, 이번에는 어려워진 경기 탓에 이마저도 구매자가 선뜻 나서지 않는 상황이 되었다. 마지막에는 돈이 워낙 급해 남아있던 아파트까지 헐값에 겨우 팔아 넘겼다. 자신이 산 가격의 40퍼센트 밖에 안 되는 가격에 말이다.
이때 알프레드는 이렇게 말했다. "친구이자 재정 자문으로 충고하는데 그러지 않는 게 좋을 거야. 물론 장기적으로는 보상이 되어 돌아올 수도 있겠지만, 그렇다고 빈털터리가 될 수는 없잖아." 부모님도 그의 결정을 달가워하지 않으며 정말 돈을 모두 포기하겠다는 거냐고 물었다. 그러나 토니의 생각은 팀원들에 대한 믿음에 맞춰져 있었다. 프레드는 훌륭한 경력을 포기하고 자포스에 뛰어들었다. 그는 새로 산 집과 돌봐야 할 아이도 있었다. 프레드가 모든 것을 걸었다면 자신도 기꺼이 그럴 수 있다는 것이 토니의 생각이었다.

리더들이 조직에 대한 자신의 헌신과 확신을 보여줄 방법은 여러 가지가 있다. 그중에는 말로는 간단하지만 일관되게 실천하기란 결코 만만치 않은 '진실된 성품'에서부터 토니 셰이가 보여준 극단적인 사례까지 실로 다양한 방법이 있다. 자포스의 사례는 리더가 자신의 회사에 대해 얼마나 큰 확신을 지녔는지를 보여준 훌륭한 모범이다. 그들은 그것이 위험천만한 일이라는 것도 알았지만, 성공을 위한 절호의 기회를 붙잡기 위해 그들이 할 수 있는 모든 것을 다 바쳐 헌신했다.

CEO가 자신이 가진 수백만 달러의 돈을 쏟아 넣고, 수없는 나날을 밤새워 일하며, 모두의 놀림감이 될 만한 길을 서슴없이 선택하면서 꾸려온 회사에서 같이 일한다고 상상해보라. 그는 자신의 모든 것을 보여주었다. 그는 자신이 회사를 어떻게 생각하는지를 스스로 입증했다.

또 다른 리더들은 함께 일하는 사람들에게서 자신과 같은 확신을 끌어내는 데 있어, 여러 가지 전혀 다른 방법을 보여주기도 한다. 과학자들은 어떤 한 가지 진실을 발견하기 위한 흔들림 없는 헌신을 보여준다. 그들은 동료 학자들의 냉대와 연구비 박탈, 공공연한 망신을 견디면서도 한 치의 흔들림도 없이 특정한 연구 방향에 자신의 온몸을 던진다.

### 확실성

케이트는 주변 상황이 어떻게 돌아가는지 불확실하다고 느낄 때마다 위협 반응을 일으켰다. 그러면서도 이것이 어떻게 된 일인지 도무지 알 수가 없었다. 스튜어트는 케이트에게 이것과 똑같은 일이 일어났던 상황을 설명해주었다. 그것은 바로 그녀가 수로부터 자신의 기대치를 분명히 설명하지 않는다는 느낌을 받았을 때였다. 케이트는 그녀의 목표가 무엇인지, 자신이 거기에 도달하기 위해 어떤 범위 안에서 일해야 하는지, 그리고 자신이 잘하고 있는지를 어떻게 알 수 있는지 등에 있어 도통 확실치 않다는 느낌을 받았었다.

오히려 그것이 도움이 될 때도 있었다. 그래서 더 집중하고, 정신을 차리며, 신속한 반응을 보일 수 있었기 때문이다. 그러나 확실성이 부족하면 신중하게 제대로 판단하기가 어려워지는 부작용이 발생하는 경우가 많다. 확실하지 못한 변이 있다고 느낄 때 그녀가 자신의 시간을 통제하는 방법이 몇 가지 있다.

케이트가 훌륭한 리더의 조건을 알면 알수록 부딪치는 한 가지 위험이 있다. 그것은 바로 다른 사람의 형편없는 리더십에 너무나 시달린 나머지 그는 그저 가여운 사람일 뿐이고, 자신은 도저히 어쩔 수 없는 상황에 놓였다고 생각하게 된다는 점이다. 바로 이 대목에서 그녀의 코치로서 스튜어트의 역할이 중요해진다. 비록 수준 미달의 리더들 밑에서 일하지만, 그녀가 효과적인 리더십의 수혜를 입을 수 있도록 대응 전략을 갖추어주는 일이 바로 그것이다. 그녀가 언제나 최적의 상황을 만들어낼 수는 없겠지만, 그래도 자신만은 항상 생산적이고 행복한 상태를 유지할 수는 있다. 물론 거기에는 회사를 떠난다는 타당한 선택도 포함되어 있다. 어쩌면 그러는 편이 가장 현명한 일일지도 모른다.

불확실성이 어떤 모습으로 드러나느냐에 따라 전략도 달라진다. 지금과 같은 상황에서라면 그녀는 양면적인 접근법을 취해볼 필요가 있다. 첫째, 그녀는 자신이 최고의 성과를 내기 위해 수가 어떻게 해야 하는지 이해할 수 있도록 곁에서 도와줌으로써, 결과적으로 수가 본연의 직무에 눈을 뜨게 할 수 있다. 예컨대 수에게 필요한 일들을 목록으로 작성해서 건네준다든가, 그녀와 만난 자리에서 그녀의 입에서 직접 답을 끌어내려고 노력해보는 것이다. 케이트가 두 번째로 해야 할 일은, 자신만의 확실성을 만들어내는 것이다. 이것은 지금 같은 상황이라면 자신의 질문에 스스로 답해보는 것이 될 수 있다. 물론 이 방법은 수가 나중에 자신이 생각하는 답은 그것과 다르다고 말한다면 문제가 될지도 모른다. 그렇다면 약간 우회하는 방법도 있다. 예를 들면 케이트가 가고자 하는 방향의 근거를 상세하게 작성해서 수에게 전해주되, 수가 아무런 확인을 해주지 않은 상태에서 그녀가 내린 가정을 함께 명시해 둔다. 그리고 수에게 이런 가정에 대해 교정할 내용이 있으면 말해 달라고 잠시 시간을 준다. 그 시간 동안 아무런 답변이 없으면 자신의 가정이 옳다고 생각하고 추진하겠다고 말하면서 말이다.

### 기업의 확실성

기업 차원에서도 사람들에게 확실성을 제공할 수 있다. 기업은 대중에게 자신의 정체성을 확실하게 알림으로써 고객들이 기분 좋게 그 회사의 상품을 살 수 있도록 할 수 있다. 그뿐만 아니라 직원들에게도 확신을 줄 수 있다. 자신이 누구를 위해 일하는지, 더 큰 그림 속에서 자신의 역할은 무엇인지, 그리고 어떻게 일해야 하는지에 관한 확신 말이다.

#### 이노센트

이노센트는 투명한 회사다. 이 회사를 시작한 사람은 3명의 26세 청년들로, 그들은 매일 마실 수 있는 건강하고, 자연 친화적이며, 맛있는 음료를 만들어 팔고 싶었다. 그중 한 사람인 리처드 리드Richard Reed는 다음과 같은 사실을 깨달았다. "우리의 의견이 일치했기 때문에 이노센트가 가지는 엄청난 가치가 만들어질 수 있었습니다." 의견일치는 사람들에게 확실성을 제공해준다.

그들은 창업하는 순간부터 사방팔방에서 투자를 거절당하면서 누구의 도움을 받아야 하는지를 깨달았다. 그들이 선택한 방식은 젊고 발랄하다 못해 우스꽝스럽기까지 한 것이었다. 지인들에게 이메일을 쫙 돌려 "혹시 주변에 부자를 알고 지내시는 분?"이라고 물어본 것이다. 그리고 그것은 효과가 있었다.

곧이어 또 다른 사람들이 불쑥 나타나 조언을 제공하겠다며 수익 극대화 방안이 어떠니, 낭비를 줄이고 유통기한을 늘리라느니 등 온갖 참견을 늘어놓았다. 그들은 그 사람들의 유혹에 넘어가지 않고 초심을 지키는 편을 선택했다. 이 회사는 이름부터가 결백하다는 뜻의 이노센트였다. 그들의 비즈니스 아이디어는 신선한 자연을 추구하는 것이었다. 그들의 상품은 남다른 것이어야 했고, 그것을 포기한다면 애초에 사업을 시작하지도 않았을 것이다.
누구라도 이노센트의 스무디를 사본 적이 있다면, 포장 용기 겉면의 재미있는 디자인에 눈길이 가지 않을 수 없을 것이다. 그들의 아이디어는 정말 기발하다. 젊은이들의 센스 있는 유머와 언어를 반영한 상품을 구매하면서 소비자들은 공감할 수밖에 없다. 그것은 이노센트가 자신의 정체성을 드러내고 확실성을 심어주는 또 다른 방식이다. 그리하여 소비자들의 뇌리에는 이노센트만이 차지할 수 있는 자리가 뚜렷이 마련된다.
기업이 소비자에게 전달하는 확실성과 일관성이 반드시 수익과 직결되지는 않는다. 그렇다고 그런 기업이 수익을 올리지 못한다는 말이 아니라, 단지 정확하게 측정하기가 어렵다는 뜻이다. 이노센트는 엄격한 사회적, 환경적 기준을 준수하는 농장에서 재배한 과일만 사용해야 한다고 믿는다. 그 결과 이 회사에서 사용하는 파인애플의 가격은 다른 일반적인 것보다 30퍼센트나 비싸다! 아울러 이 회사는 수익의 10퍼센트를 자선단체에 기부한다.

### 칭찬

여기서 칭찬이란 말은, 신경 보상 체계를 자극하여 행동을 유발하는 모든 것을 뜻한다. 어떤 사람에게는 이런 일이 일과 중에도 몇 번이나 일어나지만, 아무리 시간이 흘러도 몇 번 겪지 못하는 사람도 있다.

**칭찬의 신경과학**

어떤 원인으로든 보상 반응이 촉발되면 두뇌에서 활성화되는 영역이 몇 군데 있다. 베일에 싸인 수많은 두뇌 영역 중에서도 가장 마지막으로 활성화되는 곳이 바로 신경전달물질인 도파민이 분비되는 주요 근거지다. 도파민은 이 모든 과정의 화려한 주인공이다. 이것은 행동 강화에 강력한 영향을 미친다. 도파민이 흘러 다니며 제 역할을 발휘하면 사람들은 기분이 좋아진다. 또 이것을 기억하기 때문에 도파민 분비를 촉발할 만한 일이라면 무엇이든 하고 싶어진다.

도파민은 인지 기능, 기억력, 주의력, 그리고 문제 해결 능력에 긍정적인 영향을 미치기도 한다. 모두 팀을 이끌어가는 리더가 갖추어야 할 능력이다!

## 기업의 칭찬

칭찬은 많은 기업이 소중하게 여기는 일인 것 같다. 몇 가지 사례를 살펴보자. 훌륭한 서비스를 칭찬하는 일은 다양한 방식으로 이루어진다. 버진그룹Virgin에는 고객이 훌륭한 서비스를 보여준 직원을 선정하면 그 직원에게 주는 상이 있다. 수상 직원은 미국으로 초대되어 리처드 브랜슨과의 만찬에 참석할 기회를 얻는다. 이것이 버진의 칭찬 방식이다. 프레타망제(Pret A Manger, 영국의 샌드위치 체인업체)에서도 고객이 지명한 직원에게 티파니 은성 훈장을 수여한다. 리처사운드(Richer Sounds, 영국의 오락용 가전제품 유통업체 - 옮긴이)는 자사의 서비스기반 성과 측정방안인 리처 리그 우승자에게 주말에 탈 용도로 롤스로이스나 벤틀리를 제공한다.

칭찬은 일반적인 형태의 보상으로 주어지기도 한다. 버진그룹에는 버진트라이브Virgin Tribe 카드가 있는데, 이 카드를 소지한 직원은 그룹에 속한 모든 회사에서 할인 혜택을 받을 수 있다. 다른 기업들도 대체로 칭찬의 문화를 조성하기 위해 애쓰고 있다. 카폰웨어하우스(Carphone Warehouse, 영국의 휴대폰 소매업체 - 옮긴이)는 한 달에 한 번 직원들을 위해 맥주 버스를 운영한다.

높은 수준의 충성도가 필요한 칭찬 방법도 있다. 백화점 체인인 존 루이스John Lewis는 영국 최대의 근로자 공유제 기업으로, 자사의 파트너들을 위해 아주 특별한 제도를 운영한다. 이 회사는 25년 근속 직원에게 6개월간의 전액 유급 안식년을 제공한다.

**통제**

어떤 일을 통제하지 못한다는 느낌이 들면 위협 반응을 경험할 가능성이 커진다. 우리는 9장에 등장한 중독된 쥐의 예에서 이런 현상을 이미 관찰했다. 리더는 사람들이 자율적으로 행동할 수 있는 여건을 조성해야 한다. 그렇지 않다면 적어도 사람들에게 어느 정도 통제권을 가지고 있다는 생각을 심어줄 전략이라도 찾아내야 한다. 기업들은 이를 실천하기 위해 온갖 종류의 창의적인 방법을 동원한다.

반얀트리(Banyan tree, 세계적인 럭셔리 리조트 체인)는 직원들이 창의적인 통제권을 행사할 수 있는 틀을 제공한다. 그래서 직원들은 아름다운 리조트의 침실을 꾸밀 때, 투숙객에게 제공할 일반적인 선물과 함께 꽃이나 다른 물건을 놔두어 고객이 선택할 수 있도록 배려한다. 프레타망제는 신입사원들을 위한 체험의 날을 운영한다. 이날의 마지막 순서가 바로 기존 직원들이 해당 신입 직원의 채용 여부를 투표로 결정하는 일이다. 이것은 매우 이례적인 관행이지만, 이를 통해 기존 팀원들은 함께 일할 사람에 관해 엄청난 통제권을 얻게 된다. 그들은 이런 일을 경험하면서 주인의식을 가지게 되고, 그렇게 해서 입사한 신입사원들이 훌륭한 성과를 거둘 수 있도록 더욱 적극적으로 도와줄 동기가 생기게 된다. 프레타망제가 직원들에게 늘 강조하는 메시지는 이런 내용이다. "고객이 매장에 들어서면 친절하게 맞이하고, 그들이 내 손에 돈을 건네줄 때는 눈을 맞추며, 그들이 떠날 때는 꼭 인사말을 전하기 바랍니다. '그리고' 자신의 모습을 자연스럽게 보여주세요." 스스로 이런 메시지를 따르기로 선택하는 한, 직원들은 고객 한 사람 한 사람을 대할 때 자신의 두뇌를 적극적으로 활용하게 된다. 고객의 관점에서 보면, 그저 회사에서 알려준 대로 해야 할 말만 하는 사람보다는 이런 직원들에게 더 눈이 가고, 진정한 교감을 느끼며, 더욱 강한 인상을 받을 수밖에 없을 것이다. 테스코는 직원들이 기업가 정신을 가지고 머리를 써서 일하도록 격려한다고 말한다. 마지막으로, 퍼스트다이렉트(First Direct, 전화 및 인터넷 기반 소매 은행 브랜드로, HSBC의 자회사 - 옮긴이)가 운영하는 플러스PLUS라는 커리어 패키지에는 직원들이 각자 인생 설계에 맞추어 자신의 임금 체계를 설계할 수 있는 프로그램이 포함되어 있다. 이것은 그들에게 엄청난 자율권을 누리고 있다는 생각을 심어준다.

기업은 여러 가지 방식으로 직원의 자율권을 제한하기도 한다. 그중에서도 가장 이해할 수 없는 사례를 들자면 다음과 같다. 많은 고객 콜센터에 근무하는 직원들은 반드시 그대로 말해야 하는 원고를 가지고 있다고 한다. 이런 환경에서 직원의 자율권은 엄청나게 제한적일 수밖에 없다. 이렇게 되면 개인의 두뇌를 최대한 활용할 기회도 사실상 거의 없는 것과 마찬가지다.

### 교류

2008년에 존 카시오포John T Cacioppo와 윌리엄 패트릭William Patrick은 외로움이 그 자체로 사회적 교류가 부족한 데서 오는 위협 반응이라는 사실을 밝혔다. 외로움을 느끼면 물리적 고통이 시작되었을 때와 똑같은 신경화학 물질이 체내에 흐른다. 고립, 배척, 무시 등을 경험하는 것은 죽음의 키스를 부르는 일이다. 반면 사람들과 교감을 나누면 옥시토신이 분비되어 혈압과 코티졸 수치가 낮아진다. 물론 사회적 상호작용에도 긍정적 영향을 미친다.

조직 내에서 사람들과 교류하는 것은 비교적 쉬운 일이다. 어떤 방식으로 교류하느냐는 조직의 특성과 나에게 얼마나 효과가 있느냐에 따라 달라진다. 버진그룹에서는 3개월마다 한 번씩 인사팀 직원이 전부 모인다. IT관련 부서도 따로 모이고, 마케팅과 재무부서도 마찬가지다. 프레타망제는 매주 금요일마다 런던의 한 펍을 통째로 빌려 직원 누구나 참여할 수 있는 자리를 마련한다. 크리스마스나 여름철이 되면 참석 인원이 2,500명을 뛰어넘을 때도 있다. 그리고 1년에 다섯 번씩은 본사 직원들이 모두 자리를 비우고 매장에 나가서 일하는 날이 있다. 이것은 고위직에 있는 사람들이 고객을 대하는 일선 직원들과 교류할 좋은 기회기도 하다. 아울러 모든 본사 직원들은 따로 배정된 매장에서 일선 직원들과 친밀한 교류를 나눈다. 이를 통해 리더들이 마치 상아탑에 숨어서 전략적인 결정만 내리는 사람이라는 인상을 불식할 수 있다.

엄프콰은행Umpqua은 예상치 못한 친절을 베푸는 것으로 유명하다. 이런 행동은 고객 및 잠재고객과 교류를 나누는 한 방법이다. 그것도 주로 감정적인 면에서 말이다. 은행 직원들은 어느 날 갑자기 길가에 아이스크림 트럭을 세워놓고 지나가는 사람들에게 아이스크림을 나눠준다. 어떤 날은 커피숍이나 식당에 들어가 테이블을 하나 지정한 다음, 그날만큼은 그 테이블에 앉는 손님이 무엇을 주문하든 모두 대신 계산해주기도 한다. 은행이 지점을 새로 내면 그 지역 주민들 집에 화분을 하나씩 보내줄 때도 있다. 거기에는 지점에 들러 엄프콰 블랜드 커피를 한 봉지씩 무료로 받아 가시라는 초대장이 동봉되어있다. 이 회사는 지역 주민들과 교감을 나눈다는 목표를 실천하기 위해 매우 적극적인 방식을 취하고 있다.

자포스는 직원들이 몰입할 때 엄청난 일을 이룰 수 있다는 것을 깨달았다. 몰입 상태에서는 긴장이 풀리면서 더욱 깊은 차원의 교류와 자연스러운 대화가 가능해진다. 자포스는 매달 마지막 금요일에 공급업체 사람들을 초대해서 골프대회를 연다. 그 골프대회 도중 어느 업체 대표와 나눈 대화에서 안경류를 취급하자는 아이디어가 나왔고, 그 결과 안경류는 오늘날 자포스가 온라인에서 판매하는 가장 많은 품목 중 하나로 성장했다.

자포스가 회사 내부의 모든 사람과 꾸준히 교류하는 모습은 참으로 인상적이다. 토니가 보내는 강력한 이메일의 내용은 투명하고 분명하며, 때로는 마음 깊은 곳에서 우러나오는 호소력을 담고 있기까지 하다. 이런 요소들은 사람들이 특별한 팀에 속해있다는 느낌을 받는 데 큰 역할을 한다. 2008년 11월 11일에 발송된 한 이메일은 이런 말로 끝맺고 있었다. "기억하십시오. 이 회사의 주인은 저도, 투자자도 아닙니다. 이 회사는 우리 모두의 회사이고, 우리가 가야 할 방향도 우리에게 달려있습니다. 우리가 앞으로 나아갈 힘은 우리 한 사람, 한 사람에게서 나오며, 우리는 기업의 역사상 그 어느 때보다 강력한 팀이 될 것입니다. 우리 다 같이 자포스가 무엇을 할 수 있는지 온 세상에 보여줍시다."

### 기여

남에게 뭔가를 기여하면 기분이 좋아진다. 우리는 이것을 경험적으로 알고 있다. 그러나 이제는 그 이유를 밝혀줄 신경과학적 근거까지 확보되었다. 자선단체에 기부할 때 일어나는 중변연계 보상 시스템(이미 살펴본 적이 있다.)은 금전적인 보상을 받을 때와 똑같은 방식으로 작동한다. 오늘날 많은 조직은 기업의 사회적 책임을 다양한 관점에서 바라보고 있다.

**베네치아나 피자**

피자익스프레스Pizza Express에서 파는 피자 중에 내가 가장 좋아하는 것은 베네치아나라는 피자다. 이 맛있는 피자를 하나 살 때마다 구매 금액 중 370원이 이른바 베네치아나 펀드에 기부된다. 기부금은 1750년 이전에 지어진 영국 건물들의 유지 보수비용으로 사용된다. 이 회사는 오랫동안 이런 방식으로 여러 자선단체를 지원해왔다. 지역별 지점들도 개별적으로 자선 및 교육 단체를 향한 지원 활동을 펴고 있다.
리처사운드는 세전 이익의 7퍼센트를 자선 프로젝트에 기부하고 있으며, 직원들도 유급 휴가를 이용해 이 프로젝트에 활발하게 참여한다. 그뿐만 아니라 이 회사는 이익금의 1퍼센트를 따로 떼어 특별지원 자금을 조성한다. 이 돈은 어려움을 겪고 있는 직원들을 위해 사용된다.

### 신경과학적 리더십을 발휘하는 최고의 두뇌 활용 팁

- 확신, 확실성, 칭찬, 통제, 교류, 그리고 기여로 구성된 시냅틱 서클에 어떤 문제나 어려움은 없는지 확인하고 혹시 빠뜨린 것이 있는지 살펴본다.
- 개인적 리더십의 요소들을 전략적, 체계적으로 구성하여 자신을 다스린다.
- 다른 리더들과 협력하여 시냅틱 서클을 회사 전체에 적용할 시스템을 구축한다.

### 두뇌를 활용한 신경과학적 리더십에서 얻는 최고의 유익

- 사람들이 회사 안에서 더 큰 성공과 성취감을 맛볼 수 있고, 회사에 대한 충성도도 더욱 높아진다.
- 변화에 대처하는 면에서는 조직이 개인보다 더 유리한 위치에 있다.
- 상품을 구매하는 사람들은 기업에 더 많은 것을 원한다. 신경과학적 리더십은 사람들의 이런 요구를 충족해줄 최선의 방책이다.

14장

# 심리적 안정

## 최고의 성과를 내는 핵심 동력

### 심리적 안정이 필요해

오늘 제시는 자신에게 약간 짜증이 났다. 지방의회의 고위급 의사결정권자와 중요한 만남의 자리가 있었다. 미팅이 제대로만 풀렸다면 자금을 더 많이 확보해서 더 많은 사람을 도울 수 있는 절호의 기회였다. 그런데 어찌 된 일인지 면담은 실패로 돌아가고 말았다. 도무지 이유를 알 수가 없었다. 이쪽에서 내놓은 제안은 완벽했으며, 의회 예산을 상당히 절감해줄 수 있는 것이었다. 누가 봐도 받아들여야 할 결정이었다!

이제는 스튜어트도 제시가 어떤 사람인지 잘 알았기에 그녀가 맡은 일을 완벽하게 했음을 의심치 않았다. 단, 제시가 모르는 다른 어떤 일이 있는지 살펴봐야겠다고 생각했다.

이 장의 내용은 심리적 안정과 그것이 사람들에게 미치는 영향을 살펴보는 것이다. 나아가 회사의 모든 문화를 이 개념에 맞추어 의도적으로 수립할 수는 없는지 그 기회를 모색해본다. 문화가 성과 창출에 큰 영향력을 발휘한다는 사실만 보아도 이것은 조직에 매우 중요한 요소임에 틀림이 없다.

강력한 조직이 되려면 심리적 안정을 바탕으로 자신의 기술을 마음껏 드러낼 수 있는 문화가 필요하다.

### 심리적 안정이란 무엇인가?

어떤 사람은 이것을 사람들이 대인관계의 위험을 떠안을 수 있을 정도로 안전하다고 느낄 수 있는 환경으로 설명한다. 이것은 자신의 느낌과 생각, 그리고 관찰한 바를 거리낌 없이 밝히는 모습으로 알 수 있다. 물론 질문을 던질 수 있는 것도 포함된다.

1965년에 MIT의 워렌 베니스와 에드거 샤인Edgar Schein 교수는 사람들이 안전하다고 느끼기 위해서는 심리적 안정을 얻는 것이 가장 중요하다는 제안을 내놓았다. 이것은 사람들이 자신의 행동을 바꾸기 위해서도 중요하다. 사람들은 심리적으로 안전한 상태에 있을 때 비로소 자신만 지키려는 태도에서 벗어나 집단의 목표 달성과 문제 해결에 집중할 수 있다. 여기에는 엄청난 의미가 있다.

1990년에 윌리엄 칸William Kahn은 심리적 안정이 사람들이 하는 일에 어떤 영향을 미치는지 연구했다. 그는 사람들이 심리적 안정을 누릴 때 신체적, 인지적, 감정적으로 더욱 자신을 표현하려고 한다는 사실을 발견했다. 이와 반대되는 행동은 무관심, 포기, 그리고 자신을 방어하는 태도를 보이는 것이었다. 그가 발견한 사실 가운데에는 사람들이 의심을 통해 더 많은 유익을 누릴 수 있다고 생각한다는 점도 포함되어 있었다. 심리적으로 안정된 사람은 기본적으로 사람들로부터 신뢰와 존경을 얻게 된다.

심리적 안정을 얻지 못할 때는 다음과 같은 분야에서 위험이 따른다.

* 직원들의 만족도
* 정보의 공유
* 도움을 요청하는 일
* 실험
* 혁신

제시는 지금까지 직장 문화에 관해 이렇게 깊이 생각해본 적이 없었다. 의과대학 재학 시절에 만난 상담의들이 자신을 대한 태도는 누구나 예상할 수 있는 그대로였다. 간호사들도 마찬가지였다. 병동을 열심히 돌다가도 갑작스러운 질문에 대답해야 하는 곤란한 일이 그저 다반사였다. 제대로 대답하지 못하면 놀림감이 되곤 했다. 당황스러울 수밖에 없었다. 그녀의 친구 중에는 그렇게 무시와 무력감을 느끼게 될 것을 알았기에 병동 근무에 나서기조차 두려워하는 사람도 있었다. 그저 너무 심하게 당하지만 말고 하루를 넘기자는 생각이 들 때가 한두 번이 아니었다.

제시는 전공의 신분으로, 몇몇 간호사들에게는 도와달라는 말도 하지 않았다. 처음에 새 병동에 왔을 때는 모든 사람과 잘 지내보려고 노력한 적도 있었다. 그러나 시간이 지날수록, 몇몇 간호사들이 잘생긴 남자 의사들한테는 잘 도와주다가도 막상 자신이 도움이 필요할 때는 엄청나게 바쁜 척하는 모습이 눈에 띄었다. 물론 전혀 다른 모습을 보여주는 간호사들도 많았다. 거절당하고 어색한 분위기를 겪느니, 언제든지 도와주려는 사람에게 요청하는 편이 훨씬 쉬운 일이었다.

여기에서 일어난 일이 사실은 다른 여러 곳에서도 다양한 방식으로 일어난다. 그리고 이것은 언제라도 조직에 해가 될 가능성이 있다. 함께 일하는 사람들에게 마음 놓고 이야기할 수도 없는 조직 분위기는 한 번쯤 짚고 넘어가야 할 필요가 있다.

**교육실**

나는 어떤 은행이 개최한 행사에서 가장 성공적인 역할극이 진행되는 장면을 목격한 적이 있다. 그들은 고객개발 부서 인력을 모두 팀별로 나눠 호텔의 여러 방에 배정했다. 그리고 각각 다른 역할을 맡은 4명의 사람이 모든 팀을 방문했다. 처음에는 은행의 CEO, 다음에는 그 회사의 CFO, 이어서 또 다른 직원, 마지막으로는 회사의 총괄 CEO가 방문하는 상황을 연출했다.

아주 똑똑하고 잘 나가는 이 사람들이 서로 다른 역할을 맡은 사람들에게 질문을 던지는 장면은 지켜보기만 해도 매우 인상적이었다. 그들의 시작은 정말 훌륭했다. 회사의 CFO와 은행의 CEO는 질문을 꽤 잘 받아들였다. 아주 친절하고 분명하게, 그러면서도 따뜻한 태도로 대화를 나누었다. 그러나 회사의 CEO가 나타나자 확연히 다른 상황이 연출되었다.

그의 태도는 쌀쌀맞다 못해 거의 짜증을 내는 수준이었다. 그는 '바보 같은' 질문을 던졌다. 그는 사람들에게 회의에 들어오기 전에 미리 자료를 조사해야 하는 것 아니냐고 쏘아붙였다. 구글은 뒀다 뭐 하느냐고도 했다. 그러자 즉시 모든 질문이 얼어붙어 버렸다. 바로 전까지 신속하고 적극적이며 호기심에 가득 찬 태도로 정보를 주고받던 그 활력 넘치던 분위기가 일제히 멈춰 섰다.

또 다른 요소는 실제 상황이었다면 이 역할을 맡은 인물은 그 자리에 있던 누구보다 지위가 높다는 사실이었다. 그가 다른 사람을 어떻게 생각하느냐는 매우 중요한 문제였다.

그때부터 사람들이 꺼내는 질문은 그 전과 비교해 훨씬 더 조심스럽고 격식을 차린 어조를 띠었다. 그들이 이 인물로부터 얻어낸 정보는 미미한 수준에 그쳤다. 나중에 끝나고 평가한 결과 이 면담이 좋은 점수를 받지 못한 것은 당연한 일이었다.
이런 역학 관계를 파악하는 것이 역할극의 원래 목적은 아니었지만, 사람들이 이런 경험을 하고 거기에서 교훈을 얻었다는 사실은 매우 중요한 의미가 있었다.

스튜어트는 이 은행 이야기를 제시에게 들려주고 어떻게 생각하는지 물었다. 제시는 크게 공감했다. 당연히 CEO의 행동은 잘못된 것이었다. 그는 사람들이 분명하게 생각하고 공개적으로 발언할 분위기를 만들어주지 못했고, 따라서 그들이 최선의 정보를 파악하여 그에게 도움을 줄 기회는 무산되고 말았다. 제시는 사람들이 압박감을 느낄 때 이 역할극에서처럼 부정적인 영향을 받는 어떤 과학적인 근거가 있을 것이라는 생각을 떠올렸다.

### 심리적 안정의 과학적 근거

안정감의 반대 개념이 손해를 입을 위험이라고 본다면, 이것이 왜 그토록 중요한지를 설명하는 신경과학적 근거는 충분하다.
이런 반응은 한마디로 요약하면 위협 반응이다. 사람은 물리적인 위협을 받지 않고도 머릿속에서 수많은 일을 경험할 수 있다. 어떤 사람이 두려운 감정을 의식적으로 경험할 수도 있겠지만, 이것 역시 의식의 아래 차원에서 일어날 수 있는 현상이다. 그러나 감춰진 두뇌의 양쪽 반구 이면에서는 편도체들이 활성화되고 있다. 두려움 반응에 관련된 신경망에는 집중적인 에너지가 필요하므로, 자원을 전전두엽 피질로부터 끌어온다. 작동 기억력이 감소한다는 사실이 드러났고 이로 인해 분석적 사고와 창의적 통찰, 문제 해결 능력이 손상된다.
이런 반응을 촉발하는 요인은 수도 없이 많다.

그러자 제시도 실수했다는 것을 깨달았다. 이번 주에 있었던 회의가 바로 이것과 똑같은 상황이었다. 그녀는 지방의회에서 나온 이 사나이가 고위 간부라는 것을 알았다. 그는 깔끔한 정장을 입고 있었다. 그는 그녀를 전혀 편안하게 해주지 않았다. 물론 그녀도 회의 때 겁을 먹지는 않았다. 그야 물론 자기 분야에서 대단한 성취를 거둔 사람이겠지만, 자신도 나름대로 의대를 졸업한 만큼 그에게 꿀릴 이유는 하나도 없다고 생각했다. 이것이 그녀의 의식에 남아있는 기억이었다. 그러나 마음 깊은 곳에서는 뭔가 심상치 않은 일이 일어난다는 것이 느껴졌다. 그녀가 생각해도 마음에 드는 질문을 던지지 못했기 때문이다. 원래 생각했던 대로 그를 몰아세우지 못했던 것이 분명했다. 평소 새로운 정보를 입수할 때마다 재빠르게 움직이던 머리가 그때는 전혀 작동하지 않았던 것만 보아도 알 수 있는 일이었다.

그러나 그녀가 그에 대해 뭘 할 수 있었겠는가? 물론, 그녀가 좀 더 편안하고 분명하게 생각할 수 있는 환경을 그가 만들어주었더라면 더 좋았을 것이다. 그랬더라면 그도 그녀로부터 얻는 것이 더 많았을 것이고, 회의도 훨씬 더 생산적으로 진행되었을 것이다. 그러나 제시는 그를 통제하지 않았다. 그녀가 통제한 것은 오직 자기 자신뿐이었다.

### 작동 기억

작동 기억이란 초단기 기억저장 장치라고 생각하면 된다. 이것은 매우 편리한 기능이지만, 사용할 때 몇 가지 유의사항이 있다. 사람들은 이것을 잘 몰라 어려움을 겪기도 한다. 작동 기억 덕분에 우리는 주로 어떤 행동을 하기 위해 아주 적은 양의 정보만 머리에 붙잡아둘 수 있다. 예를 들면 회의에 참석하기 위해 어느 방향으로 가야 하는지를 기억할 때, 누군가 건네준 숫자를 바탕으로 회의에 참석한 모두에게 중요한 결과치를 계산해낼 때 등이다. 심지어 몇 가지 의견을 서로 조정할 때나 낯선 길이 나타나 어디로 가야 할지 결정할 때도 작동 기억이 필요하다.

다음은 작동 기억에 관해 알아야 할 몇 가지 사실이다.

* 용량에 한계가 있다.
* 주의가 분산되면 작동 기억에 담아둔 내용을 잊어버릴 가능성이 크다.
* 전전두엽피질이 과로하면 대체로 기억에 어려움을 겪게 된다.
* 스트레스도 작동 기억 능력 저하의 원인이 될 수 있다.

제시는 자신이 이뤄온 조직에 대해 생각해보았다. 자신은 예전의 그 상담의와 같은 태도를 보인 적이 한 번도 없었다. 지금까지는 항상 자신과 그는 다른 사람이라고 생각했지만, 곰곰이 생각해보니 자신의 태도는 좀 더 의식적인 행동이었다는 것을 깨달았다. 그런 태도는 결코 훌륭한 팀을 만드는 데 좋은 방법이 아니라는 것을 알았다. 사람들로부터 최선을 끌어낼 수도 없었다. 그래도 팀원들 생각은 어떤지 들어봐야겠다고 생각했다. 자신이나 혹 다른 사람이 모든 사람의 두뇌에 불안한 환경을 조성하고 있는 것은 아닌지 확인해봐야 했다.

제시는 이런 질문에 대해 자신은 꽤 괜찮은 점수를 받을 것으로 생각했다. 스튜어트는 잠시 생각하더니 만약 그렇지 않은 결과가 나온다면 어떨 것 같으냐고 제시에게 물었다. 물론 처음에는 제시도 썩 달가워하는 눈치가 아니었다. 그러나 그녀는 곧, 적어도 의식적으로는, 만약 자신에게 문제가 있다는 것이 밝혀져도 거기에서 뭔가 교훈을 얻을 기회가 될 것이라고 결론 내렸다. 그러나 여전히 마음은 아플 것이라고도 말했다. 그녀는 그 누구도 불행해지거나, 하고 싶은 말을 입 밖에 내지 못하는 일이 벌어져서는 안 된다고 생각했다.

### 심리적 안정성을 측정해보자

다음의 7가지 진단 항목에 각각 7단계의 측정 등급을 매겨달라고 사람들에게 부탁해보았다.(긍정적인 질문도 있고 부정적인 표현도 있지만, 전체적으로 훌륭한 데이터 취득 방식이라고 볼 수 있다.)

1. 여기서는 실수를 저지르면 남들의 눈총을 받는다.
2. 우리 직원들은 곤란한 문제에 관해 이야기할 수 있다.
3. 우리 직원들은 다른 의견을 가진 사람을 배척한다.
4. 여기는 마음 놓고 위험을 떠안을 수 있는 분위기다.
5. 우리 회사에서는 다른 사람에게 도움을 요청하기가 어렵다.
6. 이곳에서 나의 노력을 무너뜨리려는 의도를 가지고 행동하는 사람은 아무도 없다.
7. 이 회사에서는 동료들과 함께 일할 때 나만의 특기와 재능을 활용할 수 있고, 다른 사람도 그것을 인정해준다.

에이미 에드먼슨Amy Edmondson은 이 일곱 개의 진단 항목을 자신의 논문에 실었고, 이것을 계기로 이 분야의 다른 연구자들을 통해 널리 사용되었다. 더 자세한 내용은 그녀의 책 〈두려움 없는 조직〉을 참조하라.

스튜어트는 제시에게 이 문제를 좀 더 깊이 생각해보라고 했다. 그래서 그녀의 의식에 숨어있는 네트워크를 가동하여 더 많은 사실을 깨달을 수 있기를 바랐다. 그는 가까운 녹지에 나가 같이 걷는 게 어떠냐고 제안했다. 그들은 전에도 같이 산책한 적이 있었으므로 제시는 전혀 부담 없이 따라나섰다.

같이 걷는 동안 제시는 직원들이 과연 속에 있는 말을 자유롭게 털어놓을 수 있는지 의문이 들었다. 문득 그래픽 디자이너가 일할 때마다 항상 제시의 의견을 먼저 물었던 것이 기억났다. 자신은 아이디어를 제시했을 뿐이지 꼭 그대로 하라는 것이 아니었다. 원래 의도는 그녀가 제시의 아이디어까지 비판하며 더 좋은 아이디어를 낼 수 있도록 유도하는 것이었다. 그럴 생각이었으면 그때 그녀에게 그렇게 말하는 것이 훨씬 더 좋았을 것이다. 그런데 그러지 못했다는 것을 이제야 깨달았다. 물론 제시의 아이디어가 항상 뛰어났기 때문일 수도 있지만, 어쩌면 그녀의 그래픽 스승 스테프Steph가 감히 의견을 내지 못하고 있었기 때문일지도 몰랐다.

그제야 제시는 다른 몇몇 직원도 똑같은 일을 겪고 있다는 사실을 깨달았다. 그녀는 사람들이 제대로 입을 못 연다는 사실을 쉽게 알아차릴 수 없었다. 그러나 아무리 생각해도 자신은 사람들을 친절하게 잘 대해줬는데, 사람들이 자신을 그토록 불편하게 생각했다니 그게 정말일까 하는 의문이 들었다. 스튜어트에게도 그런 의문을 솔직히 이야기했다.

### 폭스바겐의 시련

밥 루츠(Bob lutz, 스위스 출신 미국 경영자, 미국의 자동차 3사인 포드, 크라이슬러, 제너럴모터스에서 모두 경영자를 역임했음 – 옮긴이)는 폭스바겐의 강력한 리더였던 전 CEO 페르디난트 피에히Ferdinand Piëch야말로 디젤 배기가스 조작 사건의 원인 제공자였을 가능성이 크다고 말했다. 혹시라도 모르고 있는 사람을 위해 말하자면, 이 사건은 실로 엄청난 스캔들이었다. 청정에너지로 칭송받던 디젤 엔진의 실상이 겉으로 드러난 것과는 완전히 딴판이었음이 드러난 사건이었다. 게다가 이런 사실을 아무도 모르고 있었다는 것이 놀라웠다. 검찰관들의 수사 결과 이 사건에 관여한 인물이 무려 40여 명이 넘는 것으로 드러났다. 당시 CEO였던 마르틴 빈터코른Martin Winterkorn은 모든 책임을 지고 사임하면서도 자신의 잘못은 인정하지 않았다.

당시 밥 루츠가 새로 출시된 골프에 칭송을 보냈을 때, 피에히는 다음과 같은 반응을 보였다고 한다. "비결을 알려드리리다. 나는 차체 기술자, 도장 전문가, 생산 책임자, 그리고 경영진들까지 모두 회의실에 불러 모았습니다. 그리고 그들에게 이렇게 말했지요." 이 끔찍한 차체 디자인을 더 이상 못 봐주겠소. 앞으로 6주의 시간을 줄 테니 그동안 세계 수준의 차체 디자인을 만들어내시오. 이 자리에 누가 와있는지 모두 기억하겠소. 6주 안에 멋진 디자인이 안 나오면 당신들 모두 목이 잘릴 각오를 하시오. 오늘 다들 시간 내줘서 고맙소."

요컨대 그가 인정사정없는 경영방식을 취하는 바람에 공포와 위협으로 얼룩진 기업문화가 조성되었다. 오늘 당장 틀림없이 목이 잘리느냐, 아니면 먼 훗날 그럴 가능성이 있느냐의 사이에서 거의 모든 사람이 어느 쪽을 선택할지는 누가 봐도 알 수 있는 일이다. 그들은 잠깐만 눈을 질끈 감고 오늘 당장 일자리를 지키는 편을 선택했다.

제시의 리더십 스타일이 피에히나 빈터코른과 닮았다고 볼 사람은 아무도 없다. 직원들이 그녀를 두려워한다거나 언제든 일자리를 잃을 수 있다고 생각한다는 증거는 그 어디에도 없다. 그러나 회사의 문화를 바람직하게 바꿈으로써 그들의 성과를 더욱 개선할 기회는 여전히 존재한다.

안타깝게도 리더는 무의식중에 심리적 안정을 해치는 환경을 조성할 수 있다. 이 세상의 모든 훌륭한 리더와 관리자들은 이 점을 조심해야 한다. 심리적으로 더욱 안정된 환경을 조성하여 모든 사람의 두뇌가 최고의 효과를 발휘하게 만드는 방법은 없을까?

## 교감

UCLA의 나오미 아이젠버거Naomi Eisenberger 교수는 대단히 흥미로운 실험을 수행했다. 이 실험에서 피험자들은 사이버볼cyberball이라는 컴퓨터 비디오 게임을 즐겼다. 참여자들에게는 그것이 자신을 포함해서 총 3명이 공을 던지고 받는 단순한 게임이라고 말해주었다. 실제로는 컴퓨터를 상대로 하는 게임이었지만 말이다. 그들이 화면에서 볼 수 있는 것은 다른 2명을 나타내는 작은 캐릭터와 자신을 대신하는 캐릭터의 손이었고, 실제로 다른 두 사람이 각각 이 작은 캐릭터를 조종하는 줄 알고 있었다.

처음에는 세 캐릭터 모두 골고루 서로에게 공을 던지며 게임이 순조롭게 흘러갔다. 그러다가 이내 실제 인물이 공을 받는 횟수가 점점 줄어들다가 마침내 완전히 소외되고 말았다. 그들은 다른 두 사람이(사실은 컴퓨터일 뿐이었지만) 자신을 따돌리고 둘이서만 공을 주고받는 줄 알았다. 나중에 그들은 이때 마음이 괴로웠다고 말했다.

이 실험이 진행되는 동안 그들은 줄곧 fMRI 단층촬영기에 노출되어, 연구자들이 그들의 두뇌에서 어떤 일이 일어나는지 관찰할 수 있었다. 실험 결과, 그들이 게임에서 소외되어 실망에 빠질 때 전방대상피질(anterior cingulated cortex, ACC)과 우측복부 전전두엽피질(right ventral prefrontal cortex, RVPFC)이 활성화되는 것을 알 수 있었다. 연구진은 우측복부 전전두엽피질RVPFC가 전방대상피질ACC의 활성화를 방해하여 사회적 소외감을 조절한다고 결론내렸다. 이를 통해 우리는 전전두엽피질이 어떤 경우에 제 역할을 담당하지 못하면 어떤 사람은 대인관계에서 더욱 심하게, 오랫동안 고통받는다는 사실을 알 수 있다.

또한 지금까지의 연구를 통해 신체적 고통을 겪을 때도 전방대상피질이 활성화된다는 것을 알고 있다. 즉 사회적 소외감을 경험하는 것은 신체적 고통을 겪는 것과 동일한 고통을 겪는 것이다. 그래서 연구자들은 신체적 고통과 사회적 고통을 같은 신경해부학적 기초 위에서 설명할 수 있게 되었다. 다시 말해 우리의 뇌리에는 대인관계에 해를 입는 상황이 올 때마다 강력한 경고음이 울린다는 뜻이다. 그러면 우리는 그 상황을 회복하기 위해 행동에 나설 태세를 갖추게 된다.

옛 속담에 "막대기와 돌로 나를 다치게 할 수는 있겠지만 말로는 나에게 상처를 입힐 수 없다."라고 했지만, 신경과학에 비추어 보면 이것은 아무런 근거가 없는 말이다. 실제 상황은 완전히 반대다. 어떤 사람이 회의 시간에 소외감을 느낀다면 그는 적극적으로 참여하려 애쓰든지, 아니면 오히려 위축되어 속을 앓거나 걱정에 사로잡힌다. 이런 원리를 알고 나면 어느 쪽이든 선택권을 가질 수 있다.

제시도 이런 일을 여러 번 본 적이 있다는 것이 생각났다. 이제 그녀는 왜 사람들의 참여를 적극적으로 끌어내고 나중에라도 대화를 나누며 그들과 교류해야 하는지 그 과학적 근거까지 이해하게 되었다.

### 아리스토텔레스 프로젝트

"심리적 안정은 우리가 찾아낸 다섯 가지 핵심 원동력 중에서도 가장 중요한 요소입니다. 이것은 나머지 네 가지의 기초가 됩니다." 이것은 줄리아 로조브스키가 "구글의 성공에 숨은 다섯 가지 핵심 요소"에서 밝힌 내용이다. 구글이 운영하는 Re:Work라는 웹사이트에는 그들의 연구 결과와 아이디어가 올라와 있는데, 여기에서 그들은 강력한 조직이 보이는 다섯 가지 특징을 다음과 같이 제시하고 있다.

1. 신뢰성 – 조직 구성원 사이에 기대하는 바를 제시간에 완수할 수 있다는 믿음이 있다.
2. 체계와 명료성 – 각자 역할이 분명하고 정확하게 정의되어 있다.
3. 의미 – 구성원 각자의 중요성을 서로 인정한다.
4. 영향력 – 자신이 하는 일이 대의를 이루는 데 긍정적인 영향을 미친다고 모두가 믿고 있다.

5. 심리적 안정 - 모두가 마음 놓고 위험을 감수하고, 발언하며, 질문한다.

두뇌의 관점에서 흥미로운 점은, 이 다섯 가지 개념 사이에 일부 중첩이 발생한다는 사실이다.

동료를 의지하지 못하는 분위기는 곧 신뢰도가 낮은 환경이 된다. 그런 환경에서 위협 반응이 촉발된다는 것은 누구나 알 수 있다. 이미 살펴본 바 있듯이 이는 곧 다음과 같은 사실을 의미한다.

- 두뇌가 산소와 글루코스를 더 많이 소모한다.
- 작동 기억 용량이 줄어든다.
- 창의적인 통찰, 분석적 사고, 문제 해결 능력에 해를 입는다.
- 아울러 코티졸 분비량도 증가한다.
- 이로 인해 면역력이 저하되고, 학습 능력과 기억력에도 악영향이 미친다.
- 우리가 하는 일의 효율과 성과, 생산성이 전체적으로 감소한다.

체계적이지 못할 때도 마찬가지 일이 일어난다. 모호하고 불분명한 일이 있어도 두뇌에서는 위와 같은 반응이 일어난다.

의미를 얻고 영향력을 이해함으로써 이른바 '나의 공헌에 공감하는' 상태가 되면 두뇌에서 보상 반응이 일어날 가능성이 커진다.

이미 살펴봤듯이 두뇌에서 보상 반응이 일어나면 사람들은 다음과 같은 특징을 보인다.

- 인지적 자원을 더 많이 활용할 수 있다.
- 통찰을 경험하여 복잡한 문제를 해결할 가능성이 커진다.
- 대체로 창의력이 증대된다.
- 어떻게 행동할지에 관한 아이디어가 더 많이 샘솟는다.
- 더욱 폭넓은 시야를 갖추게 된다.

| 보상 반응 |
|---|
| 도파민이 마음껏 흘러 다니게 된다. 이것은 선조체에서 분비되어 전두엽, 전방대상피질 및 기타 영역으로 곧바로 이동한다. 이것은 연상 학습, 행동 강화, 주의집중에 중요한 역할을 하고, 의사결정에 영향을 미치며, 긍정적인 감정을 끌어낸다. |

사람들은 일을 더 잘하게 된다! 또한 더욱 적극적으로 몰두하므로 일을 더욱 즐기게 된다. 구글의 사례에서 놀라운 점은 과학 분야에서 예측한 내용이 직업 현장에서 직접 연구한 결과 사실로 입증되었다는 것이다.

### 대담한 제시

그렇다면 제시가 가장 좋은 환경이 아니라고 느꼈을 때 그녀가 할 수 있는 일은 무엇일까? 과연 그녀는 심리적 안정감이 줄어드는 데도 최선을 다하고자 하는 마음이 생길까? 그녀는 어떻게 자신의 두뇌를 다시 통제할 수 있을까?

가장 먼저 알아야 할 사실은, 함께 일하는 그룹을 대신해서 누군가 심리적 안정을 조성해줄 수는 없다는 점이다. 모든 조직과 모든 팀은 가장 이상적인 환경을 조성하는 것을 주요 의제와 핵심 성과지표로 삼아야 한다. 그리고 강력한 효과를 거둘 때까지 일관된 대화의 주제로 삼아야 한다. 이것은 조직의 문화가 영향을 미치지 못하는 외부의 사람들과 협력할 때도 마찬가지다. 그들은 나를 포함한 우리 팀원들만큼 자각하거나 지식이 없을 수도 있다.

제시는 기대치를 형성하는 것과 관련하여 몇 가지 일을 할 수 있다. 즉,

- 틀을 잡는다.
- 허락을 구한다.
- 최고의 성과를 거두려면 어떻게 힘을 합쳐야 하는지 솔직하게 의견을 나눈다.

### 정말 효과가 있을까?

플라세보 효과에 관한 한 최고의 전문가 중 한 사람인 옥스퍼드대학교의 제레미 호윅Jeremy Howick은 영국 블랙풀Blackpool에서 100명의 사람을 대상으로 플라세보 효과가 과연 먹혀드는지 알아보기로 했다. 이 지역 사람들은 5명 중 1명꼴로 요통을 앓고 있었다. 그중 일부는 대조군으로 삼았고, 나머지 사람들에게는 가짜 약이나 새로 나온 강력한 진통제 중 하나를 먹는 실험에 참여할 것이라고 말해주었다.

그들이 받아든 약병의 겉면에는 파란색과 하얀색의 줄무늬와 세련된 상표가 그려져 있었다. 또 어린이들의 손에 닿지 않는 곳에 두라는 경고문도 표시되어있었다. 그들의 두뇌를 단층 촬영한 것은 물론이다.

이 사람들은 그전부터 이미 각종 진통제를 복용하고 있었다. 그들 중에는 정말 생활이 곤란할 정도로 증상이 심해졌던 사람도 있었다. 약

을 복용한 사람 중 절반 정도가 3주 만에 증상이 상당히 완화되었다고 말했다. 그들이 복용한 약은 모두 가짜였다.
이로써 얻은 결론은, 가짜 약일 수도 있다는 사실을 '알고' '열린 마음으로 새로운 경험을 받아들인' 사람이 복용 효과를 크게 보았다는 사실이었다. 약효를 본 사람과 그렇지 않은 사람 사이에는 해부학적 두뇌 구조에도 차이가 있었다. 편도체에 약간 다른 점이 있는 것을 포함해서 말이다.

가짜 약이 사람들에게 극적인 효과를 미친다는 것을 보여주는 증거는 무수히 많다. 사람들이 아무런 화학 반응을 일으킬 수 없는 물질을 섭취했을 뿐인데 실제로 신체에 변화가 일어난다는 사실을 굉장히 이상하게 여기는 사람들이 많다. 아직 자세한 원리를 모두 알 수는 없지만, 우리가 어떤 것을 기대하느냐에 따라 두뇌가 큰 영향을 받는다는 것만큼은 분명하다.

간단히 말해, 우리가 부정적인 내용을 생각하면 두뇌에서도 부정적인 경험과 관련된 영역이 활성화되어 걱정스러운 생각이 많아지게 된다. 반면 긍정적인 일을 기대하면 보상 메커니즘과 관련된 두뇌 회로가 활성화될 가능성이 커진다.

### 기대의 힘

2007년 스콧DJ Scott을 비롯한 연구진은 사람들의 기대가 두뇌에 얼마나 큰 영향을 미치는지 연구했다. 연구진은 두뇌를 지켜보며 플라세보 요법이 진행되는 동안 대뇌 측좌핵 도파민이 활성화되는지 확인했다. 플라세보 효과는 예상하는 일과 밀접한 관련이 있다. 또 다른 fMRI 연구에서도 사람들이 돈을 받을 것으로 기대할 때, 마찬가지로 두뇌의 측좌핵이 활발한 움직임을 보인다는 것이 관찰되었다.

제시와 함께 일하는 사람들도 여러 가지 기대를 안고 있을 것이다. 제시가 자신의 말과 다른 의사소통 수단을 통해 그들의 기대에 대응하고, 또 바꾸어나갈 기회는 얼마든지 있을 것이다.

### 기술 벤처기업 사람이라고 다들 쿨한 성격일까?

시냅틱포텐셜은 남동부 유럽 중심지의 어떤 대단한 기술기업과 함께 일해본 적이 있다. 그 회사는 전형적인 벤처기업 스토리를 그대로 따르고 있었다. 창업자가 창고에서 사업을 시작하여 수년간 고생한 끝에 큰 성공을 거두고 이제는 훌륭한 조직을 갖추게 되었다는 이야기 말이다.
사무실을 보나 사람을 보나 그 회사는 확실히 남다른 데가 있었다. 너무나 많은 점에서 정말 훌륭한 면모를 보여주는 회사였다. 마치 대가족처럼, 사람들은 서로 친밀하고 활발하게 교류를 나누고 있었다. 회사 옥상에는 바가 있어서 사람들은 그곳에서 서로 어울리기도 하고, 업무를 함께 논의하기도 했다. 우리는 그곳에서 전 직원을 상대로 피드백에 관한 교육을 진행했다. 피드백 과정이 어떻게 진행되며 그것을 제대로 활용하기 위해서는 무엇이 필요한지를 신경과학적으로 풀어가는 내용이었다.
직원들이 살아가는 주변 환경을 이해하는 것이 중요하다. 이 나라는 실업률이 높았고, 힘들게 살아가는 사람이 많았다.
워크샵을 시작하고 열 번 정도 진행하는 동안, 나는 평소 하던 대로 모두가 자유롭고 솔직하게 속마음을 털어놓을 수 있는 분위기를 만드는 데 초점을 맞췄다. 그래야만 우리가 풀어야 할 문제를 심층적으로 다룰 수 있기 때문이었다. 그러던 어느 날, 한 직원이 일어서더니 아주 직설적인 발언을 했다. "우리는 정말 하고 싶은 이야기는 못 꺼냅니다. 그랬다가는 누군가 잘릴까 봐 겁나거든요."
저런 말을 할 수 있다는 것 자체가 놀라웠다! 조직으로서는 큰 기회가 찾아온 것이다. 이것을 계기로 침묵의 벽이 무너질 것이 분명했다. 그리고 그것은 아주 소중한 일이었다.
교육 시간에 이런 이의가 제기되었다는 소식이 창업자의 귀에까지 들어가자 경영진은 깊은 감정의 동요를 일으켰다. 그들은 모든 직원의 신뢰를 듬뿍 받고 있다고 생각했었기에 이런 이야기를 듣고 싶지 않았다. 직원들이 두려움을 안고 있다는 소식은 그들의 마음을 아프게 했다.

심리적 안정은 직원들이 마음껏 말하고 질문하는 조직 문화를 낳는다.

개인의 두뇌는 혼자만 따로 작동하지 않는다. 두뇌는 다른 사람과 교류하면서 작동한다. 나아가 자신이 놓인 배경에 적응하기 위해 기능을 조정하기도 한다. 직장에서 이 배경은 동료, 팀, 경영진, 그리고 전체적인 조직 문화 등으로 구성된다. 무엇보다 이것은 주변 환경을 규정함으로써 직원들이 자신의 두뇌 잠재력을 얼마나 효과적으로 발휘할 수 있는지를 결정한다. 예를 들어 어떤 사람이 아무리 좋은 아이디어를 가지고 있어도, 남들 앞에 말했다가 창피를 당할까 두려워 감히 입 밖에 꺼내지도 못한다면 아무 소용이 없다. 심리적 안정을 대단히 중시하는 조직 문화를 구축하면(다시 말해 두려움, 비난, 불확실성, 불안정성, 괴로움과 같은 부정적인 감정을 줄이거나 다스리고, 존경과 관용, 협동, 신뢰, 만족, 열정, 안전 등을 촉진하는 마음을 먹는다면) 사람들의 두뇌 잠재력을 최고조로 끌어올릴 수 있는 여건이 조성된다. 심리적 안정을 누릴 수 있는 환경이 조성되면 사람들은 마음껏 자신을 표현하고, 조직에 기여하며, 소신 있게 발언하고, 피드백을 제공함으로써, 개인의 성장과 조직의 발전에 모두 이로운 결과를 낳을 것이다.

### 조직의 리더로서 심리적 안정을 구현하기 위한 최고의 두뇌 활용 팁

- 사람들의 생각을 물어본다.
- 자신이 잘못한 점을 솔직히 말해준다.
- 그들이 나에게 이의를 제기하고 다른 관점을 제시할 수 있는 분위기를 만든다.
- 내가 모든 것을 알지는 못한다고 공개적으로 인정한다.

### 조직 내에서 자신을 위해 심리적 안정을 실현하기 위한 최고의 두뇌 활용 팁

- 하고 싶은 말의 범위를 정하여, 사람들의 허락을 구한다.
- 최고의 성과를 거두기 위해 어떻게 협력할 것인지 허심탄회하게 이야기한다.

### 심리적 안정에서 오는 최고의 유익

- 사람들이 더욱 성장하고 혁신을 이룰 수 있다.
- 사람들이 자신의 관심 사항, 아이디어, 칭찬, 그 밖의 모든 것을 솔직하게 이야기할 수 있다.

15장

# 성공적인 팀을 위한 다섯 가지 핵심 요소

## 두뇌의 관점으로 본 사람 관리

### 성공적인 팀을 만들기 위해

벤은 새로 시작하는 프로젝트를 주도할 기회를 얻었다. 즉 이제부터 업무량이 엄청나게 늘어난다는 뜻이지만, 동시에 팀원들이 최선을 발휘하도록 이끌 책임을 떠안았다는 뜻이기도 했다. 그는 온갖 생각이 머리에 떠올라 걱정이 되기도 하지만, 그래도 일을 감당할 준비는 되어 있다고 스튜어트에게 말했다. 그 일에 착수한 지 이제 2주가 지났고, 지금까지는 모든 일이 순조롭게 진행되어 왔다.

그러던 지난주 어느 날, 그는 다소 어려운 결정을 내려야만 했다. 이 프로젝트는 어떤 장난감 회사에 관한 일이었는데, 팀원 중에는 직접 현장에 가서 일하고 싶다는 사람들이 많았다. 그래서 벤은 누구를 보내야 할지 자신이 결정해야겠다고 생각했다. 많은 고민 끝에 그는 이 문제에 관해 15분 정도 회의를 열기로 했고, 이 자리에서 자신의 생각을 밝힌 후 사람들의 의견을 물었다. 그는 어떤 결정이 나든 모두의 의견이 일치되기를 원했다. 팀 전체의 성공이 곧 개인의 성공임을 알았기 때문이다. 회의는 그의 생각대로 잘 진행되었고 그 자리에 모인 사람들도 모두 그 결정을 받아들인 것 같았다.

그 팀에는 다른 팀에서 옮겨와서 벤이 전에 함께 일해본 적이 없는 클레어라는 여성이 있었다. 벤은 그전에 이미 그녀를 눈여겨보고 일을 얼마나 잘하는지 보고해달라는 지시를 받은 적이 있었다. 지금까지는 그가 기대했던 만큼 일을 잘하는 것 같지 않았지만, 정확히 어떤 문제가 있는지 콕 집어 말할 수는 없었다.

벤은 또 팀원 중 몇몇과 개인적으로 만나 친분을 쌓아야겠다고 계속 생각하고 있었는데 아직 시간을 내지는 못했다. 그는 사람들과 사무실 밖에서 만나 어울리다 보면 그만큼 서로를 잘 알게 되고, 일할 때도 서로 편해질 것으로 생각한다고 말했다.

이 장에서는 내가 이끄는 사람들의 머릿속에 들어있는, 내가 알았으면 하는 내용을 살펴본다. 그것만 알면 나는 뛰어난 성과를 거둘 수 있을 뿐만 아니라, 장기적으로는 직원 이직률도 낮출 수 있고 팀을 더욱 적극적인 모습으로 바꿀 수도 있다. 아울러 모든 사람의 직장생활이 더 쉽고 행복해진다.

### 두뇌의 관점으로 본 사람 관리

사람들의 두뇌가 복잡하다는 점만 이해하면, 사람들을 효율적으로 관리하는 일이 좀 더 쉬워진다. 과거에는 두뇌가 복잡하다는 사실 때문에 직장생활에서 벌어지는 일을 우리는 그저 바라만 볼 뿐이었다. 오늘날에는 그저 겉으로 드러난 일만 보고 판단하지 않고, 마치 그 내부를 들여다보듯이 다른 사람의 두뇌 속에서 실제로 벌어지는 일을 이해할 수 있게 되었다.

사람들을 잘 관리하기 위해서는 여러 가지 요소가 필요하다. 두뇌의 관점에서 중요한 핵심 개념이 몇 가지 있는데, 그 내용은 지금부터 자세히 살펴볼 것이다. 이 개념들은 비즈니스의 모든 분야에서 중요한 의미가 있다. 그것이 바로 우리가 리더십, 세일즈, 프레젠테이션, 회의 그리고 이 장에서 다루는 사람 관리에 대해 생각할 때 이 개념의 여러 요소를 도출할 수 있는 이유이기도 하다. 핵심 개념이란 다음과 같다. 즉,

- 신뢰
- 예측 가능성
- 공정성
- 보상 및 위협 반응을 존중하는 태도
- 두뇌의 일곱 가지 영역을 이해하는 신경과학적 사람 관리

그럼 이제부터 각 개념을 하나하나 살펴보자.

### 신뢰

스티븐 M R 코비Sephen M R Covey가 쓴 책 〈신뢰의 속도

The Speed of Trust〉(2006)의 1부 제목은 '모든 것을 변화시키는 한 가지'이다. 저자는 우리 삶에서 신뢰에 의존하고 있는 모든 분야를 언급한 뒤 이렇게 말한다. "신뢰는 우리에게 있을 수도, 없을 수도 있는 나약하거나 환상에 불과한 어떤 성품이 아닙니다. 그것은 우리가 만들어낼 수 있는 실용적이고, 실재하며, 실행 가능한 자산입니다."(코비, 2006) 신뢰를 소개하는 것으로 이보다 정확한 말이 없다. 과학이 발전함에 따라 우리는 신뢰가 사람에게 어떤 영향을 미치는지, 또 그것을 어떻게 활용할 수 있는지에 관한 핵심을 이해하게 되었다.

### 신뢰의 화학물질

옥시토신은 사람들에게 만족감과 침착함, 안전함을 느끼게 해주는 호르몬이다. 이를 통해 우리는 다른 사람과의 유대감을 증진하고, 두려운 감정을 낮추며, 신뢰할 수 있는 능력을 높일 수 있다. 다른 사람과 활발하게 교류하는 사람일수록 생리적으로 스트레스를 덜 받는다는 사실이 많은 연구를 통해 밝혀졌다. 아울러 옥시토신과 다른 사람들이 보내주는 격려는 남들 앞에 나서서 이야기할 때 스트레스를 낮추는 효과가 있다는 사실도 밝혀졌다.

신뢰는 사람들과 강력한 유대를 맺는데 핵심적인 역할을 한다. 아직도 많은 관리자가 자신이 이끄는 사람들과의 사이에 신뢰가 얼마나 중요한지를 모르고 있다. 하물며 신뢰를 높이기 위해 상황을 체계적으로 갖추어갈 전략을 지닌 사람은 더욱 드물다.

### 신뢰하라, 그러면 신뢰받으리니

클레어몬트 대학원Claremont Graduate University의 폴 잭Paul Zak 연구팀은 사람들이 누군가로부터 신뢰받을 때 어떤 일이 일어나는지를 실험했다. 피험자들은 실험을 시작하면서 각각 10달러씩을 받았고, 2명씩 1조로 팀을 구성했다. 한 팀이 된 두 사람은 각각 따로 컴퓨터 앞에 앉았다.

한 사람은 0달러와 10달러 사이에서 임의의 금액을 나머지 한 사람에게 보내라는 메시지를 컴퓨터 화면에서 읽었다. 첫 번째 사람이 보낸 금액이 얼마이든, 두 번째 사람의 계좌에는 그 세 배가 입금된다는 사실을 두 사람 모두에게 알려주었다. 두 번째 사람이 본 화면에는 첫 번째 사람이 얼마를 보냈는지를 묻는 질문과 함께, 그중 일부(원한다면 0달러도 괜찮다.)를 되돌려주라는 메시지가 있었다.

첫 번째 사람이 보낸 금액은 그 사람이 상대방을 신뢰하는 정도를 나타내며, 두 번째 사람이 돌려준 금액은 첫 번째 사람이 얻는 신뢰도의 지표가 될 수 있다. 그다음으로는 두 번째 사람에게 줄 금액을 추첨으로 정하는 실험도 했다. 이것은 신뢰 신호가 감지되었을 때 그 효과가 어느 정도인지 구분하는 대조군 역할을 했다.

실험 결과, 두 번째 피험자는 신뢰 신호를 받았을 때(상대방이 실제로 돈을 보내주었을 때), 그 금액이 임의로 추첨한 결과임을 알았을 때보다 거의 두 배에 가까운 옥시토신이 혈액에서 검출되었다. 두 번째 피험자들은 첫 번째 피험자가 자신을 신뢰한다는 사실을 알고 난 후, 받은 돈의 평균 53퍼센트를 돌려주었다. 자신이 받은 금액이 추첨으로 결정되었음을 알았을 때는 돌려준 돈이 18퍼센트에 그쳤다.

이 실험에서 알게 된 또 다른 흥미로운 사실은 배란기에 있는 여성은 낮은 신뢰도를 얻었다는 것이다. 이는 아마도 이 시기의 여성은 프로게스테론이라는 또 다른 호르몬을 분비하는데, 이것이 체내에서 옥시토신 분비를 억제하기 때문이라고 추정된다.

## 신뢰의 위험

신뢰가 무너졌을 때 두뇌에서는 일련의 일들이 진행된다. 전방

대상 피질이 갈등을 감지하면 편도체에 위협 신호를 보낸다. 그러면 편도체는 두뇌의 보상 센터와 대뇌섬에 이번에는 보상이 없을 것이라는 정보를 전달한다. 두뇌의 행동 영역이 이 내용을 감지함으로써(배측 선조체dorsal striatum를 통해 이루어진다.) 앞으로의 행동에 영향을 받는다. 다시 말해 의식 차원에서 위협을 분명히 알아보기 전에도 벌써 위협을 감지할 수 있다는 말이다. 두뇌는 무너진 신뢰에 대처하느라 바쁜 나머지 여러 가지 일을 기억하고, 문제를 해결하며, 의사결정을 내리는 등의 인지적 처리 과정에 소중한 자원을 배분할 여력이 없어진다.

신뢰를 구축하기 위해 사람들은 서로의 의도를 알아차리는 법을 배워야 한다. 사람들이 어떤 행동을 하거나 특정한 조건을 충족하는 것을 보며 그를 신뢰하는 순간, 두뇌의 보상 센터가 가동된다. 그러면 의심이나 두려움으로 주저하기보다는 신속한 행동에 나서게 된다. 스튜어트는 벤의 팀에 새로 들어온 클레어가 아직 다른 사람을 신뢰할 수 있는지 잘 모르는 것일 수도 있다고 말했다. 그녀는 무의식적으로 벤이 자신을 지켜본다는 것을 느끼고 그다음에 어떤 일이 일어날지 몰라 의심과 두려움을 안고 있는 것인지도 몰랐다.

### 신뢰 게임

캐나다 맥매스터대학교McMaster University 리사 데브루인Lisa DeBruine 박사는 신뢰에 관한 실험을 수행했다. 피험자들에게 아주 직설적인 신뢰 게임을 하도록 요청했다. 그들은 2명씩 1조를 이뤘지만 파트너가 누구인지 볼 수는 없었다. 그들은 두 가지 선택지 중에 하나를 골라야 했다. 첫 번째는 소액의 돈을 자신이 직접 파트너와 나누는 것이었다. 두 번째 선택지는 그보다 더 큰 금액을 파트너와 자신이 나누되, 금액을 나눌 권한을 파트너에게 넘겨주는 것이었다.
피험자들은 둘 중 어떤 쪽을 선택할지 결정하기 전에 자신의 파트너라고 알고 있는 사람의 사진을 볼 수 있었다. 사실 그 사진은 컴퓨터 합성 사진으로, 피험자 자신이나 다른 어떤 모르는 사람과 닮게 그려진 인물이었다. 그다음에 일어난 일은 실로 놀라웠다. 사람들은 자신과 닮은 사람이 파트너라고 생각하자 파트너를 더 신뢰할 수 있었다. 이 결과는 진화론의 관점에서 보면 일견 타당한 면이 있었다. 나와 닮은 사람일수록 가까운 친척일 가능성이 크고, 따라서 더 신뢰할 수 있기 때문이다.

### 신뢰 구축을 위한 최고의 두뇌 활용 팁

함께 일하는 사람들이 모두 나와 비슷해지게 만들기는 어렵다. 물론 유니폼을 입는 것도 이런 노력의 일환일 것이다. 그 대신 우리는 다음과 같은 노력으로 신뢰를 구축할 수 있다.

- 팀의 가치와 기대치를 설정하라. 분명한 가치와 기대치를 놓고(회사 차원에서는 없다 하더라도) 일관된 노력을 기울이다 보면 모든 사람이 서로 신뢰를 주고받을 기회가 반드시 찾아온다.
- 함께 기억에 남는 시간을 보내라. 팀빌딩의 날을 따로 정해 운영하는 것이 좋은 이유 중 하나는 사람들과 좋은 시간을 보내면서 그들이 특정 상황에 어떻게 반응하는지 지켜볼 수 있기 때문이다. 즉 그들의 마음을 읽는 법을 배우는 것이다.
- 투명함을 유지하라. 내가 무슨 일을 하는지, 또 그 이유가 뭔지 사람들에게 그대로 알리고, 사람들의 적극적인 참여를 유도하고 지원한다.

### 신뢰에서 얻는 최고의 두뇌 활용 유익

- 직원들이 계속 회사에 남아있을 가능성이 커진다.
- 그들은 여전히 그대로지만, 자신의 업무에 더 만족하고 더 생산적인 사람이 될 수 있다.
- 신뢰는 두뇌의 보상 센터를 활성화하여 두뇌가 행동에 나설 채비를 갖추도록 한다. 신뢰가 형성되면 모든 일에서 효율이 향상된다.

### 예측 가능성과 불분명함

사람들은 업무 환경에서 예측 가능성이 보장될 때 일을 가장 잘 할 수 있다. 앞으로 어떤 일이 일어날지 미리 아는 것은 두뇌가 위험과 위협 반응을 최소화하는 데 아주 중요한 요소다.

벤이 클레어를 바라보며 어딘지 이상하다고 느끼는 상황은 불분명함과 관련이 있다. 사람들은 위험을 감수하는 것보다 불분명한 상황을 맞이하기를 오히려 더 싫어한다. 우리는 아무것도 모르는 불확실함보다는 위험이 무엇인지 아는 편을 선호한다. 클레어는 어쩌면 새로운 팀에 합류해서 어떤 일을 해야 하는지 몰라 자신의 불분명한 역할 때문에 괴로워하는 것인지도 몰랐다. 그녀는 자신이 왜 이 팀에 왔는지, 그리고 프로젝트가 끝난 후에는 원래 팀으로 복귀하는지, 계속 남아있는지, 아니면 다른 팀으로 다시 옮기는지 전혀 알 수 없었다. 만약 이 상태가 지속된다면 클레어는 스트레스를 점점 더 많이 받다가 급기야 번아웃에 빠질 위험이 커지게 된다.

예컨대 자신의 역할을 포함, 어떤 일에서든 불분명함을 느끼면 내가 선택하는 많은 일도 모호해지게 된다. 그 일의 결과를 미처 가늠할 수 없기 때문이다. 이것은 잠재적 보상을 놓고 위험과 혜택 사이에서 저울질하는 일로 이어진다. 불분명한 상황에 대처하기 위해서는 많은 에너지를 소모해야 한다. 두뇌는 아직 뚜렷이 드러나지도 않은 정보를 끊임없이 찾아 헤매고 짜 맞추느라 애를 쓴다. 그리고 여러 가지 결정을 내리고 행동을 취하면서 새로운 데이터를 확보함으로써 확실성을 높여간다. 이런 과정을 거치다 보면 사람들은 지칠 대로 지치게 된다.

**불분명함을 줄이는 최고의 두뇌 활용 팁**

- 주변의 누군가에게서, 아니면 자신부터 명확성을 이끌어 내라. 회사의 다른 어떤 곳에서도 그럴 수 없다면 말이다.
- 위험과 보상에 관한 목록을 작성하고, 외부의 누군가로부터 도움을 받는다.
- 시의적절한 대화를 나누고 최대한 확실한 정보를 이용해 판단한다.

**예측 가능성에서 오는 최고의 두뇌 활용 유익**

- 사람들의 위협 반응이 줄어들어 좀 더 분명한 사고를 할 수 있다.
- 사람들의 행동이 효과적으로 바뀌어 생산성을 올릴 수 있다.
- 예측 가능성은 다른 사람과 신뢰를 쌓는 데 도움이 된다.

### 공정성

이제 벤은 두뇌가 사회적, 신체적 고통을 당할 때나 즐거움을 경험할 때 사용하는 신경 회로가 똑같다는 사실을 신경과학적으로 잘 이해하게 되었다. 스튜어트는 벤이 그 장난감 회사 프로젝트에서 누구를 현장에 보낼지에 관한 문제도 이런 지식을 바탕 삼아 생각해보면 좋겠다고 생각했다.

사람을 관리하는 일에는 곳곳에 일을 그르칠 수 있는 숨은 요소가 엄청나게 많다. 예컨대 4명의 인원 중에 현장에 3명을 보내고 나면 남아있는 한 사람이 소외감을 느낄 수 있다. 대인관계에서 고립감을 느낄 때 두뇌에서 활성화되는 영역은 신체적 고통을 느낄 때와 같은 곳이다. 이런 효과를 최소화하는 방법은 그런 느낌을 받는 사람을 의사결정 과정에 참여시키는 것이다.

#### 두뇌의 고통

두뇌에서 고통을 담당하는 영역은 다음의 세 군데이다.

* 체성감각피질, 고통이 어디에서 오는지 판단하는 영역이다.

* 대뇌섬, 신체의 전체적인 상태가 어떤지를 두뇌에 알려준다.

* 배측 전방대상피질(dorsal anterior cingulated cortex, dACC), 고통이 얼마나 심한지를 판단하고 처리한다.

배측 전방대상피질dACC이 특별히 관심을 끄는 이유는, 이것이 신체적 고통 못지않게 대인관계의 고통과도 연관이 있다고 알려졌기 때문이다. 사람들의 두뇌를 fMRI로 지켜보며 사이버볼 게임을 하게 했던 실험에서 우리는 사회적으로 소외된 두뇌에 관해 중요한 통찰을 얻었다. 실험의 내용은 10장에 자세하게 설명되어 있다. 이 실험에서 사람들이 소외감을 느꼈을 때, 배측 전방대상피질dACC이 활발한 움직임을 보였다. 사람들이 고통을 느낄 때는(신체에서든, 대인관계에서든) 생산성을 발휘하기가 훨씬 어려워진다.

팀원 중 누군가가 장난감 회사에 누구를 보낼지에 관한 결정이 공정하지 못하다고 느껴도 문제가 생길 수 있다. 예컨대 벤이 자신과 가장 가까운 두 사람을 보내는 경우를 들 수 있다. 공정하게 대우받지 못한다는 생각이 들 때 사람들이 느끼는 사회적 고통은 실로 대단하다. 최후통첩 게임(ultimatum game, 게임 이론에 등장하는 게임으로, 상대방의 결정에 당사자는 받아들이거나 거절하는 것 외에 선택권이 없다. 실험경제학에서 사용되는 방법이다. – 옮긴이)을 경험할 때 느끼는 엄청난 불공정함은 신경과학자들이 충분히 연구해볼 만한 분야다.

## 불공정함을 느낄 때

피험자들이 최후통첩 게임에 참여하여 총 10회의 게임을 수행하는 동안 fMRI로 그들의 두뇌를 살펴보는 연구가 진행되었다. 게임의 성격을 고려하여 매번 상대방을 바꿔가며 게임 했다. 두뇌 촬영은 응답자에 대해서만 이루어졌다. 즉, 상대방의 결정을 받아들이느냐 마느냐를 선택하는 사람 말이다.

단층촬영을 통해 피험자가 불공정한 제안을 받으면 전방 대뇌섬과 배측 전방대상피질dACC 활동이 증가한다는 것을 알 수 있었다. 전방 대뇌섬은 모욕감, 혐오감 등을 담당하는 영역이다. 흥미롭게도 대뇌섬 활동이 증가할수록 피험자가 제안을 거절하는 비율이 높았다.

별도로 진행된 후속 연구에서 공정성에 관한 흥미로운 측면이 또 하나 드러났다. 이 실험에서는 피험자들에게 '세로토닌 저하' 상태를 조성하는 약을 제공했다. 이렇게 되자 피험자들은 불공정한 제안을 받았을 때 (상대방이 돈을 공평하게 나누지 않고 자신이 대부분을 가져가겠다고 할 때) 거절하는 비율이 더 높았다. 이 실험을 통해 불공정함이란 주관적인 것으로, 이것을 판단하는 기준도 수시로 달라진다는 것을 알 수 있었다.

### 대인관계에서의 보상

팀원들로서는 벤의 관리 스타일이 사회적 고통을 최소화하는 것뿐 아니라 사회적 보상을 높이는 방향으로 가더라도 즉각 반응할 것이 틀림없다. 오늘날 똑똑한 비즈니스맨들을 모아놓고 자신이 이끄는 사람들에게 어떤 보상을 주면 좋겠느냐는 질문을 던져보면 놀라울 정도로 한결같은 대답이 돌아온다. 바로 돈이다. 돈이야말로 사람들의 뇌리에 가장 먼저 떠오르는 것이고, 어쩌면 유일한 것일지도 모른다.

> **공정함을 느낄 때**
>
> 또 다른 최후통첩 게임에서, 이번에는 피험자들이 공정한 제안을 받았을 때(돈을 거의 균등하게 배분하자는 제안) 그들의 두뇌가 어떤 반응을 보이는지 살펴보았다. 공정한 제안을 받으면 상대적으로 복부 선조체 ventral striatum의 움직임이 활발해진다는 것을 관찰했다.
>
> 별도로 진행된 연구에서는 다른 사람의 피드백과 금전적 보상이 어떤 효과를 보이는지 서로 비교해보았다. 피험자들은 두 가지 임무를 수행했다. 첫 번째 임무를 완수하면 돈을 받았고, 두 번째 일을 끝낸 후에는 다른 사람들로부터 피드백을 받았는데, 피드백이 얼마나 긍정적인 내용인지는 말해주는 사람마다 다 달랐다. 관찰 결과 돈을 받았을 때나 긍정적인 피드백을 받았을 때 모두 복부 선조체가 활성화되는 것을 알 수 있었다.

돈을 받는 것은 우리의 보상 센터를 자극하는 여러 수단 중 하나에 지나지 않는다. 벤이 동료들에게 코칭을 제공하는 평소 스타일은 진심 어린 말로 그들을 격려하는 것이었으며, 그들은 여기에서 정말로 큰 힘을 얻었고 자신이 소중한 사람이라는 생각을 자연스럽게 품을 수 있었다. 이 점은 벤의 큰 장점이었으며, 팀원들로부터 최선의 성과를 끌어내려면 이런 태도를 계속 꾸준히 보여줄 필요가 있었다.

### 신경과학적 사람 관리

잘 알다시피 우리 두뇌는 매우 복잡하다. 그 복잡성을 조금만 더 깨닫고 이해할 수 있다면 자신과 타인의 복잡한 두뇌와 함께 일하는 데 있어 엄청나게 유리한 자리에 설 수 있다. 다른 사람을 관리하는 위치에 있는 사람들이 가장 많이 부딪치는 어려움 중 하나는, 워낙 바쁜 일에 시달리느라 다른 사람들이 일하는 방식도 자신과 비슷할 거라고 막연히 짐작할 수밖에 없다는 사실이다. 어떤 경우든 나의 관리 스타일이 다른 사람에게 도움이 될 수도 있겠지만, 전혀 그렇지 않을 수도 있다는 것이 문제다.

시냅틱포텐셜 뉴로매니지먼트 프로그램The Synaptic Potential Neuromanagement Programme은 두뇌의 주요 영역을 연구하여 각각에 맞는 최적의 활용법을 찾아내기 위한 방법론이다. 스튜어트는 벤이 자연스러운 관리 역량을 갖추고 있고 이미 몇몇 교육과정을 수료한 적도 있다는 것을 알았지만, 이 프로그램의 일부 요소를 이해하면 그에게 큰 도움이 될 것으로 생각했다.

두뇌는 크게 다음과 같은 일곱 가지 영역으로 나눌 수 있다.

- 감정
- 사고

- 평가자
- 갈등 관리자
- 해석
- 행동
- 보상

### 감정

두뇌에서 감정을 담당하는 영역은 비교적 잘 알려진 분야다. 이제는 많은 관리자와 기업도 여러분이 가진 느낌 혹은 감정과 자신이 회사에서 맡은 역할을 구분해주었으면 하고 바라는 경우는 거의 없다. 그중 일부는 여기에서 한 걸음 더 나아가 감정이 나에게 엄청나게 중요하다는 사실을 적극적으로 이해해주기까지 한다. 감정은 의사결정과 동기부여, 참여, 그리고 무엇보다 행동에 결정적인 역할을 한다. 두뇌에서 감정과 연결된 영역을 모두 차단하고 오로지 일에만 집중하는 것은 불가능한 일이다.

두뇌에는 우리가 알아야 할 주요 영역이 몇 가지 있다. 첫 번째로는 장기기억을 담당하는 해마를 들 수 있다. 해마도 감정에 영향을 미친다. 기억 자체에 감정이 포함되어 있기 때문이다. 사람이나, 팀, 조직에는 모두 역사가 있고, 현재와 미래에 공을 들이는 만큼 지나간 역사를 기억하는 데에도 관심을 기울이는 편이 도움이 될 때가 많다. 다음은 해마를 행복한 상태로 유지하기 위해 염두에 두어야 할 몇 가지 내용이다.

- 역사에 관한 기억 - 새로운 팀에 합류했다면 그 팀의 배경을 간략하게 설명해달라고 부탁한다. 팀에 관해 별로 할 말이 없다면 회사에 관한 이야기도 좋다.
- 해결책에 관한 기억 - 문제가 있을 때는 지금까지 이 문제가 어떻게 진행되어왔는지, 또 사람들은 이것을 어떻게 생각하는지부터 먼저 파악한다.
- 감정에 관한 기억 - 어떤 사람을 볼 때 그의 감정이 어떤지를 살펴봐야 한다. 감정에 관한 기억은 현재에도 큰 영향을 미치며, 관리자들은 보통 이 점을 놓치는 경우가 많다. 사람들은 거의 모든 일에 감정을 가진다. 그리고 변화 역시 그 대상 중 하나인 경우가 많다.

두 번째로 중요한 영역은 편도체다. 이것은 감정을 중요도에 따라 처리한다. 그중에서도 두려움은 다른 모든 감정을 압도하는 가장 중요한 자리를 차지한다. 걱정이 너무 심하면 편도체가 과민 상태에 빠질 수 있다. 의식적으로든, 무의식적으로든 두려움을 느낄 때 편도체가 활성화될 수 있다. 그 위협이 실재하는 것이든, 머릿속으로만 인지하는 것이든 상관없다. 편도체가 활성화되는 과정을 파악하고 통제하기 위해서는 아래와 같은 사실을 알아두는 편이 좋다.

- 계획을 세운다. - 여러 가지 만약의 경우를 대비하여 계획을 세워두면 두려움을 해소할 수 있다.

- 어려운 일이 생길 때마다 즉각 대처한다. - 한 사람이 편도체 반응을 보이면 주변 사람에게도 일파만파 번져간다. 따라서 가능한 한 빨리 싹을 잘라주는 편이 낫다.
- 낙관적인 태도를 유지하는 방법을 찾는다. - 진정한 낙관주의는 두려움을 줄이는 역할을 하여 편도체가 다른 감정을 처리하는 데 도움이 된다.
- 관점을 바꿔본다. - 관리자로서 팀원들이 겪는 고통을 너무 깊이 공감하다 보면 나의 편도체까지 지나치게 활성화될 수 있다. 그들과 공감하면서도 전체적으로 한 발 떨어진 자세를 취하여 강력한 인지적 자원을 활용할 수 있을 때라야 비로소 관리자로서 진정한 도움을 줄 수 있다.

감정을 느끼는 두뇌는 비즈니스의 모든 분야에서 중요한 역할을 한다. 우리가 관리자로서 적용해야 할 점을 이미 몇 가지 살펴봤듯이, 기업도 감정의 두뇌를 사용하여 고객에게 최고의 경험을 안겨줄 방법이 몇 가지 있다.

### 사고

사고 능력은 오늘날 직업 현장에서 사람들에게 주어진 가장 큰 자산이라고 볼 수 있다. 나의 성공은 내가 얼마나 효과적이고 효율적으로 생각할 수 있느냐에 달려있다. 내가 하는 일은 내가 내린 의사결정의 결과이며, 그 결정의 밑바탕에는 바로 내가 가진 생각이 존재한다. 그런데 우리는 가끔 우리가 원하는 만큼 분명하고 생산적인 사고를 이어가기가 힘들다고 느낄 때가 있다.

### 평가자

두뇌는 크게 네 부분으로 구성되며, 그중 하나는 앞쪽에 자리한다는 이유로 '전두엽'이라고 부르는 영역이다. 전두엽에는 도파민에 민감하게 반응하는 수많은 뉴런이 존재한다. 이 뉴런은 주의집중, 동기부여, 보상, 그리고 계획을 수립하는 일 등에 관여한다.

전두엽에는 두뇌의 다른 영역으로부터 수많은 정보를 입수하여 처리한 다음 행동 센터에 전달하는 영역이 따로 있다. 우리는 이 영역을 이미 만나본 적이 있다. 이것은 전전두엽피질의 일부인 복내측시상하핵 부분ventromedial part이다. 이 영역은 위험과 두려움, 그리고 의사결정을 담당하는 것으로 알려져 있다.

이 두뇌 영역과 관련하여 관리자들이 알아야 할 어려움은 다음과 같다.

- 걱정이 많은 사람은 보상보다 위험에 너무 큰 비중을 두는 경향이 있다. 그러다 보면 지나치게 조심스러운 태도를 보일 수 있다.
- 그와 반대로 사람들은 위험을 과소평가한 나머지 고개를 모래에 파묻은 채 주변의 경고 신호를 전혀 눈치채지 못하기도 한다.
- 외로움에 시달리는 사람들은 보상에 크게 반응하지 못하는 경우가 많다.

이런 상황에서 사람들과 함께 일하기 위해 내가 할 수 있는 방법은 다음과 같다.

- 남다른 시간표를 염두에 두고 상황을 바라본다. - 장기적인 관점에서 큰 그림을 볼 수도 있고, 당면한 현재 일에 집중할 수도 있다.
- 위험을 진단하는 일을 소홀히 했다면, 지금부터라도 위험 진단에 더 신경 쓰는 편이 좋다. 외부 인사에 도움을 청하면 지금까지 우리 눈에 띄지 않았던 면을 볼 수 있을지도 모른다.
- 보상을 제공하고자 하는 사람들이 팀과 조직을 최우선에 놓고 일할 수 있도록 해야 한다. 혼자만 따로 일하는 사람에게 주는 보상은 낭비가 될 위험이 크다.

### 갈등 관리자

두뇌의 또 다른 중요한 영역으로 전방대상피질ACC을 꼽을 수 있다. 이것은 두뇌에서 갈등 관리자의 역할을 맡고 있다. 평소에는 무의식과 의식을 오가며 연락을 취하다가 문득 중요한 일을 의식으로 떠올리는 역할을 한다. 벤도 전방대상피질ACC이 활성화되는 것을 직접 경험한 적이 있었다. 어느 날 저녁 자주 만나지 않던 친구와 어울릴까, 아니면 아내와 시간을 보낼까 고민하던 중이었다. 그는 마음속에 그런 생각이 오가는 것만으로도 하고 있던 일의 생산성이 즉각 떨어진다는 것을 알아챘다. 벤으로서는 그의 업무 효율을 떨어뜨린 주범이 전방대상피질ACC 활성화라는 것을 깨달았다는 점이 중요했다. 그래야 문제를 정확하게 해결할 수 있기 때문이다. 그가 나중에 어떤 행동을 취할지 계획하여 내면에서 일어나는 갈등을 해결하면 전방대상피질ACC은 다시 잠잠해질 것이다. '가만, 그 문제는 어떻게 하지.'라는 생각에 빠지는 것이 도움이 될 수도 있고, 실제로 그럴 때도 있겠지만, 그러기 위해서는 지금 하는 일의 생산성이 떨어지는 대가를 치러야 한다.

벤은 누군가가 내적 갈등을 겪고 있다는 것을 눈치챌 때마다 그의 사정을 좀 더 자세히 알아보려고 애를 썼다. 이것은 아주 현명한 행동이었다. 때로는 그럴 때마다 스튜어트와 대화한 적도 있었다. 그와 함께 있는 시간만큼은 안전한 환경이 조성되어 자신이 깨달은 것을 더 깊게 살펴볼 수 있었기 때문이다. 그런 다음에는 언제나 문제의 그 사람과 만나 대화를 나누었다. 물론 그 당사자가 무엇이 문제인지 알 수도 있었지만, 그렇지 않을 가능성이 더 컸다. 그럴 때 벤은 자신이 아는 코칭 기술을 총동원하여 그 사람에 관해 차근차근 알아갔다. 미처 파악하지 못한 문제가 방치된 채 점점 쌓이다 보면 생산성과 팀의 활력에 큰 문제를 일으킬 수도 있다.

이럴 때 한 가지 중요한 주의사항이 있다. 그런 코칭 면담이 자칫 문제점만 집중적으로 거론하는 대화로 바뀌면 안 된다는 것이다. 상대방을 알아가는 일은 건강한 틀 안에서도 얼마든지 가능하다. 과도하게 활성화된 전방대상피질ACC은 긍정적인 면에 관심을 돌리면 금방 가라앉을 수 있다. 예를 들어 단계별 행동 계획을 살펴보는 것도 좋을 것이다. 신뢰를 회복하고 구축하는 데 도움이 된다면 어떤 방법이든 좋다. 이렇게 해서 근심에 싸인 편도체를 진정시킬 수 있기 때문이다.

### 해석

두뇌에서 해석을 담당하는 영역에 대해서는 비교적 덜 알려진 것이 사실이다. 어떤 관리자들은 '직감'이란 비현실적이며, 아무 가치도 없는 것으로 생각하기도 한다. 그러나 안타깝게도 그런 생각은 자신의 두뇌 역량을 제한하는 족쇄가 될 수 있다. 오직 의식의 차원에서 아는 내용만 가지고 일을 하겠다는 것이기 때문이다. 그것은 전체를 보지 못하는 생각이다. 우리는 평소에도 많은 정보를 무의식에서 얻으며, 이런 정보를 제대로 이해하기 위해서는 처리와 해석이 필요하다.

그런 내면의 느낌을 의식의 차원으로 끌어올려 이해할 수 있게 해석하는 기관이 바로 대뇌섬이다. 그것이 무엇을 의미하는지 해석하기도 전에 이런 느낌을 무시하는 것은 기회를 놓치는 행동이다. 벤은 클레어에게 뭔가 잘못된 점이 있다는 것을 알았다. 이 문제를 스튜어트와 이야기하지 않았더라면 결국 클레어는 떠나고 말았을 것이다. 조직에서는 늘 그런 일이 비일비재하기 때문이다. 사람들은 자신의 의식에 확실히 떠오르지도 않는 일은 거론하기를 두려워하고 그래서 무시하곤 한다.

그러기보다는 두뇌의 해석 과정을 발동하면 조금이라도 짚이는 일에 대해 적극적으로 행동에 나설 수 있다. 다음은 이런 의지를 실행하는 데 도움이 될 수 있는 내용이다.

- 뭔가 직감적으로 깨달은 일이 있다면 일단 가능성이 있다고 생각한다.
- 이 직감이 사실이 될 수 있는 합리적인 이유를 생각해본다.(목록을 작성할 수 있다면 더 좋다.)
- 해당 이유마다 실제로 일어나거나 사실로 밝혀질 확률을 매겨본다.
- 가능성을 입증할 데이터를 더 모으거나 직접 시험해본다.
- 추가로 모은 데이터를 실제로 사용할지 다시 생각해보고, 결론을 내린 다음 적절한 행동을 취한다.
- 이런 과정을 의식의 차원으로 끌어올림으로써 단지 예감이 아니라 사실을 근거로 행동하고 있다는 확신을 얻을 수 있다.
- 요가나 필라테스를 통해 개인적 자각을 증진하면 더 많은 근거를 떠올리고 평가해보는 데 도움이 된다는 증거가 있다.

### 행동

행동이야말로 어떤 전략에서든 중요한 요소가 된다는 점은 분명하다. 그런데 안타깝게도 이 사실을 간과하는 경우가 너무나 많다. 사람들이 워낙 바쁘고 신경 쓸 일이 많다 보면 어쩔 수 없이 그중의 몇 가지는 우선순위에서 밀릴 수밖에 없다. 성취를 방해하는 가장 큰 요인 중의 하나로 많은 사람이 꼽는 것이 바로 미루는 습관이다.

벤은 자신에게 매우 중요해서 꼭 해야 하는 일인데도 아직 못하고 있는 일이 있다는 사실을 알고 있었다. 스튜어트는 벤에게 아직 따로 커피도 한잔 나누지 않은 사람이 있는지, 그리고 있다면 혹시 그 이유가 벤에게 그 사람들과 같이 시간을 보내기를 꺼리는 마음이 있었기 때문이 아니었는지 물었다. 감정의 장벽이나 불편함, 두려움, 또는 불확실함이 행동을 방해하는 경우가 많다. 그저 긍정적인 생각이 들 때까지 막연히 기다리기만 해서는 조만간 적극적인 행동이 나오리라는 보장은 어디에도 없다.

뭔가 일을 진전시키려면 실제로 행동하는 것보다 더 좋은 방법은 없다. 벤의 경우에는 사람들과 함께 할만한 활동 중에 커피 마시는 것 말고 더 좋은 것은 없을까 고민해볼 수는 있다. 예를 들면 같이 맥주를 마시는 편이 서로 긴장을 푸는 데 더 도움이 될지, 아니면 그 사람이 새로 카메라라도 한 대 살 일이 있다면 자신이 아는 정보를 알려주면서 가까워질 계기로 삼을 수 있을지 생각해보면 된다. 그래서 둘 중의 어느 한 편으로 결정하면 된다. 중요한 것은 행동에 나서야 한다는 것이다.

실제로 행동에 나서기 위해 좋은 방법이 있다면 다음과 같다.

- 시험해본다. - 목표를 정하고 행동에 옮겨 어떻게 되나 시험해본다. 실제로 어떤 결과가 나올지는 알 수 없는 경우가 대부분이며, 실천은 더 많은 데이터를 확보할 기회이다. 일단 실천한 내용을 계속해나갈지는 그때 가서 결정하면 된다. 그러나 제대로 된 결과를 얻기 위해서는 시험을 하더라도 전력을 다해 정성을 기울여야 한다.

- 목표를 여러 단계로 나누어본다. - 일을 작은 단계로 나누면 장애요인도 줄어들기 때문에 부담이 덜하고, 한 단계씩 달성하는 과정에서 성취감과 몰입도도 높아진다.
- 더 큰 갈등은 없는지 확인해본다. - 선뜻 행동에 나서지 못하는 더 심층적인 이유가 있는지 주의 깊게 살펴본다.

**보상**

보상의 경험이 어떤 것인지는 누구에게나 비슷하다. 누구나 좋은 일이 생겼을 때 흥분되고 신나는 그 느낌을 아주 뚜렷한 형태로 기억할 것이다. 아울러 복부 선조체와 측좌핵(nucleus accumbens, NA)이 더욱 활발하고 정교한 방식으로 관여한다. 복부 선조체와 측좌핵NA은 즐거움과 보상을 표현하는 일을 담당한다. 즉, 이 영역이 활성화되면 동기부여를 얻거나 긍정적 피드백으로부터 뭔가를 배우는 데 도움이 된다는 뜻이다.

먼저 아래와 같은 사실을 알아두는 것이 좋다.

- 특정한 경우, 예를 들어 사람들이 걱정이나 외로움에 시달리고 있을 때는 보상을 표현하기 힘들 수 있다.
- 동기부여가 낮은 상태는 두뇌의 보상 영역에 자극이 부족할 때 나타나는 증상일 수도 있다.
- 누군가가 보상에 전혀 반응을 보이지 않는다면 왜 그런지 즉각 상황을 살펴봐야 한다.

관리자들이 '보상 두뇌'를 의식하면서 보여주는 전형적인 행동은 돈과 같은 단기적 인센티브를 제공하는 것이다. 이것은 사람들로부터 단기적 보상 반응을 끌어낼 수는 있겠지만, 장기적으로 원하는 것을 얻기는 매우 어렵다. 많은 회사가 도입하여 사용하는 또 다른 방법은 사회적 보상이다. '이달의 직원상'이나 동료 평가 방식 등도 사람들의 보상 욕구를 자극한다. 이런 방식이 가진 문제점은 항상 새로움을 유지하여 사람들의 적극적인 참여를 끌어내야 한다는 점이다. 또 다른 문제점은 '수상자'가 항상 한 명, 또는 소수에 불과하다는 사실이다.

가장 전체적인 관점을 유지하면서도 폭넓은 유익을 얻을 수 있는 방식은 이른바 맞춤형 접근법이다. 모든 직원이 자신이 일하는 이유와 내용을 철저히 이해하는 회사가 된다면 실로 엄청난 힘을 발휘할 수 있을 것이다. 그런 상태에서는 모든 사람이 일할 때마다 보상 두뇌를 활성화할 수 있다. 또한 사람들의 효율과 성과가 올라가는 것은 물론이다.

벤은 팀원 중에 나탈리라는 사람이 가족을 향해 각별한 열정을 가지고 있으며 지역사회 봉사에도 적극적으로 참여한다는 것을 알고 있었다. 그녀가 팀에 합류한 지 얼마 안 된 어느 날 벤은 그녀의 열정과 참여도를 알아보려는 생각으로 같이 점심을 먹으러 나간 적이 있었다. 그날 그는 그녀가 어떤 일에 열광하는지 확인할 수 있어서 관리자로서 대단히 보람 있는 자리였다고 생각했던 기억이 났다. 나중에 언젠가 팀 회의 도중에 그가 팀 차원에서 지역의 가족을 지원하는 자선단체를 돕자는 이야기를 꺼내면서,

이 분야에 전문 지식이 있는 나탈리가 구체적인 아이디어를 내보는 게 어떻겠느냐고 권했다. 그녀는 즉각 열의를 보였고, 그때부터 팀에서 이 분야의 책임을 도맡아 일을 이끌어왔다. 그녀는 매달 모금액을 팀 전체에 공지했고, 분기별로 일과 시간 외에 할 수 있는 자원봉사 프로그램을 마련해서 운영해 왔다.

프로그램을 하나 마칠 때마다 그녀의 보상 회로는 그야말로 폭발하다시피 했다. 그때마다 비록 소액이지만 그녀가 옳다고 믿는 일에 기부되었고, 그것은 그녀에게 엄청나게 보람된 일이었기 때문이다. 그녀의 기분이 별로 좋지 않은 날이나 혹은 주간에도, 팀원들이 힘을 합쳐 도움을 준 가족만 생각하면 다시 힘을 얻곤 했다. 물론 이 전략은 벤의 팀원 모두에게 다 해당하지는 않는다. 중요한 점은 각 개인에게 맞는 방식을 찾아내는 것이다. 그렇게 가장 중요한 기초를 먼저 닦아놓으면 그 효과는 여러 차례에 걸쳐 거듭 나타날 것이다. 모든 사람이 자신과 회사에 대해 가지는 유대감은 몇 푼의 보너스와는 비교할 수 없을 정도로 더 큰 성과를 발휘한다.

**신경과학적 관리를 위한 최고의 두뇌 활용 팁**

- 조직 문화에 신뢰의 요소를 적극적으로 정착시킨다.
- 사람들이 나와 회사를 보면서 예측 가능하다고 생각하도록 만든다.
- 두뇌의 일곱 가지 분야, 즉 감정, 사고, 평가, 갈등 관리, 해석, 행동, 그리고 보상 경험을 적극적으로 고려한다.

- 이 모든 요소를 회사와 팀의 일하는 방식에 체계적으로 녹여 넣어야 한다.

**신경과학적 관리를 이해할 때 얻는 최고의 두뇌 활용 유익**

- 좀 더 적극적인 팀이 된다.
- 팀의 성과 창출 능력이 개선된다.
- '최고의 진용'을 갖춘 다음에는 직원 이직률이 현저히 떨어질 것이다.

## 감사의 글

이 책은 오랜 세월에 걸쳐 여러분들이 베풀어주신 너그러운 도움이 있었기에 세상에 나올 수 있었다. 특히 필자가 발견한 통찰은 여러 조직에 속한 분들이 자신의 경험을 알려주신 덕분이었으며 이에 감사를 드린다.

다음과 같은 분들이 아낌없이 베풀어주신 지혜와 에너지에 깊은 감사와 존경을 바친다. 필자는 이분들과 긴밀한 친분을 맺을 수 있게 된 것을 큰 영광으로 생각한다. 벤과 케이트는 필자의 질문에 지칠 줄 모르는 열정으로 대답해주었고, 그들의 생각을 들려주었으며, 자신의 의견을 조심스럽게 알려주었다. 이 모든 일에 큰 감사를 드린다. 제시는 인간의 행동에 관한 재미있는 통찰을 수도 없이 제공해주며 필자를 언제나 기분 좋게 만들어주었다. 레이첼과 롭은 너무나 헌신적인 사람들로, 그들의 지혜와 성찰, 그리고 도전은 필자의 삶과 일을 풍요롭게 만들어주었다.

마지막으로 스튜어트와 제시카에게 감사드린다. 그들로 인해 인생이 얼마나 풍요롭고 재미있으며 의미 있는 것인지 깨닫게 되었다. 두 사람과 함께 세상을 탐구해나가는 것이 즐겁고, 매일 계속해서 그대들과 함께 배워나가고 싶다.